仿客+

PSpice 和 MATLAB 综合
电路仿真与分析

PSPICE and MATLAB for Electronics:
An Integrated Approach, Second Edition

（原书第2版）

［美］约翰·奥凯尔·阿提拉（**John Okyere Attia**）　著

张东辉　周　龙　邓　卫　译

机 械 工 业 出 版 社

本书是原书作者在从事电力电子教学与研究的基础上总结编写而成的。第一部分（第 1～3 章）为 PSpice 软件的基本功能介绍；第二部分（第 4 章和第 5 章）为 MATLAB® 软件简单功能讲解；第三部分（第 6～8 章）主要利用 PSpice 和 MATLAB 软件对半导体器件特性进行探索，对电子电路和电路系统进行综合分析。本书实例均附带 PSpice 和 MATLAB 仿真程序，读者可从机械工业出版社官方网站 www.cmpbook.com 的本书相关页面获取配套仿真程序。

　　第一部分和第二部分适用于刚刚接触 PSpice 和 MATLAB 软件并且希望对其进行简单了解的学生和专业人员，第三部分适用于电子和电气工程专业学生及相关专业技术人员。另外，本书可为从事电力电子相关研究和应用的工程技术人员提供参考，也可作为高等院校相关专业学生的教材使用。

译 者 序

工欲善其事，必先利其器。在当今电子电路飞速发展的时代，使用哪种软件及如何使用软件对电路进行详尽、系统的分析显得尤为重要。

本书首先对电路行业的标志性软件 PSpice 进行讲解，主要包括直流分析、交流分析、瞬态分析、傅里叶分析和蒙特卡洛分析。另外对各类库文件尤其是 ABM 和 SPECIAL 库进行详细的讲解，以便读者能够更加灵活地应用数学表达式、数据表格、传递函数对模拟电路进行描述和仿真数据提取，以供 MATLAB 进行处理。

然后本书结合实例对 MATLAB® 软件的基本功能进行讲解，尤其是数据处理和数据分析功能。另外，还对 MATLAB 软件的绘图功能和程序编写进行了简单介绍。

最后本书结合电路实例，将 PSpice 的强大电路仿真功能和 MATLAB 的强劲数学处理能力进行联合，共同对电路进行综合分析，以便能够系统、彻底、合理地解决电路系统设计过程中遇到的问题。

本书思路创新，把 MATLAB 和 PSpice 两种软件综合在一起对电路进行分析，理论与实例相结合，源于实践用于实践，非常值得电路设计人员借鉴。

本书由张东辉、周龙、邓卫翻译。北方工业大学的毛鹏老师完成了全稿的校核工作。PSpice 仿真群（336965207）的如下仿友：陈明、曹珂杰、杜建兴、黄维笑、李少兵、刘亚辉、潘如政、王晓志、于刚、张东东、张远征、赵东生、张岳海、张志新等对本书的文字翻译和仿真程序校对付出了辛勤的汗水，在此表示最衷心的感谢。

限于译者才疏学浅，加之时间仓促，难免出现翻译欠妥之处，恳请读者批评指正，在此表示诚挚感谢。

张东辉

2016 年 3 月

原 书 前 言

Spice 是电路仿真行业标准软件之一。该软件可实现直流分析、交流分析、瞬态分析、傅里叶分析和蒙特卡洛分析。另外，Spice 拥有非常丰富的元件模型库，用户可以使用这些元件库对电路进行仿真分析与设计。PSpice 仿真软件由 Cadence 公司在 Spice 语言基础上进行设计加工而成。PSpice 软件包含模拟行为模型元件库，用户可以利用数学表达式、数据表格、传递函数对模拟电路进行描述。

MATLAB® 软件主要用于矩阵计算，该软件拥有大量的数据处理和数据分析函数。另外，MATLAB 软件还集成了强大的绘图功能。除此之外，MATLAB 还可以进行编程，用户通过编写新模块（m_files）可以大大增强 MATLAB 的计算处理功能。

本书把 PSpice 的强大电路仿真功能和 MATLAB 的强劲数学处理能力相联合，共同对电路进行综合分析。电子电路通常由元件模型和子电路构成，PSpice 可对其进行直流分析、交流分析、瞬态分析、傅里叶分析、温度分析和蒙特卡洛分析。然后，MATLAB 利用仿真数据进行元件参数计算、曲线拟合、数值积分、数值微分、统计分析及二维和三维图形绘制。

PSpice 软件拥有图形处理程序——PROBE，利用该程序可以把仿真结果进行图形显示，更加有利于用户对电路进行理解和分析。另外，PROBE 具有大量的内置函数，可以对波形数据进行简单处理。然而，与 MATLAB 相比，PSpice 的数据处理功能就微乎其微了。

编写本书的主要目的是向读者介绍 PSpice 电路仿真软件；把简单、方便、实用的 MATLAB 数学处理工具引荐给读者；引导读者利用 PSpice 和 MATLAB 对电路进行综合分析，以解决电路系统设计过程中遇到的问题。

本书具有自己的特色，它对 MATLAB 和 PSpice 两种软件进行详细介绍。另外，本书把 PSpice 的强大电路仿真功能和 MATLAB 的强劲数学处理能力相联合，共同解决电路系统中的设计问题。

读者

本书可供在校学生、专业工程师和相关技术人员使用。第一部分为 PSpice 软件的基本功能介绍。第二部分为 MATLAB® 软件简单功能讲解，对于刚刚接触

MATLAB 软件并且希望对其进行简单了解的学生和专业人员非常适用。第三部分主要针对电子和电气工程专业学生及技术人员，他们可以使用 PSpice 和 MAT-LAB 对半导体器件特性进行探索，对电子电路和电路系统进行综合分析。

主要内容

本书第1版主要分为三部分。第一部分（第1～3章）主要介绍 PSpice 仿真软件。第1章为 OrCAD 原理图绘制，第2章为 PSpice 基本命令，第3章为 PSpice 高级功能。每章都结合具体的电路仿真分析实例对 PSpice 软件的相关功能进行详细讲解和分析。

第二部分（第4、5章）主要介绍 MATLAB® 软件。利用 MATLAB 对电路进行分析，并且对电子电路应用进行探索。建议读者在阅读第1～5章时，能够利用计算机完整地运行书中的仿真实例。亲手实践是学习 PSpice 和 MATLAB 的最佳途径。

第三部分包括第6～8章，主要讨论二极管、运算放大器和晶体管电路。重点讲解如何利用 PSpice 和 MATLAB 解决电子电路问题。结合大量的电路实例，展示 PSpice 和 MATLAB 对电路进行综合分析时强大的解决问题能力。本书每章都附有参考目录和习题，以供读者查阅和练习。

在本书第2版中，第1章讲解 OrCAD 原理图绘制。本版书籍把仿真电路的原理图绘制和 PSpice 文本编程集成在一起进行讲解。为了让读者能够更加容易地使用 OrCAD 软件，原理图绘制和仿真设置步骤均采用流程的形式，通俗易懂、简单直接。MATLAB 部分也增加了几项数据处理功能，每章都增加了仿真实例，另外，每章节的习题也进行了补充。最后，本书每章结尾的参考文献均进行了修订和更新。

MATLAB® 为 MathWorks 公司的注册商标。如有相关软件问题咨询，请联系：
The MathWorks, Inc.
3 Apple Hill Drive
Natick, MA 01760 - 2098 USA
Tel: 508 - 647 - 7000
Fax: 508 - 647 - 7001
E - mail: info@ mathworks. com
Web: www. mathworks. com

致　谢

　　非常感谢 Monica Bibbs，Julian Farquharson 和 Rodrigo Lozano 对本书第 1 版所付出的辛勤汗水。特别感谢 Taylor & Francis 出版社的 Nora Konopka 编辑对本书的浓厚兴趣。再次感谢 Jill Jurgensen 先生对本书出版所做的大量工作。

作者简介

John Okyere Attia 博士是得克萨斯州普雷里维农业机械大学教授，并担任电气和计算机工程专业学术带头人。在过去的 28 年中，他一直教授研究生和本科生的电气和计算机工程等电子领域课程，主要包括电路分析、仪表系统、数字信号处理和超大规模集成电路设计。

John Okyere Attia 博士在休斯敦的得克萨斯州立大学获得电气工程博士学位；在加拿大多伦多大学获得硕士学位；在加纳克瓦米·恩克鲁玛科技大学获得本科学位。另外，John Okyere Attia 博士还在 AT&T 贝尔实验室和 3M 公司有过短暂的工作经历。

John Okyere Attia 博士已经撰写了 65 本出版物，并且在 CRC 出版社出版了《Electronics and Circuits Analysis Using MATLAB® Second Edition》书籍。John Okyere Attia 博士的研究方向主要包括辐射环境下的创新电子电路设计、信号处理及辐射测试。

John Okyere Attia 博士曾两次获得优秀教学奖。并且同时为 Sigma Xi、Tau Beta Pi、Kappa Alpha Kappa 和 Eta Kappa Nu 的注册会员。另外，John Okyere Attia 博士也是得克萨斯州已注册专业工程师。

目　　录

第1章

OrCAD PSpice Capture 基础知识

1.1 简介

Spice（Simulated Program with Integrated Circuit Emphasis）是电子行业标准电路仿真软件之一。它可以对电路进行交流分析、直流分析、傅里叶分析和蒙特卡洛分析。在电子工业发展的几十年中，Spice 语言一直被认为是模拟电路仿真领域的行业标准。近几年由 Spice 不断衍生出多种仿真软件，主要包括 OrCAD、PSpice、HSpice 及 Intusoft IS – Spice 等。

与经典 Spice 仿真软件相比，PSpice 又增加了一些附加功能，主要包括：

（1）PSpice 具有后处理程序 PROBE，可用于仿真结果的交互式图形显示。

（2）在未使用电流传感器与无源器件串联的情况下，可以轻易地对电感、电容和电阻的电流进行测量。

（3）PSpice 具有模拟行为模型，可以通过数学公式、表格或传递函数建立模拟电路的功能模型。

（4）PSpice 语言不区分字符的大写和小写，但是在 Spice 源文件中所有字符必须大写。（例如 rab 和 RAB 在 PSpice 中是等效的。）

1.2 PSpice 原理图绘制

1.2.1 启动 OrCAD Capture

本书所讨论的 PSpice 仿真程序运行在 Windows 操作系统下。书中例子和说明全部基于 PSpice OrCAD 9.2 家庭精简版，该软件由 Cadence 公司研制。如果 OrCAD PSpice 已经安装在您的计算机上，则可以通过单击计算机的"开始"图标启动程序，移动光标到"所有程序"，然后单击"OrCAD 9.2 家庭版"程序，最后选择"OrCAD Capture"运行程序。

按照如下步骤利用 PSpice 绘制电路并进行仿真分析：①建立电路；②对电路进行仿真；③打印或绘制结果。创建仿真电路时，首先从 Capture 菜单中选择"File/New/Project"，如图 1.1 所示。在项目对话框中选择"Analog or Mixed A/D"，然后输入项目名称和地址，该仿真项目的所有文件都将存储在该文件夹下。OrCAD 以".opj"为文件扩展名。在"New Project"对话框中选择"OK"，然后在"Create PSpice Project"对话框中选择"Create a blank project"完成仿真工程的创建，具体步骤如流程 1.1 所示。

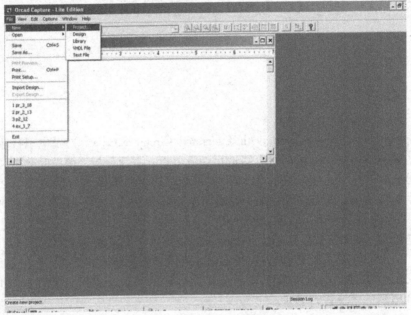

图 1.1   OrCAD Capture 启动界面

流程 1.1   创建 OrCAD 原理图的具体步骤

- 打开所有程序列表。
- 选择 OrCAD 9.2 家庭版。
- 单击 Capture Lite Editor。
- 打开 File/New/Project。
- 选择 Analog or Mixed A/D。
- 输入项目文件名称和地址。
- 单击 OK。
- 在"Create PSpice Project"（新项目）对话框中选择"Create a blank project"。

1.2.2　OrCAD 原理图绘制

原理图绘制主要包括三部分：①将电子元件放置在软件工作区；②调节电子元件参数；③通过导线把电子元件连接成电路。接下来通过实例演示 OrCAD 原理图的具体绘制过程。

实例 1.1　简单无源电路图绘制

以图 1.2 为例绘制仿真原理图，目的在于获得各节点电压。具体步骤如下：

（1）将电子元件放置在软件工作区。

从 OrCAD Capture 菜单中选择 "Place/Part"，从 "Place Part" 对话框中单击 "Add Library"。OrCAD Capture 主要包括以下元件库：analog. olb, breakout. olb, source. olb 和 special. olb。选择 "analog. olb" 库，并且单击 "Open" 按钮，把元件库加载到当前项目文件中。可以通过同样的方法把 "source. olb" 加载到项目文件中。

以放置电阻为例，首先从库列表中选择 "ANALOG" 库，然后从 "Part List" 中选择 R，单击 "OK" 按钮 "Place Part" 将会关闭，通过单击左键把电阻放置在合适位置。表 1.1 列出了一些电子元件及其所属库。

Spice 必须为每个电路设置参考接地点。参考地可以从 OrCAD Capture 菜单中通过 "Place/Ground" 获得。

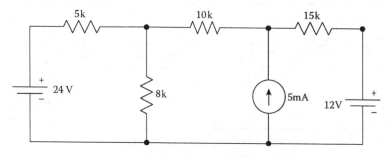

图 1.2　有源和无源元件构成的电子电路

表 1.1　PSpice 元件及其所属库

元件名称	PSpice 名称	PSpice 库
电阻	R	ANALOG
电容	C	ANALOG
电感	L	ANALOG
直流电压源	VDC	SOURCE
直流电流源	IDC	SOURCE

（2）调节电子元件参数。

所有电子元件都具有默认值。首先单击左键选择元件，然后单击鼠标右键执行特定功能，如编辑属性、垂直镜像和水平镜像等。可以通过使用字母后缀或者比例系数调整电子元件参数值。

表 1.2 列出了 Spice 程序比例系数及其缩写。可以通过单击左键选定元件，再单击鼠标右键对其进行旋转。图 1.3 中元件 R2 和 I_1 即为旋转所得。

表 1.2 Spice 仿真程序比例系数缩写

字母后缀	全称	比例因子
T	Tera	10^{12}
G	Giga	10^{9}
Meg	Mega	10^{6}
K	Kilo	10^{3}
M	Milli	10^{-3}
U	Micro	10^{-6}
N	Nano	10^{-9}
P	Pico	10^{-12}
F	Femto	10^{-15}
Mil	Millimeter	25.4×10^{-6}

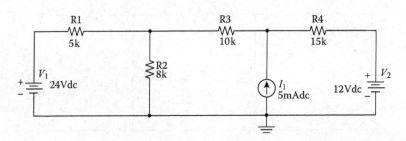

图 1.3 利用 OrCAD Capture 绘制图 1.2 的电路图

（3）连接电路。

选择 "Parts/Wire" 对电路进行连接。在元件端点上单击鼠标左键然后移动鼠标到需要连接的端点，再次单击左键连接完成。流程 1.2 列出了利用 PSpice 绘制原理图的详细步骤。

▌流程 1.2　OrCAD SCHEMATIC 绘制原理图详细步骤

- 从 OrCAD Capture 菜单中选择 "Place/Part"。
- 单击 "Add Library"。
- 选择 "analog.olb" 库，并且单击 "Open" 按钮。
- 选择库 "source.olb"，然后单击 "Open" 按钮。
- 单击 "Open" 按钮。
- 从特定的库中选择指定元件。
- 从模拟库中选择元件（例如 R、C、L）。
- 从电源库中选择电源元件（例如 V、I）。
- 单击 "OK" 按钮，关闭 "Place/Part" 对话框。
- 旋转元件：单击左键对元件进行选择，然后单击右键进行旋转。
- 调节元件参数值：鼠标右键单击该值，左键单击属性菜单，右键单击要更改的参数值或左键双击改变该值。
- 连接电路：选择 "Parts/Wire" 对电路进行连接。在元件端点上单击鼠标左键然后移动鼠标到需要连接的端点，再次单击左键连接完成。
- 单击右键，弹出 "End Wire" 菜单，单击 "End Wire" 完成电路连接。
- 双击 "GND" 将会弹出 "Property Editor" 菜单，将 "NAME" 栏中 "GND" 更改为 0，其他保留。

（4）仿真电路。

从 OrCAD Capture 中选择 "PSpice/New Simulation Profile" 进行仿真。首先弹出 "Simulation Setting" 对话框，在 "New Simulation" 对话框中输入仿真文件名，然后选择 "create" 按钮，接下来选择 "Bias Point" 对电路进行分析，并且在 options 选项中选择 "General Settings" 常规设置，最后选择 "PSpice /Run" 对电路进行仿真分析。

（5）显示仿真结果。

仿真结果可以通过文本文件或者屏幕图形显示进行读取。通过单击软件左侧竖直工具栏的第三个按钮对输出文本文件进行检查。在 PSpice A/D 中，仿真结果可以通过 "View/Output File" 直接显示在屏幕上，或者退出 PSpice A/D，返回原理图，单击第二排工具栏上的 "V" 符号，可以直接显示各节点电压，以便用户使用。仿真电路及其结果如图 1.4 所示。

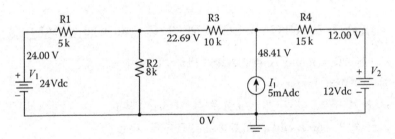

图 1.4　图 1.2 电路的仿真结果（节点电压显示）

1.3　直流分析

直流分析主要包括如下两个功能：①直流工作点分析；②直流扫描分析。进行直流工作点分析时，PSpice 能够计算出各节点电压值及流经电压源的电流值。在 PSpice 软件中，该功能被称为"Bias Point"静态工作点分析。1.3.1 节和1.3.2 节将对这两种直流分析功能进行详细的讲解。对电路进行直流分析时可能包含受控源，表 1.3 详细列出了 PSpice 软件中各种受控源及其所在库的相关信息。

表 1.3　PSpice 受控源

元件名称	PSpice 名称	PSpice 库
电压控制电压源（VCVS）	E	ANALOG
电流控制电流源（CCCS）	F	ANALOG
电压控制电流源（VCCS）	G	ANALOG
电流控制电压源（CCVS）	H	ANALOG

1.3.1　静态工作点计算

对电路进行静态工作点计算，可以得到各节点的电压值和流过各元件的电流值。下面结合实例对静态工作点计算进行详细讲解。

实例 1.2　受控源电路的静态工作点计算

如图 1.5 所示，该电路包含电压控制电流源，下面通过仿真确定各节点电压。

计算方法

按照流程 1.2 的具体步骤绘制仿真电路图，并且进行参数调节、连接电路图，然后按照图 1.6 所示对电压控制电流源进行参数设置。

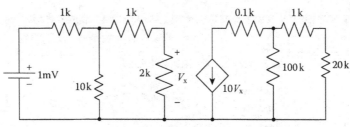

图 1.5　包含电压控制电流源的电路

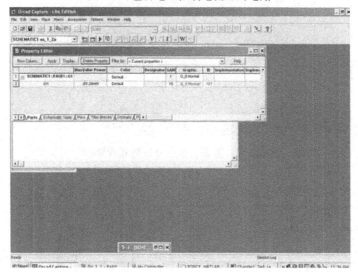

图 1.6　VCCS 增益设置

流程 1.3 列出了进行直流静态工作点分析的详细的步骤。图 1.7 所示为进行静态工作点分析的仿真设置。图 1.8 所示为图 1.6 进行直流静态工作点分析时各节点电压。

流程 1.3　OrCAD 原理图直流分析具体步骤

- 选择 "PSpice/New Simulation Profile"。
- 在 "New Simulation" 菜单中输入仿真文件名。
- 单击 "Create"。
- 在 "Simulation Settings" 中选择 "Bias Point" 分析类型，并且选择 "General Settings" 通用设置选项。
- 选择 "OK" 关闭 "Simulation Settings" 对话框。
- 选择 "PSPICE/Run" 运行直流分析。
- 可以通过菜单 "View/Output" 以文本形式查看仿真结果，或者在 OrCAD Capture 界面选择工具栏中的 "V" 查看各节点电压值。

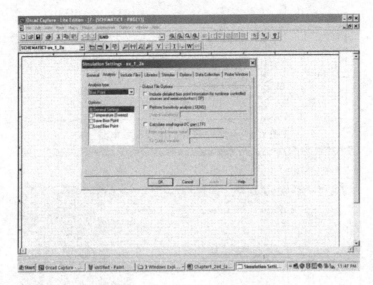

图 1.7　静态工作点分析仿真设置

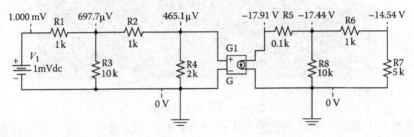

图 1.8　直流静态工作点仿真分析结果

1.3.2　直流扫描分析

电路进行直流扫描分析时，可以允许同时改变一个或者多个直流电压源，仿真结束后，可以对各节点的电压及流过各元件的电流进行测试。下面通过实例演示直流扫描分析的具体操作。

实例 1.3　直流扫描分析

根据图 1.9 所示电路，当电压源 V_1 电压从 5V 变化到 10V 时，绘制输出电压波形。

计算方法

按照流程 1.2 中的步骤绘制原理图。通过 "edit properties" 调整电流控制电流源的比例系数为 6。所绘原理图如图 1.10 所示。

通过如下步骤对电路进行直流扫描仿真分析。首先选择 "PSpice/New Simu-

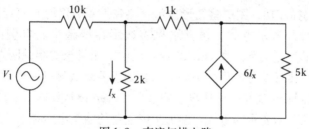

图 1.9　直流扫描电路

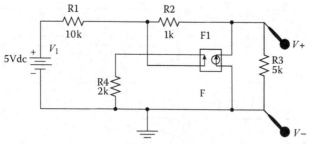

图 1.10　图 1.9 的仿真电路图

lation Profile"，输入仿真名称，选择"Create"，然后在"Simulation Settings"对话框中选择"DC Sweep"，输入 V1 为扫描变量，线性扫描方式，初始值为 5V，结束值为 10V，步长为 0.5V，图 1.11 所示为直流扫描仿真设置。直流扫描仿真的具体步骤如流程 1.4 所示。

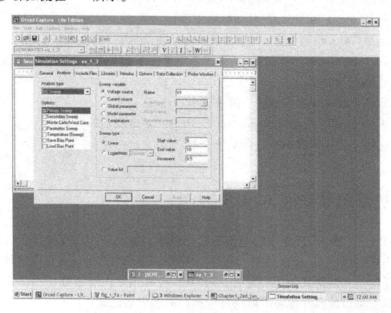

图 1.11　直流扫描仿真设置

如果 DC 扫描成功，则屏幕图形显示（将在 1.4 节讨论）将在原理图窗口打开。确定好变量及显示方式，仿真结果将显示在屏幕中。本例中，需要显示Vout 跟随 Vin 的变化关系。在 OrCAD 原理图中，如果想要测试两点之间的电压，则在测试点之间放置差分电压探头即可。如果想要测试流过元件的电流，则在元件端点放置电流探头即可。另外可以通过"Trace/Add Trace"选择需要显示的电压或电流实现显示变量的输入。图 1.9 中电路的输出电压相对于输入电压的变化曲线如图 1.12 所示。

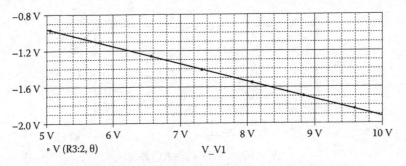

图 1.12　图 1.9 电路的输出电压随输入电压变化的波形

流程 1.4　OrCAD 原理图直流扫描分析具体步骤

- 选择 PSpice/New Simulation Profile 创建仿真文件。
- 在"New Simulation"对话框中输入仿真名称。
- 选择"Create"。
- 在"Simulation Settings"对话框中选择直流扫描。
- 选择扫描变量。
- 选择扫描类型、开始值、结束值和步进值。
- 单击"OK"关闭"Simulation Settings"对话框。
- 选择"PSpice/Run"运行直流分析。

1.4　屏幕图形显示（PROBE）

PROBE 是 PSpice 程序中的交互图形处理器，它允许用户在计算机显示器上以图形格式输出 Spice 仿真结果。通过使用 PROBE，用户可以非常便捷地访问图形上的任何点并获得其数值。此外，PROBE 具有很多内置函数，用户通过使用这些函数，可以计算并推导出电路行为模型的数学表达式。

PROBE 具有访问文件、绘图、编辑、显示、添加和删除曲线等功能。另外，

PSpice 具有很多种数学函数，通过使用这些函数，PROBE 可以确定电路的各种特性。表 1.4 列出了可用于 PROBE 表达式的应用函数。

表 1.4　PROBE 实用函数表达式

函数	意义	实例
+	电压或者电流相加	$V(3) + V(2,1) + V(8)$
−	电压或者电流相减	$I(VS4) - I(VM3)$
*	电压或者电流相乘	$V(11) * V(12)$
/	电压或者电流相除	$V(6)/V(7)$
ABS(X)	$|X|$	$ABS(V(9))$
SGN(X)	$+1$ 当 $X > 0$;0 当 $X = 0$; -1 当 $X < 0$	$SGN(V(4))$
SQRT(X)	$X^{1/2}$	$SQRT(I(VM1))$
EXP(X)	e^X	$EXP(V(5,4))$
LOG(X)	$Ln(X)$	$LOG(V(9))$
LOG10(X)	$Log_{10}(X)$	$LOG10(V(10))$
DB(X)	$20 * Log_{10}(X)$	$DB(V(6))$
PWR(X,Y)	$|X|^Y$	$PWR(V(2),3)$
SIN(X)	$\sin(X)$,X 单位为 rad	$SIN(6.28 * V(2))$
COS(X)	$\cos(X)$,X 单位为 rad	$COS(6.28 * V(3))$
TAN(X)	$\tan(X)$,X 单位为 rad	$TAN(6.28 * V(4))$
ARCTAN(X)	$\arctan(X)$	$ARCTAN(6.28 * V(2))$
ATAN(X)	$\arctan(X)$	$ATAN(V(9)/V(4))$
d(X)	X 对横轴变量的微分	$D(V(12))$
S(X)	X 对横轴变量的积分	$S(V(15))$
AVG(X)	X 的平均值	$AVG(V5,3)$
* AVGX(XO,XF)	X 在 XO 至 XF 范围内的平均值	$AVG\ V(5,4)(2e-3,20e-3)$
RMS(X)	X 的方均根植	$RMS(VS2)$
MIN(X)	X 实部最小值	$MIN(VM3)$
MAX(X)	X 实部最大值	$MAX(VM3)$
M(X)	X 值的大小	$M(V(5))$
P(X)	X 的相位角,单位为°	$P(V(4))$
R(X)	X 的实部	$R(V(3))$
IMG(X)	X 的虚部	$IMG(V(6))$
G(X)	X 的群延时,单位为 s	$G(V(7))$

1.5 瞬态分析

瞬态分析对应电路的时域分析，即当输入信号随着时间变化时的电路输出响应。当电路具有储能元件时，更适合进行瞬态分析。当进行瞬态分析时，电容或电感应当具有初始值。表 1.5 列出了 PSpice 所提供的瞬态源，其使用方法将在第 2 章进行详细介绍。

表 1.5   Spice 瞬态仿真源

名称	应用
PULSE	周期脉冲源
EXP	指数源
PWL	分段线性源
SIN	正弦波信号源
SFFM	单频调频源

下面通过矩形脉冲源作为 RC 电路输入为仿真实例，对瞬态源的使用进行介绍。

如图 1.13 所示的 RC 电路，输入信号为脉冲源。通过仿真输出 $v_o(t)$ 随时间变化的波形。

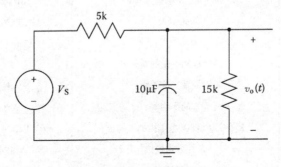

图 1.13   由脉冲电压源激励的 RC 电路

脉冲源为 VPULSE，其主要参数包括 V1、V2、TD、TR、TF、PW 和 PER。

V1 为初始电压，无默认值；

V2 为脉冲电压，无默认值；

TD 为延迟时间，默认值 0；

TR 为上升时间，默认值为 TSTEP；

TF 为下降时间，默认值为 TSTEP；

PW 为脉冲宽度，默认值为 TSTOP；

PER 为脉冲周期，默认值为 TSTOP，周期不包括初始延迟 TD。

举例说明：V1 = 0，V2 = 5V，TD = 0，TR = 1ns，TF = 1ns，PW = 5ms，PER = 20ms。

计算方法

按照流程 1.2 中的详细步骤，绘制该电路的仿真原理图。使用 OrCAD 属性编辑器按照图 1.14 所示参数设置"PULSE"各参数。

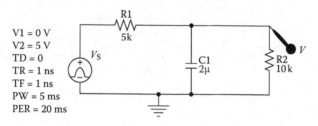

图 1.14　图 1.13 电路的 OrCAD 仿真原理图

首先选择"PSpice/New Simulation Profile"输入仿真文件名称，然后选择"Create"创建仿真文件。在仿真设置对话框中选择"Time Domain（Transient）"瞬态分析。设置仿真开始和结束时间，并且选择"skip the initial transient bias point calculations（SKIP BP）"跳过初始偏置值计算。流程 1.5 列出了瞬态分析的详细设置步骤。

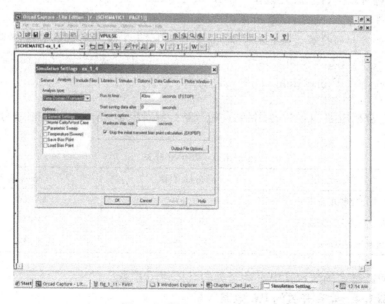

图 1.15　瞬态分析仿真设置

仿真成功后，PROBE 屏幕图形显示窗口会自动打开。选择"trace/Add Trace"，然后选择需要输出的信号，该电压波形将会显示在屏幕上，如图 1.16 所示。

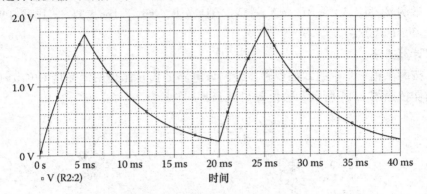

图 1.16 电路图 1.14 的输出电压波形

流程 1.5 OrCAD 原理图瞬态分析设置步骤

- 选择 PSpice/New Simulation Profile 创建仿真配置文件。
- 在 New Simulation 对话框中设置仿真文件名。
- 选择"Create"创建仿真文件。
- 在"Simulation Settings"对话框中选择"Time Domain（Transient）"进行时域分析，然后选择"General Settings"进行通用设置。
- 设定仿真开始和结束时间。
- 如果初始偏置点值已知，则选择"SKIP BP"跳过初始偏置值计算。
- 选择"OK"关闭对话框。
- 选择"PSpice/Run"运行瞬态仿真。

瞬态分析电路中有时会用到开关，表 1.6 列出了 PSpice 用于时域分析的三种开关。

表 1.6 PSpice 开关

元件名称	PSpice 名称	PSpice 库
电压控制开关	S	ANALOG
常开开关 TCLOSE	Sw_ tClose	EVAL
常闭开关 TOPEN	Sw_ tOpen	EVAL

下面通过实例演示其中一种开关的具体使用方法。

实例 1.4 含有开关的 RL 电路

图 1.17 为 RL 电路，开关在 $t=0$ 时刻闭合，求解电阻 R3 两端的电压。

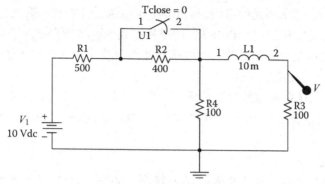

图 1.17　含有开关的 RL 电路

计算方法

使用 OrCAD Capture 放置元件、调整参数值、连接电路（见流程 1.2）。按照流程 1.5 的具体步骤对电路进行瞬态仿真设置。在 "Simulation Settings" 对话框中不要选择跳过偏置点计算。设置仿真运行时间为 $100\mu s$，仿真结果如图 1.18 所示。

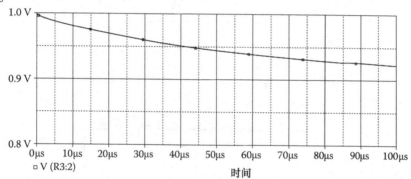

图 1.18　电阻 R3 两端电压波形

1.6　交流分析

由正弦信号源激励的时不变电路，可以通过交流分析获得其电压和电流值。对于具有多个输入源的电路，可以通过叠加原理获得激励响应。对电路进行交流分析时，电压和电流信号变换到频域，仿真结果以相量（电压和电流信号的幅度和相位）的形式输出并显示。

PSpice 的 "SOURCE" 库中含有交流分析电压源（VAC）和电流源（IAC）。通过属性编辑器可以对交流源的幅度和相位进行设置，通过 "Simulation Settings" 对话框对其频率进行设置。IPRINT 和 VPRINT 分别用于打印输出电流和电压值。IPRINT 与所测元件串联，VPRINT 与所测元件并联。极性符号用于提示电压和电流的（VPRINT 和 IPRINT）的极性，其中 VPRINT 的负号表示电压的负极性；IPRINT 的负号表示该节点的电流从此端口流出。下面以 RLC 电路为例对交流分析进行详细讲解。

实例 1.5　RLC 电路的交流分析

图 1.19 所示为 RLC 电路，其中 $v(t) = 18\cos(200\pi t + 60°)$，求解 $i_c(t)$ 和 $v_{R1}(t)$。

计算方法

按照流程 1.2 中的具体步骤绘制电路图，如图 1.20 所示，利用 IPRINT 和 VPRINT 获得 $i_c(t)$ 和 $v_{R1}(t)$ 的值。

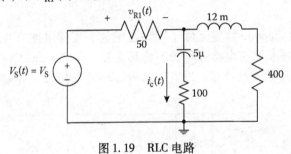

图 1.19　RLC 电路

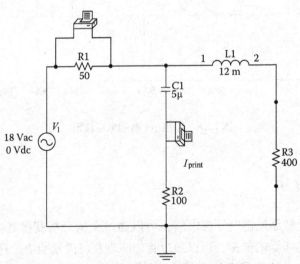

图 1.20　图 1.19 电路的 OrCAD 仿真原理图

通过属性编辑器，可以设置交流源（VAC）的显示属性。若要更改每个打印机的属性，则在打印机上单击左键，然后右键单击打印机以调出菜单。选择"Edit Properties"编辑属性，在 AC、IMAG、MAG 和 PHASE 区域设置"y"即可。如果由于某些原因，属性编辑器里面没有 REAL、IMAG、MAG 或者 PHASE 选项，则可以通过 "Add New Column" 对话框添加该属性。

选择 "PSpice/New Simulation Profile"，在 "New Simulation" 对话框中输入仿真文件名，然后选择 "Create" 创建仿真文件。在 "Simulation Settings" 中选择 "AC Sweep/Noise" 交流和噪声分析。由于该电路工作在固定频率点，所以设置起始频率和截止频率均为1000Hz。按照图1.21对电路进行交流分析仿真设置，然后选择 "PSpice/Run" 运行仿真程序。流程1.6列出 OrCAD Capture 进行交流分析的具体步骤。

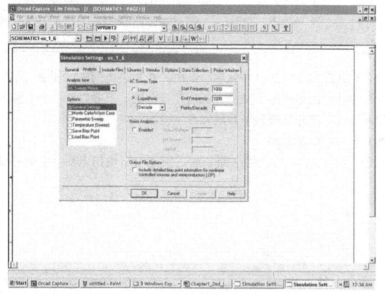

图 1.21　交流分析仿真设置

流程1.6　OrCAD 原理图交流分析具体步骤

- 选择 PSpice/New Simulation Profile 新建仿真文件。
- 在 New Simulation 对话框中输入仿真文件名。
- 单击 "Create" 创建仿真文件。
- 在 "Simulation Settings" 对话框中选择 "AC Sweep/Noise" 作为分析类型。
- 输入开始和截止频率。
- 选择 "OK" 关闭 "Simulation Settings" 对话框。
- 选择 "PSpice/Run" 运行仿真程序。
- 选择 "View/Output File" 查看交流仿真分析结果。

仿真结果可以从输出文件中获得，见表 1.7。

从仿真结果可以得到：

$$i_c(t) = 0.1086\cos(2000\pi t + 73.24°)\,\mathrm{A}$$

$$v_{R1}(t) = 6.69\cos(2000\pi t + 67.54°)\,\mathrm{V}$$

表 1.7　PSpice 交流仿真分析结果

交流仿真分析		温度 =27℃	
FREQ	IM（V_ PRINT1）	I P（V_ PRINT1）	IR（V_ PRINT1）
1.000E +03	1.086E −01	7.324E +01	3.132E −02
FREQ	VM（N00491，N00525）	VP（N00491，N00525）	VR（N00491，N00525）
1.000E +03	6.695E +00	6.754E +01	2.558E +00

通过交流分析可以得到电路的频率响应。在频率范围内，用交流扫描来模拟电路。开始和截止频率确定了交流分析的扫描范围。下面以滤波器电路为例，具体介绍如何通过交流分析得到电路的频率响应。

实例 1.6　RLC 滤波器

图 1.22 所示为无源滤波器电路。通过仿真绘出输出电压 $v_o(t)$ 的幅频特性曲线。

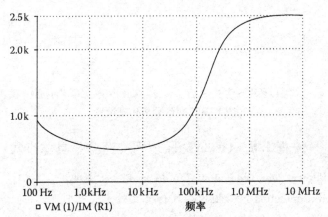

图 1.22　无源滤波器

根据流程 1.2 中的详细步骤，绘制图 1.22 电路的 OrCAD 仿真原理图。然后按照流程 1.6 中详细步骤设定起始频率和截止频率，对电路进行交流扫描分析。频率响应曲线如图 1.23 所示。

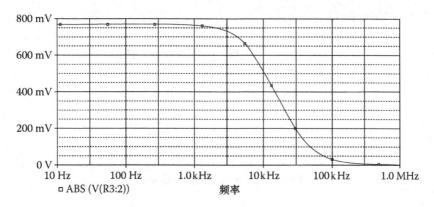

图 1.23　输出电压 $v_o(t)$ 的幅度响应

本 章 习 题

1.1　求解图 P1.1 所示电阻电路的节点电压。

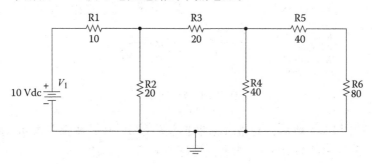

图 P1.1　电阻电路

1.2　使用 PSpice 仿真求解通过电压源 V_1 和电阻 R6 的电流。

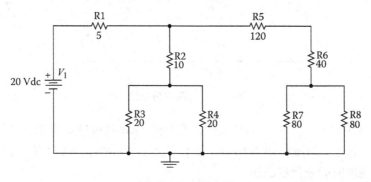

图 P1.2　电阻电路

1.3 求解电流 I_S。

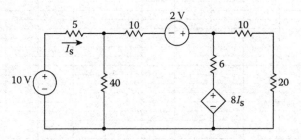

图 P1.3　具有受控源的电阻电路

1.4 如图 P1.4 的阻容电路所示，电路由幅度 5V 周期 10ms 的脉冲源激励，求电容两端的电压。

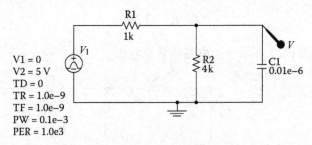

图 P1.4　阻容电路

1.5 如图 P1.5 所示，电路由脉冲电流源激励，其脉冲宽度为 0.4ms，周期为 1.0ms，脉冲幅度为 10mA，求通过电感的电流。

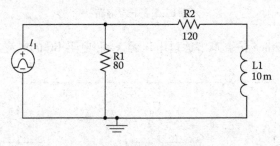

图 P1.5　电阻电感电路

1.6 如图 P1.6 所示的 RLC 电路，当时间 $t<0$ 时电感电流为 0，当 $t=0$ 时开关 a 与 b 相连，持续时间为 10ms，然后开关 a 与 c 相连，并且保持不变。绘出电感的电流随时间变化的波形。

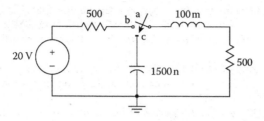

图 P1.6　RLC 电路

1.7　如图 P1.7 所示，绘出仿真输出电感两端的幅频特性曲线。

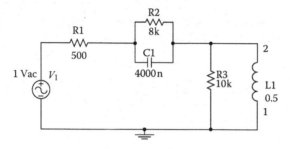

图 P1.7　RLC 电路

1.8　输入电压为 $v_1(t) = 50\cos(1000\pi t)$，求输出电压 $v_o(t)$。

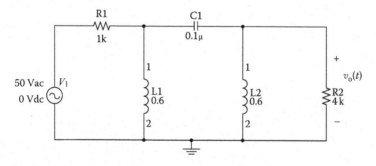

图 P1.8　RLC 电路的交流分析

参 考 文 献

1. Nilsson, James W., and Susan A. Riedel. *Introduction to PSPICE manual Using ORCAD Release 9.2 to Accompany Electric Circuits.* Upper Saddle River, NJ: Pearson/Prentice Hall, 2005.
2. OrCAD Family Release 9.2. San Jose, CA: Cadence Design Systems, 1986–1999.
3. Rashid, Mohammad H. *Introduction to PSPICE Using OrCAD for Circuits and Electronics.* Upper Saddle River, NJ: Pearson/Prentice Hall, 2004.

4. Soda, Kenneth J. "Flattening the Learning Curve for ORCAD-CADENCE PSPICE," *Computers in Education Journal,* Vol. XIV (April–June 2004): 24–36.

5. Svoboda, James A. *PSPICE for Linear Circuits.* 2nd ed. New York: John Wiley & Sons, Inc., 2007.

6. Tobin, Paul. "The Role of PSPICE in the Engineering Teaching Environment." Proceedings of International Conference on Engineering Education, Coimbra, Portugal, September 3–7, 2007.

7. Tobin, Paul. *PSPICE for Circuit Theory and Electronic Devices.* San Rafael, CA: Morgan & Claypool Publishers, 2007.

8. Tront, Joseph G. *PSPICE for Basic Circuit Analysis.* New York: McGraw-Hill, 2004.

9. Vladimirescu, Andrei. *The Spice Book.* New York: John Wiley and Sons, Inc., 1994.

10. Wyatt, Michael A. "Model Ferrite Beads in SPICE." In *Electronic Design,* October 15, 1992.

11. Yang, Won Y., and Seung C. Lee. *Circuit Systems with MATLAB® and PSPICE.* New York: John Wiley & Sons, 2007.

第 2 章
PSpice 基本功能

2.1 简介

第 1 章详细介绍了电路原理图的创建。通过原理图文件可以自动生成网络表，然后通过 PSpice A/D 对电路进行仿真分析，以得到电路中各节点的电压值。通过屏幕图形显示程序 PROBE 可以对仿真结果进行图形显示。另外可以通过文本文件对电路进行仿真，在文件中用户指定各节点编号、各元件连接方式、仿真设置及仿真结果输出形式（打印输出或图形输出）。

对大多数仿真电路而言，通过电路图形式比文本形式仿真会更加方便。然而，对于非常庞大且需要高级分析命令的电路，生成电路文本文件通常是非常必要的。本章主要介绍使用电路文本文件对电路进行 PSpice 仿真。

通用的 Spice 文本仿真文件由以下几部分组成：

（1）标题；

（2）元件描述语句；

（3）分析设置语句；

（4）结束语句。

下面两节分别对元件描述语句和控制语句进行详细讲解。

2.1.1 元件描述语句

元件描述语句用来指定电路中各元件属性和连接状态，主要由元件名称、元件各节点连接和元件特征参数组成。

元件名称首字母必须以规定的字母开头。表 2.1 列出了各元件的对应名称及开头首字母。

表 2.1 元件名称及其对应首字母

元件首字母	电路元件、源、子电路
B	砷化镓场效应晶体管
C	电容
D	二极管
E	电压控制电压源
F	电流控制电流源
G	电压控制电流源
H	电流控制电压源
I	独立电流源
J	结型场效应晶体管
K	耦合电感（变压器）
L	电感
M	MOS 场效应晶体管
Q	双极型晶体管
R	电阻
S	电压控制开关
T	传输线
V	独立电压源
X	子电路

电路各节点必须为正整数，但是各节点并不需要顺次命名。0 节点被预先确定为电路的地。为了防止电路中各元件连接错误，每个节点必须连接到至少两个元件上。

元件值可以有很多种表示形式：整数、浮点数、整数浮点数与指数结合、浮点数或整数与表 1.2 所示比例系数相结合。比例系数缩写字母之后的任何字符均被 Spice 忽略，例如一个 5000Ω 的电阻可以写成 5000、5000.00Ohm、5K、5E3、5KOhm 或 5KR。

下面对常用元件描述语句进行介绍，主要包括电阻、电感、电容、独立电压源和独立电流源。

电阻

描述语句格式为

$$\text{Rname} \quad \text{N} + \quad \text{N} - \quad \text{value} \quad [\text{TC} = \text{TC1}，\text{TC2}]$$

其中，电阻名称必须以字母 R 开头；N + 和 N - 为电阻的正负节点，通常规定电流从正节点 N + 通过电阻流向负节点 N - ；value 为电阻值，以 Ω（欧姆）为单位，该值可以为正或者负，但是不能为 0；TC1 和 TC2 为电阻的温度系数，默认值是零，如果它们非零，则电阻值由式（2.1）计算，即

$$电阻值 = \text{value}\big[1 + TC1(T - T_{NOM}) + TC2(T - T_{NOM})^2\big] \tag{2.1}$$

其中，TC1 为线性温度系数；TC2 是二次温度系数；T_{NOM} 为室温，通过 option 设置中的 TNOM 选项设置，默认值为 27℃。

电感

描述语句格式为

Lname　N +　N -　value　[IC = initial _ current]

其中，电感名称必须以字母 L 开头；N + 和 N - 分别为电感的正负节点，通常规定电流从正节点 N + 流向负节点 N -；value 为电感值，以 H（亨利）为单位，当对电感电路进行瞬态分析时，通过 IC = initial _ current 设置电感的初始电流值。

电容

描述语句格式为

Cname　N +　N -　value　[IC = initial _ voltage]

其中，电容名称必须以字母 C 开头；N + 和 N - 分别为电容的正负节点；Value 为电容值，以 F（法拉）为单位；当对电容电路进行瞬态分析时，通过 IC = initial _ voltage 设置电容两端的初始电压值。

独立电压源

描述语句格式为

Vname　N + N - [DC value] [AC magnitude phase]

[PULSE V1 V2 td tr tf pw per]

或[SIN VO Va freq td df phase]

或[EXP V1 V2 td1 t1 td2 t2]

或[PWL t1 V1 t2 V2⋯tn, Vn]

或[SFFM VO Va freq md fs]

其中，电压源名称必须以字母 V 开头；N + 和 N - 分别为电压源的正负节点；直流电压源可以进行直流分析 [DC value]、交流分析 [AC Magnitude phase] 和瞬态分析。瞬态源有多种类型（PULSE、SIN、EXP、PWL、SFFM），但是进行瞬态分析时每种源只能选择一种类型。进行交流分析时，交流相位角的单位为度。PULSE、SIN、EXP、PWL、SFFM 等瞬态源将在 2. 5 节进行详细讲解。

独立电流源

描述语句格式为

Iname　N + N - [DC value] [AC magnitude phase]

[PULSE I1 I2 td tr tf pw per]

或[SIN IO Ia freq td df phase]

或 [EXP I1　I2　td1　t1　td2　t2]

或 [PWL　t1　I1　t2　I2　…　tn, In]

或 [SFFM IO　Ia　freq　md　fs]

其中，电流源名称必须以字母 I 开头；N + 和 N – 分别为电流源的正负节点，电流从正节点流向负节点；独立电流源可以进行直流分析 [DC value]、交流分析 [AC Magnitude phase] 和瞬态分析。瞬态源有多种类型（PULSE、SIN、EXP、PWL、SFFM），但是进行瞬态分析时每种源只能选择一种类型。进行交流分析时，交流相位角的单位为°（度）。

2.1.2　分析设置语句

电路标题

电路标题必须在 Spice 电路程序文件或电路网表的第一行。如果程序文件第一行没有定义电路标题，则程序将把第一条语句定义为电路标题。当仿真分析完成时，仿真输出文件也将以同样的标题进行命名。如果需要在电路中增加注释，则可以使用注释语句。

标注（*）

如果第一行语句的第一个字符为星号 *，则这句语句为注释行。

例如如下注释：

*

* 在 Spice 程序中注释行以星号 * 开头。

*

工作点分析（.OP）

电路中各元件的静态工作点状态可以通过 .OP 命令进行计算并输出。.OP 语句的一般格式为

.OP

PSpice 通过 .OP 语句对电路进行静态工作点计算，然后输出如下数值：

（1）电路中各节点电压值；

（2）电路中电压源的电流及其功耗；

（3）电路中二极管的参数。

其他仿真分析命令，例如 .DC（直流分析）、.TRAN（瞬态分析）、.AC（交流分析）将在接下来的章节中进行详细讨论。另外一些附加的仿真分析命令也将在第 2 章进行介绍。

下面结合实例对 .OP 语句和元件描述语句进行讲解。

实例 2.1　具有多输入源的电阻电路分析

图 2.1 所示为电阻电路，该电路具有两个输入源。$V_S = 10V$，$R1 = 500\Omega$，$R2 = 1k\Omega$，$R3 = 2k\Omega$，$R4 = 1k\Omega$，$R5 = 3k\Omega$，$R6 = 5k\Omega$，$I_1 = 5mA$。求电路中各

节点电压值。

计算方法

PSpice 电路仿真程序如下：

```
Resistive Circuit with Multiple Sources
VS 1 0 DC 10V
R1 1 2 500
R2 2 3 1000
R3 3 0 2000
R4 2 4 1000
R5 4 5 3000
R6 5 0 5000
I1 3 5 DC 5mA
.OP
.END
```

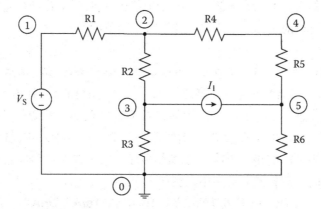

图 2.1 具有多输入源的电阻电路

PSpice 仿真输出文件中各节点电压值

节点	电压/V
1	10.0000
2	7.9545
3	1.9697
4	9.8485
5	15.5300

2.2 直流分析

通过 .DC 语句对直流扫描或者直流工作点分析进行设定。.DC 语句的一般格式为

. DC SOURCE _ NAME START _ VALUE STOP _ VALUE INCREMENT _ VALUE

其中，SOURCE _ NAME 为独立电压源或者独立电流源的名称；START _ VALUE STOP _ VALUE INCREMENT _ VALUE 分别代表源的初始值、结束值和步进值。

例如

. DC Vsource 0. 5 5 0. 1

上述语句的含义为对电压源 V_{source} 进行直流扫描，初始值为 0. 5V，结束值为 5V，步进为 0. 1V。对于 V_{source} 的每个电压值，PSpice 对电路进行一次仿真分析。

当直流分析的初始值和结束值相同时，就可以对直流源的某个固定值进行直流分析，例如：

. DC VCC 5 5 1

上述语句的含义为当直流源 V_{CC} 的电压值为 5V 时对电路进行直流仿真分析。

直流分析可以对第二个独立电压源进行指定范围的扫描分析。双扫描分析的一般格式如下：

. DC S1 S1 _ start S1 _ stop s1 _ incr   S2 S2 _ start S2 _ stop S2 _ incr

其中，S1 为第一扫描源的名称。该源从 S1 _ start 开始扫描，到达 S1 _ stop 时停止扫描，扫描步进为 S1 _ incr；S2 为第二扫描源的名称。该源从 S2 _ start 开始扫描，到达 S2 _ stop 时停止扫描，扫描步进为 S2 _ incr；第一扫描源 S1 为内循环，对于第二扫描源的每一个值，S1 都要循环一次。在对半导体器件进行电压、电流性能测试时，双扫描非常实用，例如

. DC VCE 0 10V . 2V IB 0mA 1mA . 2mA

V_{CE} 和 I_B 为两个扫描源，电压源 V_{CE} 从 0V 增大到 10V，步进为 0. 2V；电流源 I_B 从 0mA 增大到 1mA，步进为 0. 2mA。对于电流 I_B 的每一个值，电压源 V_{CE} 都要从 0V 扫描到 10V。8. 1 节中的实例涉及双扫描分析。下面结合实例对单电压源的扫描分析进行介绍。

实例 2. 2 桥式电路：利用直流扫描分析对桥式电路各支路电流进行计算

桥式电路如图 2. 2 所示，其中 R1 = 100Ω，R2 = 100Ω，R3 = 100Ω，R4 = 400Ω，R5 = 300Ω，R6 = 50Ω。当电压源 V_S 以步进 2V 从 0V 增大到 10V 时，计算电流 I_B 的对应值。

计算方法

设置图 2. 2 的节点编号和元件名称并重新绘制，如图 2. 3 所示。

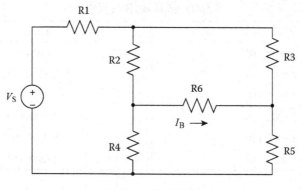

图 2.2　桥式电路

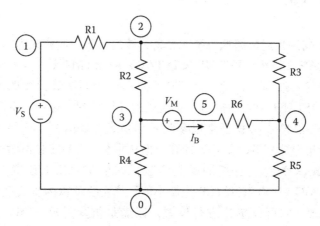

图 2.3　图 2.2 设置节点编号和元件名称的仿真电路

PSpice 电路仿真程序如下：

```
Bridge Circuit
*
VS 1 0 DC 10V
VM 3 5 DC 0; current monitor
R1 1 2 100
R2 2 3 100
R3 2 4 100
R4 3 0 400
R5 4 0 300
R6 4 5 50
.DC VS 0 10 2
.PRINT DC I(VM)
.END
```

PSpice 仿真输出电流值

电压源 V_S/V	电流 I_B/A
0.000E + 00	0.000E + 00
2.000E + 00	3.361E − 04
4.000E + 00	6.723E − 04
6.000E + 00	1.008E − 03
8.000E + 00	1.345E − 03
1.000E + 01	1.681E − 03

2.3 瞬态分析

.TRAN 语句用来对电路执行瞬态分析，该语句的一般格式为

.TRAN TSTEP TSTOP < TSTART > < TMAX > < UIC >

其中，括号内的术语为可选项；TSTEP 为打印或绘图增量；TSTOP 为瞬态分析的结束时间；TSTART 为打印输出仿真结果的开始时刻，如果该选项未设置，则系统将默认为零，瞬态分析通常以零时刻为仿真开始时刻，如果 TSTART 不为零，则瞬态分析仍然从零时刻开始计算，但从零至 TSTART 这段时间的仿真结果并不输出；TMAX 为仿真分析的最大步长，如果 TMAX 未设置，则默认值为（TSTOP − TSTART）/50 和 TSTEP 的最小值。当需要计算的步长小于 TSTEP 时，TMAX 非常重要，它可以单独进行设置，以满足仿真需求；UIC（使用初始条件）用于指定电容和电感初始值。在元件语句中通过增加 IC = value 可以设置电容和电感的初始值。

在进行瞬态分析之前，首先对各种信号源进行介绍。

2.3.1 瞬态分析信号源

Spice 提供五种用于瞬态分析的信号源，分别如下：

PULSE < parameters > 周期性脉冲源；

EXP < parameters > 指数源；

PWL < parameters > 分段线性源；

SIN < parameters > 正弦波信号源；

SFFM < parameters > 单频调频源。

下面分别对每种信号源的使用进行详细介绍。

脉冲信号源

脉冲信号源波形如图 2.4a 所示，其通用设置格式为

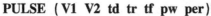

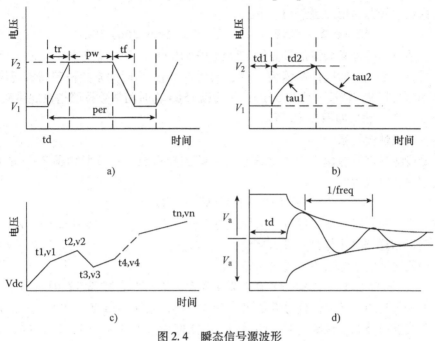

图 2.4 瞬态信号源波形

a）脉冲信号源 b）指数源 c）分段线性源 d）指数调频源

其中，V_1 为脉冲初始值，无默认值；V_2 为脉冲电压值，无默认值；td 为延迟时间，默认值为零；tr 为上升时间，默认值为打印或绘图步进值；tf 为下降时间，默认值为 TSTEP；pw 为脉冲宽度，默认值为仿真结束时间 TSTOP；per 为脉冲周期，默认值为 TSTOP，该值不包括延迟时间 td。

脉冲信号源通用设置语句如下：

VPULSE 1 0 PULSE（0V 10V 10ns 20ns 50ns 1us 3us）

上述语句表明该信号源的名称为 VPULSE，连接到节点 1 和节点 0 之间，脉冲波形的初始值为 0V，保持时间 10ns；电压在接下来的 20ns 时间内从 0V 线性增加到 10V，并且在 10V 电压值保持 1μs；然后电压在接下来的 50ns 时间内从 10V 线性减小到 0V；每 3μs 重复上述过程一次。

指数信号源

指数信号源波形如图 2.4b 所示，其通用设置格式为

EXP（V1 V2 td1 tau1 td2 tau2）

其中，V_1 为初始值，无默认值，必须对其进行设置；V_2 为峰值，无默认值，必须对其进行设置；td1 为上升延迟时间，默认值为零；tau1 为上升时间常数，默认值为 TSTEP；td2 为下降延迟时间，默认值为（td1 + TSTEP）；tau2 为下降时

间常数，默认值为 TSTEP。

指数信号源通用设置语句如下：

VEXP 2 1 EXP（−1V 5V 1us 10us 30us 15us）

上述语句的含义为该信号源的名称为 VEXP，连接到节点 2 和 1 之间，为指数信号源。前 1μs 时间内幅值为 −1V；然后以 10μs 为时间常数按照指数规律从 −1V 增大到 5V，持续时间为 30μs；然后以 15μs 为时间常数按照指数规律从 5V 减小到 −1V，波形如图 2.4b 所示。

分段线性信号源

分段线性信号源由点与点之间通过直线连接构成，其波形如图 2.4c 所示。其通用设置格式为

PWL（T1 V1 t2 V2 … Tn Vn）

其中，每一对时间—电压值对应信号源的一点（Tm，V_m）（其中 m = 1，2，…，n），时间按递增顺序排列，即 $t_1 < t_2 < t_3 \cdots < t_n$。

分段线性信号源通用设置语句如下：

VPWL 1 0 PWL（0 0 1 2 4 2 5 3 7 3 8 2 11 2 12 0）

上述语句的含义为该信号源的名称为 VPWL，连接到节点 1 和节点 0 之间，为分段线性信号源，该源所对应的时间—电压值为（0，0）、（1，2）、（4，2）、（5，3）、（7，3）、（8，2）、（11，2）和（12，0）。

阻尼正弦信号源

正弦波信号源由 SIN 语句实现，指数阻尼正弦波波形如图 2.4d 所示。其通用设置格式为

SIN（Vo Va freq td df phase）

其中，V_o 为偏置电压，无默认值，必须设定其数值；V_a 为电压振幅，无默认值，必须设定其数值；freq 为信号频率，其默认值为 1/TSTOP，TSTOP 为瞬态分析的结束值；td 为延迟时间，默认值为零；df 为阻尼系数，默认值为零；phase 为初始相位，默认值为零。

可以通过正弦波信号源生成指数阻尼正弦波信号源，其公式如下：

$$v(t) = V_o + V_a * \sin[2\pi(\text{freq}(t - \text{td})) - (\text{phase}/360)]e^{-(t-\text{td})\text{df}} \quad (2.2)$$

使用 SIN 语句产生信号源的实例如下：

VSIN 2 1 SIN（0 10 10K）

上述语句表明该信号源的名称为 VSIN，由正弦波信号源产生，偏置电压为 0V，电压幅度为 10V，频率为 10kHz。

正弦波信号源只能用于瞬态分析，当进行交流分析时，该设置无效。

单频调频信号源

单频调频信号源由 SFFM 函数产生，其通用设置格式为

SFFM（Vo Va fc mdi fs）

其中，V_0 为偏置电压，无默认值，必须设定其数值；V_a 为电压振幅，无默认值，必须设定其数值；fc 为载波频率，单位为 Hz，其默认值为 1/TSTOP，TSTOP 为瞬态分析的结束值；mdi 为调制系数，默认值为零；fs 为信号频率，单位为 Hz。

单频调频信号源的表达式为

$$v(t) = V_0 + V_a * [\sin(2\pi * fc * t + mdi * \sin(2\pi * fs * t))] \qquad (2.3)$$

由 SFFM 产生信号源的实例如下：

VINPUT 4 0 SFFM（0 5 6Meg 8 20K）

上述语句的含义为该信号源由频率 20kHz 调制指数为 8 的信号对频率 6MHz 幅度 5V 的正弦波进行调制所得。下面对瞬态分析源进行举例说明。

实例 2.3　RLC 串联电路的瞬态响应

图 2.5 所示为 RLC 电路，$L = 2H$，$C = 1.5\mu F$，$R = 1000\Omega$。当电路由脉冲宽度 1ms，幅值 5V 的脉冲源激励时，求电阻两端的电压，假设初始值均为零。

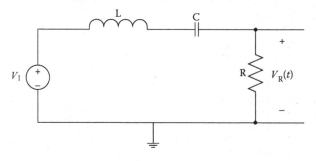

图 2.5　RLC 电路

计算方法

图 2.6 所示为图 2.5 的节点编号和元件名称。

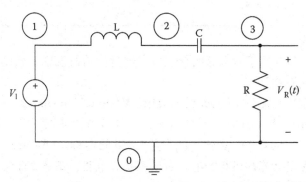

图 2.6　具有节点编号的 RLC 仿真电路

PSpice 仿真程序如下：

```
RLC circuit
V1 1 0 PULSE(0 5 0.001ms 0.001ms 1ms 1)
L 1 2 2H
C 2 3 1.5e-6
R 3 0 1000
.TRAN  0.2e-3 5e-3
.PRINT TRAN V(3)
.PROBE
.END
```

PSpice 仿真结果如下：

```
TIME V(3)
0.000E + 00 0.000E + 00
2.000E-04  4.711E-01
4.000E-04  8.951E-01
6.000E-04  1.267E + 00
8.000E-04  1.588E + 00
1.000E-03  1.858E + 00
1.200E-03  2.079E + 00
1.400E-03  2.253E + 00
1.600E-03  2.381E + 00
1.800E-03  2.468E + 00
2.000E-03  2.514E + 00
2.200E-03  2.525E + 00
2.400E-03  2.502E + 00
2.600E-03  2.450E + 00
2.800E-03  2.372E + 00
3.000E-03  2.271E + 00
3.200E-03  2.151E + 00
3.400E-03  2.015E + 00
3.600E-03  1.867E + 00
3.800E-03  1.709E + 00
4.000E-03  1.544E + 00
4.200E-03 1.375E + 00
4.400E-03 1.205E + 00
4.600E-03 1.036E + 00
4.800E-03 8.703E-01
5.000E-03 7.090E-01
```

初始值设置

.NODESET 命令用于对电路的指定节点进行初始值设置，该命令只能用于瞬态分析。其一般格式为

$$. \text{NODESET}\ \text{V}(node1) = value\ \text{V}(node2) = value2,\ \cdots$$

其中，V（node1），V（node2）分别为节点 1 和节点 2 的电压值。V（node1）设定为电压值 1，V（node2）设定为电压值 2，以此类推。.NODESET 命令为电路指定节点的偏置点计算提供初始值。对于多状态电路，该命令非常重要，例如双稳态电路的计算和仿真分析。

.IC 命令只用于包含 "UIC" 选项的瞬态分析中。

可以对电容器两端的初始电压或流过电感的初始电流进行设置，电容初始电压设置格式如下：

$$\text{Cname　N +　N − 　value　　IC = initial　voltage}$$

电感初始电流设置格式如下：

$$\text{Lname　N + 　N −　 value　IC = initial　current}$$

应当指出的是，只有在瞬态分析设置中包含 "UIC" 选项，电感或电容的初始设置才有效。实例 2.8 将对 .IC 命令的使用进行详细说明。

2.4　交流分析

.AC 语句用来实现对电路的交流分析，其通用格式如下：

$$\text{.AC　FREQ \_ VAR　NP FSTART FSTOP}$$

其中，FREQ _ VAR 为三种频率扫描方式之一，分别为 DEC（10 倍频）、OCT（8 倍频扫描）或 LIN（线性扫描）；NP 为扫描点数量，DEC _ NP 为每 10 倍频扫描点数；OCT _ NP 为每 8 倍频扫描点数；LIN _ NP 为从开始频率 FSTART 到截止频率 FSTOP 的总扫描点数；FSTART 为起始频率，不能为零；FSTOP 为截止频率。

例如线性扫描语句：

$$\text{.AC　LIN　100　1000　5000}$$

上述语句含义为 AC 分析开始频率为 1000Hz，结束频率为 5000Hz，线性扫描，总扫描点数为 100 个。

例如 10 倍频扫描语句：

$$\text{.AC　DEC　10　100　100000}$$

上述语句含义为 AC 分析开始频率为 100Hz，结束频率为 100kHz，以 10 倍频进行扫描（100 ~ 1k、1k ~ 10k、10k ~ 100k），每倍频的扫描点数为 10 个。下面结合电路实例对频率分析命令 .AC 进行详细讲解。

实例 2.4　RC 梯形网络的频率响应

图 2.7 所示为 RC 梯形网络，其中 R1 = R2 = R3 = 1kΩ，C1 = C2 = C3 = 1μF，绘制输出端的幅度响应曲线。

计算方法

电路频率响应的 PSpice 仿真程序如下：

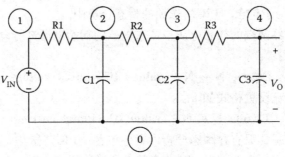

图 2.7 RC 梯形网络

```
RC Network
VIN 1 0 AC 1 0
R1 1 2 1K
C1 2 0 1uF
R2 2 3 1K
C2 3 0 1uF
R3 3 4 1K
C3 4 0 1uF
.AC DEC 5 10 10000
.PLOT AC VDB(4) ; plot magnitude in decibels
.PROBE; to plot magnitude response using PROBE
.END
```

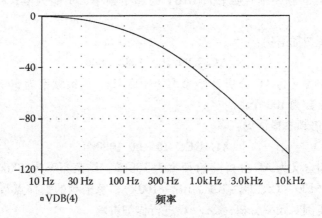

图 2.8 RC 梯形网络的幅度响应

2.5 打印和绘图

打印命令

.PRINT 语句用来实现数据打印输出，其通用格式如下：

.PRINT ANALYSIS _ TYPE OUTPUT _ VARIABLE

其中，ANALYSIS _TYPE 为仿真分析类型，包括直流、交流、瞬态、噪声和失真分析，.PRINT 语句中只能包括一种分析类型；OUTPUT _ VARIABLE 为打印输出变量名，可以为电压或电流，每条.PRINT 语句最多包含 8 个输出变量。如果输出变量超出 8 个，则可以增加一条.PRINT 语句。

输出变量可以为节点电压或者通过电压源的电流。另外 PSpice 也可以提取通过无源器件的电流。输出电压变量的一般格式为

$$V(node1,node2)\ \ or\ \ V(node1)\ \ if\ \ node2\ \ is\ \ node“0”$$

输出电流变量的一般形式为

$$I(Vname)$$

其中，V_{name} 为电路中的独立电压源。在 PSpice 中，输出电流变量也可以表示为 I(Rname)。其中：Rname 为电路中已定义的电阻。

打印输出实例如下：

$$.PRINT\ DC\ V(4)\ V(5,6)\ I(Vsource)$$

上述语句的含义为打印输出节点 4、节点 5 和节点 6 之间的直流电压及通过电压源 Vsource 的直流电流，此外，打印语句还可以表示如下：

$$.PRINT\ TRAN\ V(1)\ V(7,3)$$

上述语句的含义为将节点 1、节点 7 和节点 3 之间的瞬态电压打印输出。

在交流分析时，输出电压和电流变量可以以幅度、相位、实部或虚部的形式打印输出。表 2.2 列出交流输出变量的各种类型，例如：

$$.PRINT\ AC\ VDB(3)\ VP(3)$$

上述语句的含义为分别以分贝和度为单位，打印输出节点 3 的幅值和相位值。

表 2.2　交流输出变量的类型

输出变量	含义
V 或 I	电压或电流的幅度
VR 或 IR	电压或电流的实部
VI 或 II	电压或电流的虚部
VM 或 IM	复数电压或电流的幅度
VDB 或 IDB	电压或电流的分贝幅度
VG 或 IG	复数的群延时

绘图命令

.PLOT 语句以绘图方式对指定变量进行输出，其通用格式如下：

.PLOT ANALYSIS_TYPE OUTPUT_VARIABLE PLOT_LIMITS

其中，ANALYSIS_TYPE 为分析类型，包括直流、交流、瞬态、噪声和失真分析，.PLOT 语句中只能包括一种分析方式；OUTPUT_VARIABLE 为输出变量名称，可以为电压或电流，与.PRINT 语句设置类似，可以参考 2.5 节；PLOT_LIMITS 为输出变量的下限和上限值，只有在指定范围内的数值才能出现在 y 轴。也可以省略 PLOT_LIMITS 数值，在这种情况下 PSpice 自动配置绘图范围。

例如

.PLOT DC V(4,3)I(VIN)

上述语句的含义为绘制节点 4 和节点 3 之间的直流电压值和通过独立电压源 VIN 的直流电流值。该语句未指定输出范围，所以 PSPICE 将指定一个默认输出范围。但是 x 轴的范围和增量值应该在.DC 语句中进行详细设置。

例如

.PLOT AC VDB(5)(0,60)

上述语句的含义为将节点 5 的电压幅值以分贝的形式绘制输出，并且输出幅度限制在 0 ~ 60dB 的范围之间。

2.6 转移函数命令

PSpice 软件以.TF 作为转移函数命令，通过对电路在静态工作点附近进行线性化处理，分析计算电路的小信号增益、直流输入和输出阻抗。.TF 命令的通用格式如下：

.TF OUTPUT_VARIABLE INPUT_SOURCE

其中，OUTPUT_VARIABLE 为输出变量，可以为电压或者电流信号，如果输出变量为电流信号，则该电流信号必须通过电压源进行提取；INPUT_SOURCE 为输入源，该源必须为独立电压或者电流源。如果输入源为电流源，则该源两端必须并联一支大阻值的电阻，以保证电路正常运行。

流程 2.1　转移函数分析设置步骤

- 按照流程 1.2 的步骤绘制电路图。
- 选择 "PSpice/New Simulation Profile" 对电路进行仿真设置。
- 在 "New Simulation" 中输入仿真名称。
- 单击 "Create" 创建仿真文件。
- 在 "Simulation Settings" 中选择 "Bias Point" 分析静态工作点，并且选择 "General Settings" 进行通用设置。
- 在 "output file options" 中选择 "calculate small - signal DC Gain (.TF)"。
- 在 "the input source name" 栏中填入输入源的名称，在 "to output variable" 填入输出变量的名称。
- 选择 "OK" 关闭 "Simulation Settings" 对话框。
- 选择 "PSpice/Run" 对电路进行直流分析。
- 选择 "View/Output" 通过输出文件读取仿真结果，或者通过电路图界面的 "V" 功能按钮观测电路各节点电压值。

Spice 仿真输出文件包含如下信息：

1）output _ variable/input _ source 输出变量对输入源的增益；

2）从输入端计算所得的直流输入阻抗；

3）从输出端计算所得的直流输出阻抗。

PSpice 可以通过 .PRINT、.PLOT 和 .PROBE 命令分别得到相应的分析结果。

OrCAD 软件同样可以得到电路的转移函数及其关键参数。按照流程 1.2 绘制电路图，然后对电路进行直流静态工作点分析，在 "output file options" 对话框中选择 "calculate small - signal DC Gain" (.TF)，在 "the input source name" 和 "To output variable" 中分别确定输入源和输出变量的名称。无论是输入源还是输出变量必须为电压或者电流。转移函数设置的具体步骤如流程 2.1 所示。下面结合实例对 .TF 命令进行详细讲解。

实例 2.5　电阻网络的输入输出阻抗

图 2.9 为电阻电路，假设所有电阻值均为 10Ω，求电路的输入阻抗 RIN 和输出阻抗 ROUT。

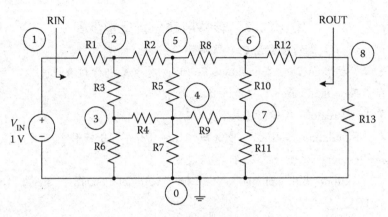

图 2.9 电阻网络

计算方法

PSpice 仿真程序如下：

```
RESISTIVE NETWORK
VIN     1       0       DC      1
R1      1       2       10
R2      2       5       10
R3      2       3       10
R4      3       4       10
R5      5       4       10
R6      3       0       10
R7      4       0       10
R8      5       6       10
R9      4       7       10
R10     6       7       10
R11     7       0       10
R12     6       8       10
R13     8       0       10
.TF     V(8)    VIN
.END
```

按照流程 2.1 的具体步骤对电路进行绘制仿真，实例 2.5 的仿真设置如图 2.10 所示。仿真结果如下：

```
**** SMALL-SIGNAL CHARACTERISTICS
V(8)/VIN = 6.977E-02
INPUT RESISTANCE AT VIN = 1.955E + 01
OUTPUT RESISTANCE AT V(8) = 6.583E + 00
```

从仿真结果可以看出，电路的直流输入阻抗为 $1.955E + 01\Omega$，输出阻抗为 $6.583E + 00\Omega$。

.TF 转移函数命令可以用来求解复杂电路的戴维南等效电路。下面通过仿真实例，详细介绍如何通过对电路的输入源及输出节点进行配置，求解其戴维南等效电路。

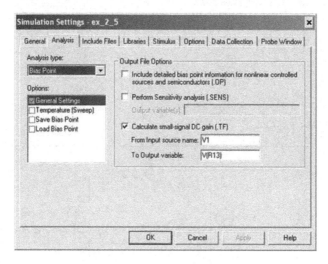

图 2.10　转移函数分析的具体设置

实例 2.6　戴维南等效电路

如图 2.11 所示，R1 = 4kΩ，R2 = 8kΩ，R3 = 10kΩ，R4 = 2kΩ，R5 = 8kΩ，R6 = 6kΩ，V_1 = 10V。如果电流源电流为 5mA，则求 A 和 B 端的戴维南等效电路；另外当 AB 端连接 2kΩ 电阻时，求该电阻的功耗。

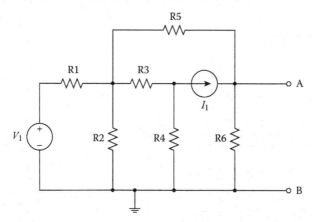

图 2.11　实例 2.6 的电路图

计算方法

电路节点设置如图 2.12 所示，PSpice 仿真程序如下：

```
THEVENIN EQUIVALENT CIRCUIT
V1      1       0       DC 10V
R1      1       2       4K
R2      2       0       8K
R3      2       3       10K
R4      3       0       2K
R5      2       4       8K
R6      4       0       6K
I1      3       4       5MA
.TF     V(4)    V1
.END
```

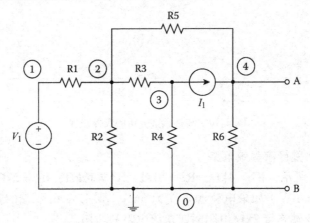

图 2.12　具有节点编号的仿真电路图

PSpice 仿真结果如下：

```
NODE VOLTAGE NODE VOLTAGE NODE VOLTAGE NODE VOLTAGE
( 1) 10.0000 (2) 7.1910 (3) -7.1348 (4) 20.2250
**** SMALL-SIGNAL CHARACTERISTICS
V(4)/V1 = 2.022E-01
INPUT RESISTANCE AT V1 = 7.574E + 03
OUTPUT RESISTANCE AT V(4) = 3.775E + 03
```

根据仿真结果可得戴维南等效电阻 RTH = 3.775E + 3Ω，等效电压 V_{TH} = 20.2250V，等效电路如图 2.13 所示。

当 A 端和 B 端连接 2kΩ 电阻时，其功率损耗为

$$P = \left(\frac{V_{TH}}{2000 + RTH} \right)^2 \times 2000 = 0.0245W$$

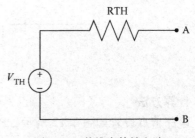

图 2.13　戴维南等效电路

2.7　直流灵敏度分析

.SENS 命令用来计算输出电压或电流变量相对于每个电路元件或模型参数的灵敏度。其通用格式为

.SENS OUTPUT_VARIABLE

其中，OUTPUT_VARIABLE 为输出变量，可以为电压或者电流信号。如果输出变量为电流，则该电流必须为流经电压源的电流。

.SENS 命令首先计算偏置点及偏置点附近的线性参数，然后计算每个变量相对于每个电路元件及模型参数的灵敏度。如果某电路含有如下元件（R1、R2、R3 和 V_{S1}），输出变量为 V_x，那么

$$V_x = f(R1, R2, R3, V_{S1})$$

.SENS 命令计算公式如下：

$$\frac{\partial V_x}{\partial Ri}, \ \frac{\partial V_x}{\partial Ri}\left(\frac{Ri}{100}\right), \ 若\ Ri = 1,2\ 和\ 3$$

$$\frac{\partial V_x}{\partial V_{S1}}, \ \frac{\partial V_x}{\partial V_{S1}}\left(\frac{V_{S1}}{100}\right)$$

输出结果包括绝对灵敏度 $\dfrac{\partial V_x}{\partial Ri}$ 或 $\dfrac{\partial V_x}{\partial V_{S1}}$ 和相对灵敏度 $\dfrac{\partial V_x}{\partial Ri}\left(\dfrac{Ri}{100}\right)$ 或 $\dfrac{\partial V_x}{\partial V_{S1}}\left(\dfrac{V_{S1}}{100}\right)$。

使用 PSpice 对电路进行灵敏度分析时，首先按照表 1.2 中的步骤绘制原理图。在原理图绘制过程中，可以使用 "off-page connector" 对电路中的节点进行标注。通过选择 "bias Point" 对电路进行灵敏度分析。首先在 "output file options" 选项中选择 "Perform Sensitivity Analysis（.SENS）"，然后在 "output variables" 中输入变量名称，仿真软件将对该变量进行灵敏度分析。流程 2.2 为灵敏度分析的详细步骤。

流程 2.2　灵敏度分析具体步骤

- 按照流程 1.2 的步骤绘制电路图。
- 选择 "PSpice/New Simulation Profile"。
- 在 "New Simulation" 中输入仿真文件名称。
- 单击 "Create"。
- 在 "Simulation Settings" 中选择 "Bias Point" 分析类型，并选择 "General Settings" 选项。
- 在 "output file options" 中选择 "Perform Sensitivity Analysis（.SENS）"。
- 在 "Output variable（s）" 中输入变量名称。

- 选择"OK"关闭"Simulation Settings"对话框。
- 选择"PSpice/Run"对电路进行直流分析。
- 通过"View/Output"查看仿真结果。

通过下面实例对 .SENS 命令进行详细的讲解。

实例2.7 T 形网络的直流灵敏度分析

图 2.14 所示为 T 形网络，其中 R1 = 20kΩ，R2 = 40kΩ，R3 = 20kΩ，R4 = 50kΩ，R5 = 10kΩ，V_S = 10V。使用 PSpice 计算电阻 R5 两端电压相对于每个电路元件的灵敏度。

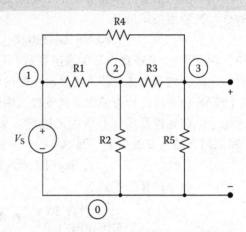

图 2.14 T 形网络

计算方法

PSpice 仿真程序如下：

```
BRIDGE-T NETWORK
VS 1 0 DC 10V
R1 1 2 20K
R2 2 0 40K
R3 2 3 20K
R4 1 3 50K
R5 3 0 10K
.SENS V(3)
.END
```

按照流程 2.2 的步骤，绘制电路并且仿真，具体仿真设置如图 2.15 所示。仿真结果如下：

```
**********************************************************
BRIDGE-T NETWORK
 DC SENSITIVITY ANALYSIS TEMPERATURE = 27.000 DEG C
**********************************************************
DC SENSITIVITIES OF OUTPUT V(3)
 ELEMENT ELEMENT ELEMENT NORMALIZED
 NAME VALUE SENSITIVITY SENSITIVITY
 (VOLTS/UNIT) (VOLTS/PERCENT)
 R1 2.000E + 04 -3.289E-05 -6.578E-03
 R2 4.000E + 04 8.444E-06 3.378E-03
 R3 2.000E + 04 -2.400E-05 -4.800E-03
 R4 5.000E + 04 -1.956E-05 -9.778E-03
 R5 1.000E + 04 1.778E-04 1.778E-02
 VS 1.000E + 01 2.667E-01 2.667E-02
**********************************************************
```

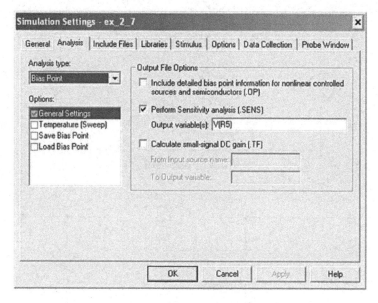

图 2.15　灵敏度分析仿真设置

　　输出结果由四列数据组成，分别为元件名称、元价值、元件灵敏度和归一化灵敏度。元件灵敏度为绝对灵敏度，当元件参数值变化一个单位时，输出电压或者电流的变化量；归一化灵敏度为相对灵敏度，当元件参数值变化 1% 时，输出电压或者电流的变化量。在这两者中归一化敏感度更加重要。

　　在图 2.14 所示电路中，从仿真结果可以看出电阻 R1 的 1% 变化引起输出电压约 6.6mV 的变化；电压源 V_S 的 1% 变化引起输出电压大约 26.7mV 的变化；同时 V_S 引起的变化量也为输出最大变化量。R2 的变化对输出的影响最小。R1、R3 和 R4 的阻值增加导致输出电压减小，相反 R2、R5 和 V_S 的增加引起输出电压增大。

实例 2.8　时序电路的瞬态分析

　　图 2.16 所示为 RLC 时序电路，当 $t \geqslant 0$ 时开关由 a 端转向 b 端，求 50Ω 电阻两端电压。

计算方法

当 $t < 0$ 时，电容两端的电压为

$$V_c(0) = \frac{(20) * (300)}{400} = 15V$$

通过电感的电流 $I_L = 0A$，当 $t > 0$ 时的等效电路如图 2.17 所示。

利用 PSpice 仿真程序求电压 $v_o(t)$，输出电压波形如图 2.18 所示。

PSpice 仿真程序如下：

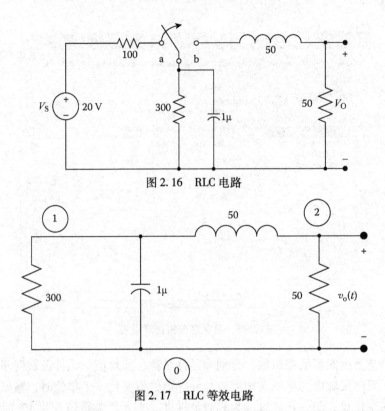

图 2.16 RLC 电路

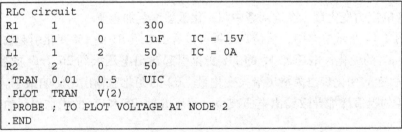

图 2.17 RLC 等效电路

```
RLC circuit
R1      1       0       300
C1      1       0       1uF     IC = 15V
L1      1       2       50      IC = 0A
R2      2       0       50
.TRAN  0.01    0.5      UIC
.PLOT   TRAN   V(2)
.PROBE ; TO PLOT VOLTAGE AT NODE 2
.END
```

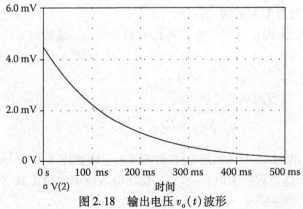

图 2.18 输出电压 $v_o(t)$ 波形

2.8　温度分析

在 Spice 网表中的所有元件均假定在摄氏温度 27℃（300 °K）下工作。27℃ 的额定温度可以通过 . OPTIONS 设置中的 TNOM 选项进行修改。所有仿真分析均在常温下进行，但是可以通过 . TEMP 命令改变仿真时的环境温度。. TEMP 语句的一般格式为

. TEMP TEMP1 TEMP2 TEMP3 ⋯ TEMPN

其中，TEMP1、TEMP2 和 TEMP3 分别为仿真时的环境温度。

例如

. TEMP 120 200

该语句表明电路分别在 120℃ 和 200℃ 下进行仿真。

当温度改变时，电阻、电容和电感元件的参数均会发生改变。另外，例如晶体管和二极管，它们的模型均依赖温度，所以当温度变化时，它们的特性也会发生改变。

可以通过直流分析对电路进行温度扫描。温度扫描的一般格式为

. DC TEMP START _ VALUE STOP _ VALUE INCREMENT

其中，START _ VALUE 为起始温度，单位为℃；STOP _ VALUE 为结束温度；INCREMENT 为温度步进值。

例如

. DC TEMP 0 100 10

该语句表明电路仿真时的起始温度为 0℃，结束温度为 100℃，步进为 10℃。

直流扫描可以进行嵌套，当对元件或者源进行扫描分析的同时也可以进行温度扫描。

2.9　屏幕图形显示

屏幕图形显示语句的一般格式为

. PROBE OUTPUT _ VARIABLES

其中，OUTPUT _ VARIABLES 为输出变量，可以为节点电压或者流过元件的电流。如果未指定输出变量 OUTPUT _ VARIABLES，则所有的节点电压和流过元件的电流都将保存在输出文件中。

对电路进行 PSpice 仿真分析时，软件自动创建数据文件，以用于屏幕图形显示。仿真结果将会以图形的形式显示在屏幕上。当软件调用屏幕图形显示程序时，主菜单中提供如下命令：绘图、编辑、显示、添加和删除曲线，PSpice 参考

手册中有更加详细的介绍。

PSpice 内置很多函数，PROBE 可以利用这些函数对输出变量进行分析，以便更加详尽地理解电路的功能特性。PSpice 中各功能函数见表 1.4。

实例 2.9   利用 PROBE 计算 RL 电路的功率

图 2.19 所示为 RL 电路，输入电压 $v(t) = 10\sin(200\pi t)$ V。利用 PROBE 绘制电阻 R 的平均功率 P_{AVE} 随时间变化特性曲线。

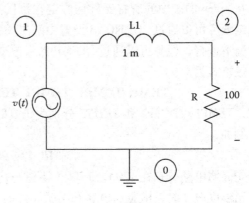

图 2.19   RL 电路

计算方法

输入为正弦电压，可以使用正弦波作为瞬态分析的输入源，例如

$$\sin(V_{\mathrm{o}}, V_{\mathrm{a}}, V_{\mathrm{freq}}, \mathrm{td}, \mathrm{df}, \mathrm{phase})$$

其中，

$$V_{\mathrm{o}} = 0\mathrm{V} \quad V_{\mathrm{a}} = 10\mathrm{V} \quad \mathrm{freq} = 100\mathrm{Hz}$$
$$\mathrm{td} = 0\mathrm{s} \quad \mathrm{df} = 0 \quad \mathrm{phase} = 0$$

由于本电路采用独立源作为输入变量，所以对其进行瞬态分析。

PSpice 仿真程序如下：

```
RL CIRCUIT AND PROBE
VS     1      0      SIN(0 10 100.0 0 0)
L1     1      2      1MH
R1     2      1      100
*CONTROL STATEMENTS
.TRAN  1.0E-3 3.0E-2
.PROBE
.END
```

运行仿真程序并调用 PROBE 程序进行屏幕图形显示。可以利用如下表达式对平均功率进行显示：

$$\mathrm{Average\ Power} = \mathrm{rms}(V(2)) * \mathrm{rms}(I(R1))$$

实例 2.10   滤波网络的输入阻抗

如图 2.21 所示为无源滤波网络，R1 = R2 = R3 = 500Ω，R4 = 1000Ω，C1 = C2 = C3 = 1.5μF，L1 = 2mH，L2 = 4mH，L3 = 6mH。利用 PROBE 求解电路的输入阻抗 $|Z_{\mathrm{IN}}(w)|$。

计算方法

PSpice 仿真程序如下：

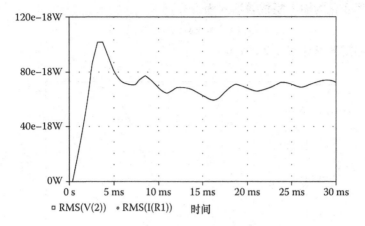

图 2.20　平均功率显示波形

```
FILTER CIRCUIT
VS      1       0       AC      1       0
R1      1       2       500
L1      2       5       2E-3
C1      5       0       1.5E-6
R2      2       3       500
L2      3       6       4E-3
C2      6       0       1.5E-6
R3      3       4       500
L3      4       7       6E-3
C3      7       0       1.5E-6
R4      4       0       1000
* CONTROL STATEMENTS
.AC     DEC     10      1.0E2   1.0E7
.PROBE
.END
```

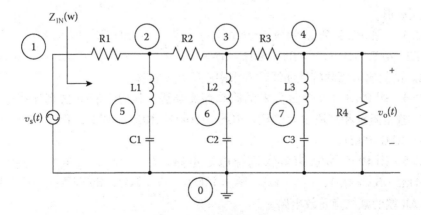

图 2.21　无源滤波网络

随频率变化的输入阻抗表达式为

$$Z_{IN}(w) = VM(1)/IM(R1)$$

输入阻抗波形如图 2.22 所示。

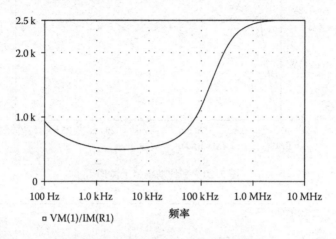

□ VM(1)/IM(R1)　　频率

图 2.22　随频率变化的输入阻抗波形

本 章 习 题

2.1　如图 2.2 所示，当 $V_S = 10V$，R1 = R2 = R3 = 100Ω，R4 = 400Ω，R5 = 500Ω，R6 = 50Ω 时，求解 IB。

2.2　如图 P2.2 所示，L = 2H，R = 400Ω，当 $v_s(t) = 10exp(-12t)cos(1000\pi t)$ 时，求解 2ms 时间内 $v_o(t)$ 的输出电压波形。

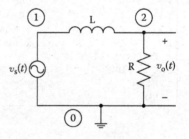

图 P2.2　RL 电路

2.3　图 P2.3 所示为文氏桥电路，C1 = C2 = 4nF，R1 = R3 = R4 = 5kΩ，R2 = 10kΩ。绘制输出幅频特性曲线，并求中心频率和带宽。

2.4　图 P2.4 所示为放大器的简单等效电路，利用 PSpice 仿真计算电路的输入、输出阻抗和直流放大倍数。RGS = 100kΩ，RDS = 50kΩ，RS = 50Ω，RL = 10kΩ，RLC = 5kΩ。

2.5　图 P2.5 所示为多激励源电阻电路，$I_1 = 2mA$，$V_1 = 5V$，$V_2 = 4V$，R1 = 1kΩ，R2 = 4kΩ，R3 = 2kΩ，R4 = 10kΩ，R5 = 8kΩ，R6 = 7kΩ，R7 = 4kΩ。求解 AB 端的戴维南等效电路。

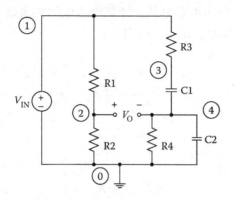

图 P2.3 文氏桥电路

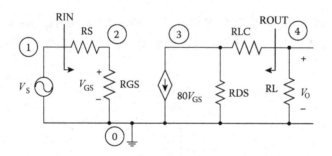

图 P2.4 运算放大器的简单等效电路

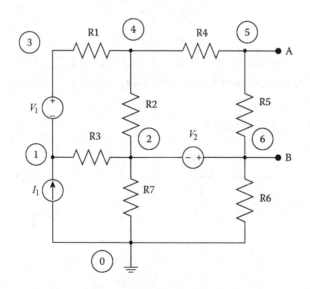

图 P2.5 多激励源电阻电路

2.6 图 P2.6 所示为电阻电路，计算输出电压的灵敏度，$V_1 = 10V$，R2 = R3 = 4kΩ，R4 = R5 = 8kΩ，R1 = R6 = 2kΩ。

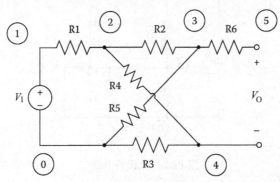

图 P2.6 电阻电路

2.7 图 P2.7 所示为 RLC 电路，$V_1 = 8V$，R1 = 100Ω，R2 = 400Ω，L1 = 5mH，C1 = 20μF。当 $t = 0$ 时开关由 A 移到 B。求当 $t > 0$ 时的电流 $i(t)$。

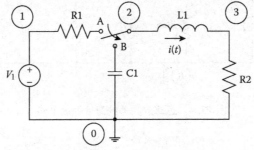

图 P2.7 RLC 电路

2.8 图 P2.8 所示多级 RC 网络，C1 = C2 = C3 = 1μF，R1 = R2 = R3 = 1kΩ。当输入信号为 $v_s(t) = 20\cos(120\pi t + 30°)$ V 时，求：

1）输出电压 $v_o(t)$；

2）电阻 R3 消耗的平均功率。

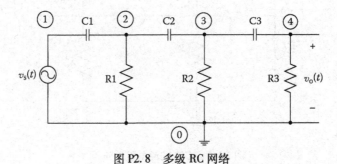

图 P2.8 多级 RC 网络

2.9　如图 P2.9a 所示电路，R1 = 300Ω，R2 = 200Ω。输入信号为如图 P2.9b 所示的三角波，利用 PROBE 屏幕图形显示程序绘制电阻 R2 两端的瞬态电压波形和有效值电压波形，并且计算三角波的有效值与平均值的比值。

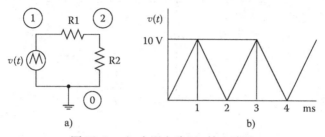

图 P2.9　a) 电阻电路 b) 输入波形

2.10　如图 P2.10 所示电路，该电路由双电源供电，并且电源的幅值和频率均相同，相位不同，R1 = R2 = 100Ω，R3 = 5kΩ，L1 = L2 = 1mH，$V_{S1}(t)$ = $168\sin(120\pi t)$V，$V_{S2}(t)$ = $168\sin(120\pi t + 60°)$V。利用 PROBE 屏幕图形显示程序绘制 V_{S1} 和 V_{S2} 的平均功率及电阻 R3 的功耗。

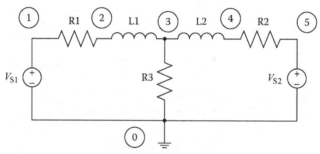

图 P2.10　双电源电路

2.11　图 P2.11 所示为双 T 网络，R1 = R4 = 1kΩ，R2 = R3 = 2kΩ，R5 = 5kΩ，C1 = C2 = 1μF，C3 = 0.5μF。利用 PROBE 屏幕图形显示程序绘制输入阻抗 Z_{IN} 的特性曲线。

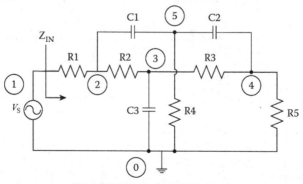

图 P2.11　双 T 网络

2.12 如图 P2.12 所示，求解 AB 端口的戴维南等效电路。在 A、B 端口连接高阻值电阻 R6 以防止节点浮动。

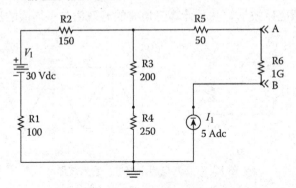

图 P2.12 无源电路的等效电路

2.13 如图 2.13 所示，利用 PSpice 计算输出电压 V_{OUT} 相对于电路各元件的灵敏度。

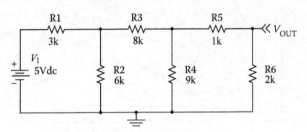

图 P2.13 电路的灵敏度分析

2.14 如图 P2.14 所示，利用 PSpice 绘制电阻 R2 两端的幅频特性曲线，并且计算中心频率和带宽。

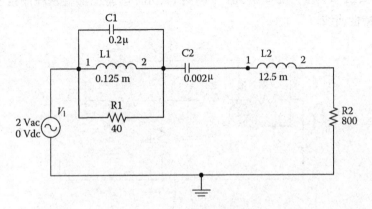

图 P2.14 RLC 电路的频率响应

参 考 文 献

1. Al-Hashimi, Bashir. *The Art of Simulation Using PSPICE, Analog, and Digital*. Boca Raton, FL: CRC Press, 1994.
2. Ellis, George. "Use SPICE to Analyze Component Variations in Circuit Design," In *Electronic Design News (EDN)*, (April 1993): 109–14.
3. Eslami, Mansour, and Richard S. Marleau. "Theory of Sensitivity of Network: A Tutorial." *IEEE Transactions on Education*, Vol. 32, no. 3 (August 1989): 319–34.
4. Fenical, L. H. *PSPICE: A Tutorial*. Upper Saddle River, NJ: Prentice Hall, 1992.
5. Kavanaugh, Micheal F. "Including the Effects of Component Tolerances in the Teaching of Courses in Introductory Circuit Design." *IEEE Transactions on Education*, Vol. 38, no. 4 (November 1995): 361–64.
6. Keown, John. *PSPICE and Circuit Analysis*. New York: Maxwell Macmillan International Publishing Group, 1991.
7. Kielkowski, Ron M. *Inside SPICE, Overcoming the Obstacles of Circuit Simulation*. New York: McGraw-Hill, Inc., 1994.
8. Nilsson, James W., and Susan A. Riedel. *Introduction to PSPICE Manuel Using ORCAD Release 9.2 to Accompany Electric Circuits*. Upper Saddle River, NJ: Pearson/Prentice Hall, 2005.
9. OrCAD Family Release 9.2. San Jose, CA: Cadence Design Systems, 1986–1999.
10. Rashid, Mohammad H. *Introduction to PSPICE Using OrCAD for Circuits and Electronics*. Upper Saddle River, NJ: Pearson/Prentice Hall, 2004.
11. Spence, Robert, and Randeep S. Soin. *Tolerance Design of Electronic Circuits*. London: Imperial College Press, 1997.
12. Soda, Kenneth J. "Flattening the Learning Curve for ORCAD-CADENCE PSPICE," *Computers in Education Journal*, Vol. XIV (April–June 2004): 24–36.
13. Svoboda, James A. *PSPICE for Linear Circuits*. 2nd ed. New York: John Wiley & Sons, Inc., 2007.
14. Tobin, Paul. "The Role of PSPICE in the Engineering Teaching Environment." Proceedings of International Conference on Engineering Education, Coimbra, Portugal, September 3–7, 2007.
15. Tobin, Paul. *PSPICE for Circuit Theory and Electronic Devices*. San Rafael, CA: Morgan & Claypool Publishers, 2007.
16. Tront, Joseph G. *PSPICE for Basic Circuit Analysis*. New York: McGraw-Hill, 2004.

第3章
PSpice 高级功能

本章将继续对 PSpice 仿真功能进行介绍。首先对第 2 章中未介绍的控制语句进行讲解，然后对元件模型尤其是元件参数值的修改进行简单介绍，最后对子电路的建立及其调用、行为模型和蒙特卡洛分析进行详细讲解。

3.1 元件模型

在 PSpice 仿真电路中，可以通过 . MODEL 语句对元件模型参数进行定义，. MODEL 语句的一般格式如下：

MODEL MODEL _ NAME MODEL TYPE PARAMETER _ NAME = VALUE

其中，MODEL _ NAME 为特定模型类型的名称，必须以字母开头，为避免混淆，开头字母最好为元件类型代号，见表 1.1 元件名称列表；MODEL _ TYPE 为元件模型类型，可以为有源或无源元件，在 PSpice 仿真中可用的模型类型见表 3.1，参考模型可以通过主电路文件、. INC 语句或者库文件进行定义和调用，与模型类型不相符的元件不能使用该模型，相同类型的元件可以有多种模型定义方式，但是它们必须配置不同的模型名称；PARAMETER _ VALUES 为模型参数值，在括号内进行定义，并不要求对所有模型参数值均进行定义，未指定的参数值以默认值进行设置。

表 3.1　元件模型类型

元件类型	模型类型	常用名称
电容	CAP	CXXX
电感	IND	LXXX
电阻	RES	RXXX
二极管	D	DXXX
NPN 晶体管	NPN	QXXX

（续）

元件类型	模型类型	常用名称
PNP 晶体管	PNP	QXXX
横向 PNP 双极型晶体管	LPNP	QXXX
N 沟道结型场效应晶体管	NJF	JXXX
P 沟道结型场效应晶体管	PJF	JXXX
N 沟道 MOSFET	NMOS	MXXX
P 沟道 MOSFET	PMON	MXXX
N 沟道砷化镓 MESFET	GASFET	BXXX
非线性磁心	CORE	KXXX
电压控制开关	VSWITCH	SXXX
电流控制开关	ISWITCH	WXXX

一般情况下 . MODEL 语句必须遵循以下规则：

（1）在电路文件中可以对 . MODEL 语句进行反复定义，但是每条 . MODEL 语句必须配置不同的模型名称。如下对 MOSFET 模型的定义是有效的：

> M1　1　2　0　0　MOD1　L＝5U　W＝10U
>
> M2　1　2　0　0　MOD2　L＝5U　W＝15U
>
> . MODEL MOD1 NMOS （VTO＝1. 0　KP＝200）
>
> . MODEL MOD2 NMOS （VTO＝1. 0　KP＝150）

对于 NMOS 元件类型，以上语句定义了 MOD1 和 MOD2 两种模型。

（2）多个相同类型的元件可以同时使用相同的 . MODEL 模型语句，例如：

> D1　1　2　DMOD
>
> D2　2　3　DMOD
>
> . MODEL DMOD D （IS＝1. 0E－14　CJP＝0. 3P　VJ＝0. 5）

以上语句表明二极管 D1 和 D2 同时参考相同的二极管模型 DMOD。

（3）元件模型必须与其类型相符，否则不能调用，例如下面的语句是不正确：

> R1　1　2　DMOD
>
> . MODEL DMOD D （IS＝1. 0E－12）

电阻 R1 不能调用二极管模型 DMOD。

> Q1　3　2　1　MMDEL
>
> . MODEL MMDEL NMOS （VTO＝1. 2）

双极型晶体管不能调用 NMOS 场效应晶体管模型。

（4）一个元件只能参考一种模型。

下面章节将对 . MODEL 语句进行详细的讲解，主要包括无源器件（R、L、C）和有源元件（D、M、Q）。

3.1.1　电阻模型

在 2.1.1 节中，通过元件名称、连接节点和参数值已经对元件进行了基本的描述。描述电阻模型通常需要两条语句，格式如下：

RNAME　NODE1　NODE2　MODEL_NAME　R_VALUE

. MODEL　MODEL_NAME　RES[MODEL_PARAMETER]

其中，MODEL_NAME 为模型名称，通常以 R 开头，最多为 8 个字符长度；RES 代表 PSpice 元件中电阻模型类型；MODEL_PARAMETERS 为参数值，表 3.2 列出了电阻的模型参数及其默认值。

表 3.2　电阻模型参数及其默认值

模型参数	含义描述	默认值	单位
R	电阻因子	1	
TC1	线性温度系数	0	℃^{-1}
TC2	二次温度系数	0	℃^{-2}
TCE	指数温度系数	默认值	% C

PSpice 软件按照如下公式，根据模型参数值计算其电阻值，公式如下：

$$R\_model(T) = R_{value} * R[1 + TC1(T - T_{nom}) + TC2(T - T_{nom})^2] \quad (3.1)$$

或

$$R\_model(T) = R_{value} * R[1.01]^{TCE(T - T_{nom})} \quad (3.2)$$

其中，T 为计算电阻值时电路的工作温度。式（3.1）使用线性和二次温度系数计算电阻值，TC1 和 TC2 通过 . MODEL 语句进行定义。式（3.2）使用指数温度系数计算电阻值。

例如

R1　4　3　RMOD1　5K

. MODEL　RMOD1　RES（R = 1，TC1 = 0.00010）

上述语句表明该电阻的模型名称为 RMOD1，其线性温度系数为 $+100 \times 10^{-6}/\text{℃}$。

例如

R2　5　4　RMOD2　10K

. MODEL　RMOD2　RES（R = 2，TCE = 0.0010）

上述语句表明该电阻的模型名称为 RMOD2，其阻值与温度的关系按照如下公式计算：

$$R2(T) = 10,000 * 2 * (1.01)^{0.001(T - T_{nom})} \tag{3.3}$$

式中，T_{nom} 为常温，通过 option 设置中的 TNOM 选项进行设置。

3.1.2 电容模型

电容值除了和电阻一样与工作温度有关，还依赖于电容两端的电压值，另外电容还具有初始电压值。所以电容模型必须包括上述功能，其一般格式为

CNAME NODE + NODE − MODEL _ NAME VALUE IC = INITIAL _ VALUE
. MODEL MODEL _ NAME CAP MODEL _ PARAMETERS

其中，MODEL _ NAME 为模型名称，通常以 C 开头，最多为 8 个字符长度；CAP 代表 PSpice 元件的电容模型类型；MODEL _ PARAMETERS 为参数值，包括温度和电压系数，表 3.3 列出了电容的模型参数及其默认值。

表 3.3 电容模型参数

模型参数	含义描述	默认值	单位
C	电容因子	1	
TC1	线性温度系数	0	℃$^{-1}$
TC2	二次温度系数	0	℃$^{-2}$
VC1	线性电压系数	0	V^{-1}
VC2	二次电压系数	0	V^{-2}

PSpice 软件根据电容工作的环境温度 T 和两端电压 V，结合模型参数值，按照如下公式计算电容值：

$$C(V,T) = C_{value} * C[1 + VC1 * V + VC2 * V^2][1 + TC1(T - T_{nom}) + TC2(T - T_{nom})^2] \tag{3.4}$$

式中，T_{nom} 为常温，通过 option 设置中的 TNOM 选项进行设置。

例如下面语句：

    CBIAS 5 0 CMODEL 20e − 6 IC = 3.0
    . MODEL CMODEL CAP（C = 1，VC1 = 0.0001，
    VC2 = 0.00001，TC1 = − 0.000006）

上述语句定义了电容模型的电压（V）和温度系数（T），根据如下公式计算电容值：

$$C(V,T) = 20.0 * 10^{-6}[1 + 0.001V + 0.00001V^2][1 - 0.000006(T - T_{nom})^2] \tag{3.5}$$

3.1.3 电感模型

电感值由其工作电流和工作温度决定，定义方式与电容类似。电感模型的一

般格式为

LNAME　NODE + NODE – MODEL _ NAME　VALUE　IC = INITIAL VALUE
. MODEL MODEL _ NAME　IND　MODEL _ PARAMETER

其中，MODEL _ NAME 为模型名称，通常以 L 开头，最多为 8 个字符长度；IND 代表 PSpice 中的电感模型类型；MODEL _ PARAMETERS 为参数值，包括温度和电流系数，表 3.4 列出了电感的模型参数及其默认值。

表 3.4　电感模型参数

模型参数	含义描述	默认值	单位
L	电感因子	1	—
TC1	线性温度系数	0	℃$^{-1}$
TC2	二次温度系数	0	℃$^{-2}$
IL1	线性电流系数	0	A^{-1}
IL2	二次电流系数	0	A^{-2}

　　PSpice 软件根据电感的工作环境温度和电流，结合模型参数值，按照如下公式计算其电感值：

$$L(I, T) = L_{value} * L[1 + IL1 * I + IL2 * I^2][1 + TC1(T - T_{nom}) + TC2(T - T_{nom})^2]$$

$$(3.6)$$

式中，T_{nom} 为常温，通过 option 设置中的 TNOM 选项进行设置。

　　电感语句如下：

　　　　L1　6　5　LMOD　25m　IC = 1.5A

　　　　. MODEL　LMOD　IND(L = 1　IL1 = 0. 001　TC1 = – 0. 00002)

上述语句表明该电感模型的电感值为 25mH，初始电流为 1.5A，其电感值为工作温度（T）和电流（I）的函数，计算公式如下：

$$L(I, T) = 25.0 * 10^{-3}[1 + 0.001I] * [1 - 0.00002(T - T_{nom})] \qquad (3.7)$$

下面结合实例具体分析温度对陷波滤波器的影响。

实例 3.1　温度对陷波滤波器的影响

图 3.1 所示为陷波滤波器电路。当温度从 25℃升高至 100℃时，求陷波器频率特性变化。电阻 R 模型参数为 TC1 = 1.0E – 5，TC2 = 0；电容 C 模型参数为 TC1 = – 6.06E – 6，TC2 = 0；电感 L 模型参数为 TC1 = 1.0E – 7，TC2 = 0。

计算方法

PSpice 仿真程序如下：

```
NOTCH FILTER AND TEMPERATURE
.OPTIONS RELTOL = 1E-8
.OPTIONS NUMDGT = 6
VS  1   0   AC  1   0
R1  1   2   RMOD   1K
.MODEL  RMOD  RES(R = 1 TC1 = 1.0E-7)
L1  2   3   LMOD   10wE-6
.MODEL  LMOD  IND(L = 1 TC1 = 1.0E-7)
C1  2   3   CMOD   400E-12
.MODEL  CMOD  CAP(C = 1 TC1 = -6.0E-6)
R2  3   0   RMOD   1K
.AC LIN 5000  1.1E6   4E6
.TEMP  25 100
.PRINT AC VM(3)
.PROBE V(3)
.END
```

表 3.5 中列出了电路在 25℃ 和 100℃ 进行频率特性分析时的部分输出电压值。

从表 3.5 可以看出，在 25℃ 时电路的陷波频率为 2.51664E + 06Hz，在 100℃ 时为 2.51722E + 06Hz。当温度从 25℃ 升高到 100℃ 时，陷波频率发生了微小的偏移。图 3.2 为 25℃ 时陷波滤波器的幅频特性曲线。

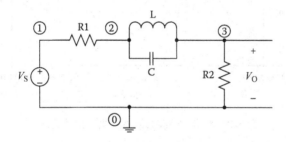

图 3.1　陷波滤波器电路图

表 3.5　温度分别为 25℃ 和 100℃ 时的输出电压值

频率/Hz	25℃时的输出电压值/V	100℃时的输出电压值/V
2.51200E + 06	2.23325E − 02	2.51167E − 02
2.51258E + 06	1.94193E − 02	2.22063E − 02
2.51316E + 06	1.65048E − 02	1.92944E − 02
2.51374E + 06	1.35893E − 02	1.63811E − 02
2.51432E + 06	1.06730E − 02	1.34668E − 02
2.51490E + 06	7.75638E − 03	1.05519E − 02
2.51548E + 06	4.83962E − 03	7.63651E − 03

（续）

频率/Hz	25℃时的输出电压值/V	100℃时的输出电压值/V
2.51606E + 06	1.92304E − 03	4.72104E − 03
2.51664E + 06	9.93068E − 04	1.80576E − 03
2.51722E + 06	3.90840E − 03	1.10903E − 03
2.51780E + 06	6.82266E − 03	4.02304E − 03
2.51838E + 06	9.73556E − 03	6.93597E − 03
2.51896E + 06	1.26468E − 02	9.84751E − 03
2.52012E + 06	1.84631E − 02	1.27574E − 02
2.52070E + 06	2.13676E − 02	1.85710E − 02

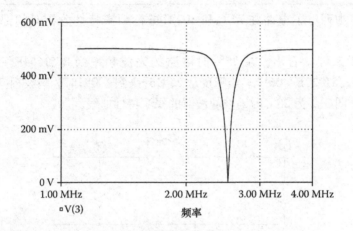

图 3.2　25℃时陷波滤波器的幅频特性曲线

3.1.4　二极管模型

PSpice 的二极管模型充分考虑实际二极管的物理特性，把正向和反向偏置特性、结电容、寄生电阻、温度效应、漏电流和少数载流子注入等参数均体现在二极管模型中。二极管模型的通用格式为

　　　　DNAME　NA　NK　MODEL _ NAME　[(AREA) VALUE]
　　　　. MODEL MODEL _ NAME　D　MODEL _ PARAMETERS

其中，NA 为二极管阳极节点；NK 为二极管阴极节点；MODEL _ NAME 为模型名称，通常以 D 开头，最多为 8 个字符长度；在 PSpice 仿真电路规则中，D 代表二极管模型；MODEL _ PARAMETERS 为二极管模型参数值，表 3.6 列出了二极管模型的具体参数及其默认值；AREA _ FACTOR 为面积系数，定义了相同二极管的并联数量，该参数对 IS、CJO、IBV 和 RS 都有影响。

例如

D1　10　11　DMODEL

. MODEL　DMODEL　D　(IS = 1. 0E − 14　CJO = 3PF

TT = 5NS　BV = 120V　IBV = 5. 0E − 3)

上述语句规定二极管 D1 的模型名称为 DMODEL，并且确定了 IS、CJO、TT、BV 和 IBV 的模型参数。未规定具体参数值的采用默认值。

表 3. 6　二极管模型参数

模型参数	含义描述	默认值	单位
IS	饱和电流	1E − 14	A
N	注入系数	1	
ISR	电流参数	0	A
NR	ISR 的发射系数	2	
IKF	闪烁噪声系数	∞	A
BV	反向击穿电压	∞	V
IBV	反向击穿电流	1E − 10	A
NBV	反向击穿因数	1	
IBVL	低压反向击穿电流	0	A
NBVL	低压反向击穿因数	1	
RS	寄生电阻	0	Ohm
TT	渡越时间	0	S
CJO	零偏 P − N 结电容		F
VJ	P − N 结电势	1	V
M	P − N 结梯度系数	0. 5	
FC	正偏置耗尽电容系数	0. 5	
EG	禁带宽度	1. 11	eV
XTI	IS 温度	3	
TIKF	IKF 线性温度系数	0	$℃^{-1}$
TBV1	BV 线性温度系数	0	$℃^{-1}$
TBV2	BV 二次温度系数	0	$℃^{-2}$
TRS1	RS 线性温度系数	0	$℃^{-1}$
TRS2	RS 二次温度系数	0	$℃^{-1}$
KF	闪烁噪声系数	0	
AF	闪烁噪声指数	1	

3.1.5 晶体管模型

PSpice 中的晶体管模型以 Gummel – Poon 模型为基础，进行大信号分析时，也可以采用 Ebers – Moll 模型，晶体管模型的通用格式为

QNAME　NC　NB　NE　NS　MODEL_NAME　<AREA_VALUE>

.MODEL MODEL_NAME　TRANSISTOR_TYPE

MODEL_PARAMETERS

其中，NC、NB、NE、NS 分别对应晶体管的集电极、基极、发射极和衬底；MODEL_NAME 为模型名称，通常以 Q 开头，最多为 8 个字符长度；AREA_VALUE 为晶体管面积，代表晶体管的并联数量，该参数对 IS、IKR、RB、RE、RC、CJE 参数都有影响；TRANSISTOR_TYPE 晶体管类型，NPN 或 PNP 型；MODEL_PARAMETERS 为晶体管模型参数，表 3.7 列出模型的具体参数及其默认值。

表 3.7　双极结型晶体管模型参数

模型参数	含义描述	默认值	单位
IS	P – N 结饱和电流	1E – 16	A
BF	理想正向电流放大倍数	100	
NF	正向电流注入系数	1	
VAF（VA）	正向欧拉电压	∞	V
IKF（IK）	正向 β 大电流下降点	∞	A
ISE（C2）	基极—发射极泄露饱和电流	0	A
NE	基极—发射极泄露注入系数	1.5	
BR	理想最大反向放大系数	1	
NR	反向电流注入系数	1	
VAR（VB）	反向欧拉电压	∞	V
IKR	反向 β 大电流下降点	∞	A
ISC（C4）	基极—集电极泄漏饱和电流	0	A
NC	基极—集电极泄漏注入系数	2.0	
RB	零偏最大基极电阻	0	Ohm
RBM	大电流时最小基极电阻	RB	Ohm
IRB	基极电阻下降到最小值得 1/2 时的电流	∞	A
RE	发射极电阻	0	Ohm
RC	集电极电阻	0	Ohm
CJE	基极—发射极零偏 P – N 结电容	0	F

（续）

模型参数	含义描述	默认值	单位
VJE（PE）	基极—发射极内建电势	0.75	V
MJE（ME）	基极—发射极梯度因子	0.33	
CJC	基极—集电极零偏 P – N 结电容	0	F
VJC（PC）	基极—集电极内建电势	0.75	V
MJC（MC）	基极—集电极梯度因子	0.33	
XCJC	PN 结耗尽电容连接到基极的百分比	1	
CJS（CCS）	集电极衬底零偏 P – N 结电容	0	F
VJS（PS）	集电极内建电势	0.75	V
MJS（MS）	基极—集电极梯度因子	0	
FC	正偏压耗尽电容系数	0.5	
TF	正向渡越时间	0	S
XTF	TF 随偏置的改变系数	0	
VTF	TF 随 V_{bc} 的改变参数	∞	V
ITF	TF 随 I_C 的改变参数	0	A
PTF	在 $1/(2\pi TF)$ Hz 处的超相移	0	°
TR	理想反向传输时间	0	S
EG	禁带宽度	1.11	eV
XTB	正、反放大倍数温度系数	0	
XTI（PT）	饱和电流温度指数	3	
KF	闪烁噪声系数	0	
AF	闪烁噪声指数	1	

例如

　　Q1　1　3　2　2　QMOD

　　. MODEL　QMOD　NPN

　　（IS = 2.0e – 14　BF = 20　CJE = 1.5PF　CJC = 200PF　TF = 15NS）

上述语句规定该模型为 NPN 型晶体管，名称为 QMOD，并且对其参数 IS，BF，CJE 和 TF 进行了具体设置。

仿真语句如下：

　　　　Q3　3　4　5　5　QMOD2

　　　　. MODEL　QMOD2　PNP（IS = 1.0e – 15　BF = 50）

上述语句规定该模型为 PNP 型晶体管，名称为 QMOD2，并且对其参数 IS 和 BF 值进行了具体设置。

3.1.6 场效应晶体管模型

根据模型的复杂程度，场效应晶体管可以分为 Shichman – Hodges 模型、Ge-ometry – Based 模型、Semi – empirical short – channel 模型和 Berkeley short – chan-nel IGFET（BSIM）模型。MOSFET 模型的一般格式为

MNAME ND NG NS NB MODEL_NAME DEVICE_PARAME-TERS

. MODEL MODEL_NAME TRANSISTOR_TYPE MODEL_PARAME-TERS

其中，ND、NG、NS 和 NB 分别对应漏极、栅极、源极和衬底；MODEL_NAME 为模型名称，通常以 M 开头，最多为 8 个字符长度；MODEL_PARAMETERS 为场效应晶体管模型参数，主要包括 L（length）、W（width）、AD（drain diffusion area）、AS（source diffusion area）、PD（Perimeter of drain diffusion）和 RS（Perimeter of source diffusion），NRD、NRS、NRG 和 NRB 分别对应漏极、源极、栅极和衬底的相对电阻率，M 为设备的"倍增器"，默认值为 1，其功能为模拟 MOSFET 的并联等效效果；TRANSISTOR_TYPE 为模型类型，可以为 NMOS 或者 PMOS；MODEL_PARAMETERS 取决于所调用的 MOSFET 模型，LEVEL 参数用于选择适当的模型，模型分类如下：

LEVEL = 1 代表 Shichman – Hodges 模型；

LEVEL = 2 代表 Geometry – based 几何分析模型；

LEVEL = 3 代表 Semi – empirical、short – channel 模型；

LEVEL = 4 代表 BSIM 模型；

LEVEL = 5 代表 SIM3 模型。

表 3.8 列出了 Levels 1、2 和 3 的 MOSFET 模型参数。本书将不对 LEVEL = 4 和 LEVEL = 5 模型进行介绍。

表 3.8　MOSFET 场效应晶体管模型参数

模型参数	含义描述	单位	默认值	典型值
LEVEL	模型类型（1、2、3）		1	
L	沟道长度	m	DEFL	
W	沟道宽度	m	DEFW	
LD	扩散区长度	m	0	
WD	扩散区宽度	m	0	

（续）

模型参数	含义描述	单位	默认值	典型值
VTO	零偏压门限电压	V	0	
KP	跨导	A/V^2	2E-5	
GAMMA	基体门限参数	$V^{1/2}$	0	0.35
PHI	表面电势	V	0.6	0.65
LAMBDA	沟道长度调制系数（Level=1 或 2）	V^{-1}	0	0.02
RD	漏极欧姆电阻	Ω	0	10
RS	源极欧姆电阻	Ω	0	10
RG	栅极欧姆电阻	Ω	0	1
RB	衬底欧姆电阻	Ω	0	1
RDS	漏—源并联电阻	Ω	∞	
RSH	漏—源扩散区薄层电阻	Ω/square	0	20
IS	衬底 P-N 结饱和电流	A	1E-14	1E-15
JS	衬底 P-N 结饱和电流密度	A/m^2	0	1E-8
PB	衬底 P-N 结电动势	V	0.8	0.75
CBD	衬底—漏极零偏 P-N 结电容	F	0	5PF
CBS	衬底—源极零偏 P-N 结电容	F	0	2PF
CJ	衬底 P-N 结零偏单位面积电容	F/m^2	0	
CJSW	衬底 P-N 结零偏单位长度电容	F/m	0	
MJ	衬底 P-N 结梯度系数		0.5	
MJSW	衬底 P-N 结侧壁梯度系数		0.33	
FC	衬底 P-N 结正向电容系数		0.5	
CGSO	栅极—源极单位沟道覆盖电容	F/m	0	
CGDO	栅极—漏极单位沟道覆盖电容	F/m	0	
CGBO	栅极—衬底单位沟道长度电容	F/m	0	
NSUB	衬底掺杂浓度	$1/cm^3$	0	
NSS	表面状态密度	$1/cm^2$	0	
NFS	表面快面密度	$1/cm^2$	0	
TOX	氧化层厚度 （Level=2 或 3）	m	∞	
TPG	栅极材料类型		1	
XJ	金属结深度	m		
UO	表面迁移率	$cm^2/(V·s)$	600	
UCRIT	迁移率衰减临界场 （Level=2）	V/cm	1E4	

（续）

模型参数	含义描述	单位	默认值	典型值
UEXP	迁移率衰减指数（Level = 2）		0	
UTRA	迁移率衰减横向场系数（未使用）			
VMAX	最大漂移速度	m/s	0	
NEFF	沟道电荷系数		1	
XQC	漏极沟道电荷分配系数		1	
DELTA	门限宽度效应		0	
THETA	迁移率调制系数	V^{-1}	0	
ETA	静态反馈系数（Level = 3）		0	
KAPPA	饱和场因子（Level = 3）		0.2	
KF	闪烁噪声系数		0	1E − 26
AF	闪烁噪声指数		1	1.2

3.2　库文件的使用

PSpice 软件中的元件主要由模型和子电路构成，总共有超过 5000 个元件可以用于电路设计和仿真。每种元件模型分别属于不同的库，所以设计人员应该非常熟悉 PSpice 软件，以便更加灵活地使用各种元件模型。

.LIB 语句定义模型或子电路的一般格式为

.LIB　FILENAME. LIB

其中，FILENAME. LIB 为库文件名称。

如果 FILENAME. LIB 为空白，则默认元件库为 NOM. LIB。根据 PSpice 版本的不同，NOM. LIB 中包含的元件各有不同。

用户可以根据实际设计需求，使用 .LIB 扩展名配置其库文件，包括元件模型和子电路。通过如下语句对建立的独立库进行调用：

.LIB　FILENAME. LIB

一定要避免独立创建的库文件与 PSpice 提供的库文件重名。下面通过二极管电路对模型的使用进行详细介绍。

实例 3.2　二极管精密整流电路

图 3.3 所示为二极管精密整流电路，其中 V_{CC} = 10V，V_{EE} = − 10V，X1 和 X2 为 UA741 运算放大器，D1 和 D2 为 D1N4009 二极管。如果输入电压为如图 3.4 所示的三角波，周期为 2ms，峰峰值 10V，平均电压为零，则求解输出电压。

计算方法

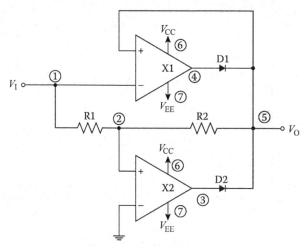

图 3.3　精密全波整理电路

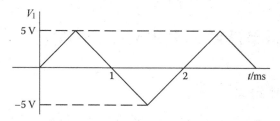

图 3.4　输入电压波形

PSpice 仿真程序如下：

```
FULL WAVE RECTIFIER
VIN  1  0  PWL(0  0  0.5M  5  1.5M  -5  2.5M  5  3.0M  0)
VCC  6  0  DC  10V
VEE  7  0  DC  -10V
R1  1  2  10K
R2  2  5  10K
X1  1  5  6  7  4  UA741
* + INPUT; -INPUT; + VCC; -VEE; OUTPUT; CONNECTIONS FOR OP
AMP UA741
D1  4  5  D1N4009;  DIODE MODEL IS DIN4009
.MODEL D1N4009 D(IS = 0.1P RS = 4 CJO = 2P TT = 3N BV = 60
IBV = 0.1P)
X2  0  2  6  7  3  UA741
* + INPUT; -INPUT; + VCC; -VEE; OUTPUT; CONNECTIONS FOR OP
AMP UA741
D2  3  5  D1N4009
.TRAN 0.02MS 3MS
.PROBE
.LIB NOM.LIB;
* UA741 OP AMP MODEL IN PSPICE LIBRARY FILE NOM.LIB
.END
```

全波整流输出电压波形如图 3.5 所示。

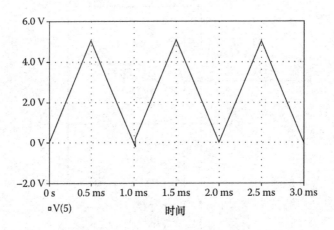

图 3.5 全波整流输出电压波形

3.3 元件参数值设置（.PARAM、.STEP）

3.3.1 PARAM 语句

通过 .PARAM 语句和数学表达式可以对元件的参数值进行设置，其一般定义格式为

. PARAM PARAMETER _ VALUE = VALUE

或

. PARAM PARAMETER _ NAME = {MATHEMATICAL _ EXPRESSION}

其中，PARAMETER _ NAME 为参数名称，由 PSpice 规定允许使用的字符构成；PARAMETER _ VALUE 为参数值，可以为常数或数学表达式。PSpice 有很多内置函数，见表 3.9，这些函数可以用于数学表达式中。

例如

. PARAM C1 = 1. 0UF, VCC = 10V, VSS = − 10V

上述语句定义 C1 的值为 $1.0\mu F$，VCC = 10V，VSS = − 10V。

对于下面两条语句：

. PARAM RA = 10K

. PARAM RB = {5 ∗ RA}

第一条语句定义阻值 RA 为 $10k\Omega$，第二条语句定义阻值 RB 为 5 倍的 RA。

使用 PARAM 语句时，需要注意以下几种情况：

1）如果参数由表达式定义，那么必须使用大括号 { }。

2）PARAM 语句可以在子电路中使用，以便对子电路参数进行定义。

3）PSpice 程序具有预定义参数，如 TEMP、VT、GMIN、TIME 等。使用 .PARAM 语句定义的参数名称应该与这些名称保持不同。

4）一旦参数值定义完成，该参数可以代替电路中的相应数值。例如：

$$.PARAM \ TWO\_PI = \{2.0 * 3.14159\}，F0 = 5KHZ$$
$$.PARAM \ FREQ = \{TWO\_PI * FO\}$$

5）PARAM 语句可以在库中进行定义，如果 PSpice 仿真程序在电路中找不到参数定义，它将在库中对该参数进行搜索。

表 3.9　有效的数学表达式函数

函数	表达式	备注
ABS（X）	$\lvert X \rvert$	X 的绝对值
ACOS（X）	$\cos^{-1}(X)$	反余弦函数，X 在 −1 和 1 之间
ARCTAN（X）	$\tan^{-1}(X)$	反正切函数，所得数值单位为弧度
ASIN（X）	$\sin^{-1}(X)$	反正弦函数，X 在 −1 和 1 之间
ATAN（X）	$\tan^{-1}(X)$	反正切函数，所得数值单位为弧度
ATAN2（Y，X）	$\tan^{-1}(Y/X)$	所得数值单位为弧度
COS（X）	$\cos(X)$	求余弦，X 单位为弧度
DDT（X）	$ddt(X)$	X 的微分，仅暂态分析
EXP（X）	e^X	自然指数
IMG（X）	$IMG(X)$	X 的虚部，对于实数该值为零
LOG（X）	$\ln(X)$	自然对数
LOG10（X）	$\log10(X)$	以 10 为底的对数
MAX（X，Y）	$\max(X, Y)$	X，Y 之间最大值
MIN（X，Y）	$\min(X, Y)$	X，Y 之间最小值
M（X）	$\lvert X \rvert$	X 的幅度大小，与 ABS（X）一致
P（X）	$P(X)$	X 的相位角，对于实数该值为零
PWR（X，Y）	$\lvert X \rvert^{Y}$	（X 的绝对值）的 Y 次幂
R（X）	$R(X)$	X 的实部
SDT（X）	$sdt(X)$	X 的积分，仅暂态分析
SGN（X）	符号函数	
SIN（X）	$\sin(X)$	X 的正弦值，X 单位为弧度
SQRT（X）	$\sqrt{X}$	X 的平方根
TAN（X）	$\tan(X)$	X 的正切值，X 单位为弧度

3.3.2 . STEP 通用参数扫描分析

使用 . STEP 功能可以在一定范围对电路元件、信号源或温度的参数值进行扫描分析。PSpice 仿真程序可以让用户观察到每次参数值改变时电路的响应。

该语句的一般格式为

. STEP SWEEP _ TYPE SWEEP _ NAME

START _ VALUE END _ VALUE INCNP

或

. STEP SWEEP _ NAME LIST < VALUES >

其中，SWEEP _ TYPE 为扫描类型，可以为 LIN、OCT、DEC；LIN 为线性扫描，参数值从起始值线性变化到结束值，每步变化值为步长 INCNP；OCT 为倍频扫描，参数以倍频按照指数方式从开始值变化到结束值，INCNP 为每倍频内扫描的点数；DEC 为 10 倍频扫描，参数以 10 倍频按照指数方式从开始值变化到结束值，INCNP 为每 10 倍频内扫描的点数；SWEEP _ NAME 为扫描变量名称，可以为模型参数、温度、全局参数、独立电压或电流源。对电路进行扫描分析时，电压源或电流源的值被设置为扫描值，例如

VCC 5 0 DC 10V

. STEP VCC 0 10 2

上述语句的含义为直流源 V_{CC} 按照步长 2V 以线性方式从 0V 扫描到 10V；MODEL _ PARAMETER 为模型参数定义，格式为模型类型和元件型号（模型参数）。其中模型参数为扫描变量。例如

R1 5 6 RMOD 1

.MODEL RMOD RES(R = 1)

.STEP RES RMOD(R) 1000 3000 500

上述语句的含义为当电阻 R1 阻值取 1000、1500、2000、2500 和 3000Ω 时分别对电路进行仿真分析。在上述实例中，RMOD 为模型名称，RES 为模型类型，R 为扫描参数。对于电阻值的计算应当用如下公式计算：

$$R1 \text{ 实际值} = R1 \text{ 值} \times R \tag{3.8}$$

其中，$R1$ 的值为语句 R1 5 6 RMOD 1 末尾的值；R 为 . MODEL RMOD RES（$R = 1$）模型语句中括号内的值。

例如下面实例：

C2 2 0 CMODEL 1. 0e − 9

. MODEL CMODEL CAP（C = 1）

. STEP CAP CMODE L（C）2 22 4

上述语句的含义为 PSpice 按照 C2 的如下参数值 $2e-9$，$6e-9$，$10e-9$... to $22e-9F$ 对电路进行仿真分析。

TEMPERATURE 为温度扫描分析，扫描变量名称为 TEMP，以列表的形式对温度进行扫描分析。每扫描一个温度，所有电路元件均按照该温度计算其相应的参数值。例如

V1　1　0　DC　5
R1　1　2　1K
C1　2　0　1U
. STEP　TEMP　LIST　0　27　50　100
. OP

上述语句的含义为当温度分别为 0℃、27℃、50℃ 和 100℃ 时，各元件参数值和静态工作点均会按照对应温度进行重新计算。

GLOBAL _ PARAMETER 为全局变量，后面为参数名称，可以对该参数名称进行扫描分析。当对其进行参数扫描分析时，所有与其相关的表达式均按照参数设定值进行计算。例如

VIN　1　0　AC　1

R1　1　2　100

.PARAM　(CVAL = 5e-6; original value of C1)

C1　2　0　{CVAL}

.STEP　PARAM　CVAL　4e-6　16e-6　2e-6

*　Vary C1 from 4e-6 to 16e-6 by steps of 2e-6F

.AC　LIN　100　1e4　5e4

.PROBE　V(2)

.END

上述语句的含义为当电容 C1 的值从 $4\mu F$ 以步长 $2\mu F$ 线性增加到 $16\mu F$ 时，以图形方式显示每次仿真对应的 $V(2)$ 的电压值。

进行 . STEP 参数扫描分析时应注意以下几点：

1）进行 . STEP 参数扫描分析时，每个参数对应一次（直流、交流、瞬态）仿真分析；

2）进行 . STEP 参数扫描分析设置时，参数的起始值可以小于或大于参数的结束值；

3）当参数扫描按照 10 倍频或者倍频方式进行时，扫描点数（INCNP）应该设置为大于零的整数。

实例 3.3 RLC 电路的阻尼特性分析

如图 3.6 所示的 RLC 电路，R = 1Ω，L = 1H，电容两端的初始电压为 3.3V。
当电容值分别为 1F、2F、3F 时，求解电容两端的瞬态电压波形。

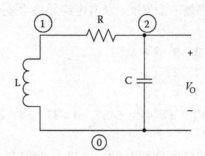

图 3.6 RLC 电路

计算方法

图 3.7 绘出了 RLC 电路的阻尼特性波形。

PSpice 仿真程序如下：

```
THREE CASES OF DAMPING
**
L   1   0   1
R   1   2   1
C   2   0   {C1}   IC = 3.3V
.PARAM   C1 = 1.0; ORIGINAL VALUE
.STEP   PARAM   C1  1  3   1;   VARY C1 FROM 1,2,3 F
.TRAN   0.1 10 UIC
.PLOT   TRAN   V(2)
.PROBE   V(2)
.END
```

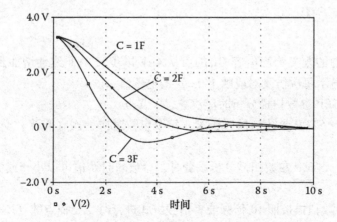

图 3.7 RLC 电路的瞬态响应

3.4　函数定义 (.FUNC、.INC)

3.4.1　.FUNC 语句

函数语句用来定义函数，所定义的函数与 3.3.1 节介绍的函数一样，可以用于仿真。这些函数由用户定义，所以它们非常灵活。因为函数表达式被限制在一行语句中，所以多个子表达式合在一起可以构成所需要的函数功能。一般函数语句格式如下：

.FUNC FUNC_NAME (ARG) {BODY}

其中，FUNCT_NAME 为函数名称；ARG 为函数自变量。该函数名称必须与表 3.9 列出的软件内置函数不同；ARG 为函数自变量，一个函数最多定义 10 个自变量。使用函数时其自变量的数目必须与定义的数目相等，函数可以定义为无自变量，但括号一定要有；BODY 为函数体，可以使用前面已定义过的函数，其内容必须写在大括号 {} 内。

当使用 .FUNC 语句时一定要注意以下几点：

1）FUNC 函数语句必须先在第一次使用之前进行定义；

2）函数主体必须放在一行；

3）函数如果定义在子电路中，则是局部函数，该函数不能为其他子电路使用。

如果程序需要定义多个函数，那么用户可以在一个文件中把所有需要的函数都定义好，仿真时由 .INC 语句对文件进行调用，下一节将讲解 .INC 语句。下面结合实例对 .FUNC 语句的使用进行详细介绍。

实例 3.4　热敏电阻特性分析

热敏电阻的阻值随温度变化而变化，可以利用该特性进行温度测量。阻值 RT 随温度变化的表达式为

$$RT = ROexp\left(\beta \left(\frac{1}{T} - \frac{1}{T_0} \right) \right) \tag{3.9}$$

式中，RT 为热敏电阻在温度 T（开尔文度）时的电阻值；RO 为热敏电阻在 298°K（≡25℃）时的电阻值；β 为热敏电阻材料的特征温度，典型值为 4000°K，变化区间为 1500~6000°K。

图 3.8 所示为简单的热敏电阻电路，其中 $V_S = 10V$，RS = 25kΩ。298°K 时热敏电阻的阻值为 25kΩ，其特征温度为 4000°K。求解热敏电阻两端电压随温度的变化值。

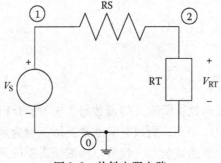

图 3.8　热敏电阻电路

计算方法

下面为 PSpice 软件求解热敏电阻特性的程序：

```
THERMISTER CIRCUIT -
*    TO = 298
*    RO = 25000
*    B = 4000
.PARAM  TS = 300
* Calculates resistance of thermister at temperature TS
.FUNC E(X) {EXP(X)}
.FUNC RT(Y) {25000*(E(4000*((1/Y) - 0.00336)))}
.STEP PARAM TS 300 400 10
*
VS   1   0   DC  10
R1   1   2   25K
RT   2   0   {RT(TS)}
.DC  VS  10  10  1
.PRINT DC V(2)
.END
```

表 3.10 列出了热敏电阻电路的温度对应电压值。

表 3.10　温度计的温度对应电压值

温度/（℃）	电压/V
300	4. 734
310	3. 689
320	2. 809
330	2. 110
340	1. 577
350	1. 180
360	0. 888
370	0. 673
380	0. 515
390	0. 398
400	0. 311

3.4.2　.INC 语句

.INC 语句可以把一个文件插入到另一个电路文件中去, 以增强 PSpice 的仿真功能。.INC 语句的一般格式为

.INC "FILENAME"

其中, FILENAME 为计算机系统能够识别的字符串文件名。

PSpice 软件对文件中含有的语句可能无法识别, 但是下列情况除外:

1) 允许无标题行, 或者由注释行代替标题行;

2) 当.END 语句出现在所包含文件中时, 结束不再需要.END 语句;

3) 包含文件中可以继续使用.INC 语句, 但是最多允许使用四级嵌套。

当使用.INC 语句把包含文件添加到仿真电路中时, 会占用更多的主机内存 (RAM), 所以使用.INC 语句时一定要言简意赅。

3.5　子电路 (.SUBCKT、.ENDS)

在一个整体电路中如果多次用到某一个电路模块, 那么可以把该模块电路定义为一个子电路, 并且该子电路可以被重复使用。子电路与 Fortran 或 C 语言中的子程序相类似, 其一般格式为

.SUBCKT SUBCIRCUIT_NAME　NODE 1 NODE 2 ...
[PARAMS: NAME = <VALUE>]
VICES TATEMENTS
.ENDS　[SUBCIRCUIT_NAME].

子电路以.SUBCKT 语句开始, 以.ENDS 语句结束。在.SUBCKT 和.ENDS 之间为子电路主体。

子电路定义中只能包含元件描述语句及.MODEL、.PARAM 或.FUNC 语句。

.Ends subcircuit_name 语句表明子电路结束, 但是.END 语句后面的 subcircuit_name 可以省略。建议最好能够完整地定义子电路的结束语句, 以便更加详尽地理解和分析子电路。如果主电路同时调用多个子电路, 则对结束语句进行详细的定义将会更加有意义。

子电路的通用符号为 X, 应该为每个子电路配置独立的名称以便主电路能够准确地调用。子电路调用的一般格式为

XNAME　NODE1 NODE2 .. SUBCIRCUIT_NAME
[PARAMS: NAME = VALUE]

其中, XNAME 为子电路名称, 最长为 8 字符; NODE1、NODE2 为子电路连接节点, 子电路定义节点和调用节点一定要完全匹配; SUBCIRCUIT_NAME 为主电

路所调用的子电路名称。

子电路可以进行嵌套，即子电路之间可以互相调用。但是嵌套不能循环，即如果子电路 A 调用子电路 B，则子电路 B 不允许再调用子电路 A。

使用子电路具有如下优点：

（1）减小电路文件的大小。如果主电路具有很多重复元件，并且重复部分可被定义为一个子电路，则由主电路进行调用。

（2）子电路一经定义，就可以被其他电路使用。例如，定义一个特殊的运算放大器的子电路，就可以使用该子电路对放大器、振荡器和滤波器进行设计与仿真。

（3）子电路可以对复杂电路进行分层测试和电路设计。一个复杂电路可以分成几个部分，如果某些部分被重复使用，则可以把重复使用的部分定义为子电路。当通过测试验证各个子电路功能一切正常时，可以使用这些子电路构建更加复杂的电路。

下面通过实例讲解子电路的具体使用。

实例 3.5　状态变量有源滤波器的频率响应

图 3.9 所示为状态变量有源滤波器，运算放大器的输入阻抗为 $10^{12}\Omega$，开路增益为 10^7，输出电阻为零。R1 = 80kΩ，R2 = 15kΩ，R3 = 500Ω，R4 = 5kΩ，R5 = 200kΩ，R6 = 5kΩ，R7 = 200kΩ，C1 = C2 = 2nF。求滤波器的频率响应。

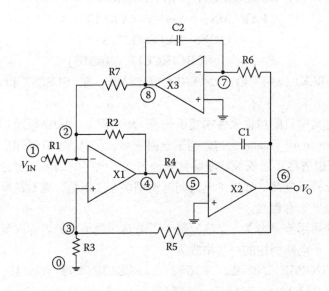

图 3.9　状态变量有源滤波器

计算方法

运算放大器的符号和等效电路如图 3.10 所示，其子电路的定义如下：

```
.SUBCKT  OPAMP  1  2  3
* - INPUT; + INPUT; OUTPUT
RIN  1  2  1.0E12
EVO  0  3  1  2  1.0E7
.ENDS  OPAMP
```

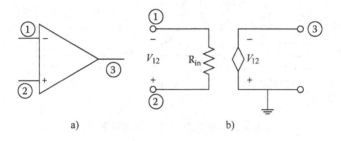

图 3.10　运算放大器

a) 框图　b) 简单的等效电路

PSpice 仿真程序如下：

```
STATE-VARIABLE
VIN   1   0    AC  1   0
R1    1   2    80K
X1    2   3    4   OPAMP
R2    2   4    15K
R3    3   0    500
R4    4   5    5K
X2    5   0    6   OPAMP
C1    5   6    2nF
R5    3   6    200K
R6    6   7    5K
X3    7   0    8   OPAMP
C2    7   8    2nF
R7    8   2    200K
.AC   DEC 10  1E2 1E6
.PRINT    AC VM(6)
.PROBE
.SUBCKT OPAMP   1   2   3
* - INPUT;  + INPUT; OUTPUT
RIN   1   2   1E12
EVO   0   3   1   2   1.0E7
.ENDS OPAMP
.END
```

滤波器的幅频特性仿真结果如图 3.11 所示。

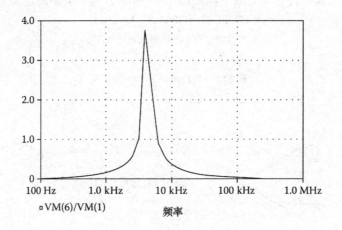

图 3.11　状态变量滤波器的频率响应

3.6　模拟行为模型

通过对电路中的元件及元件之间的连接关系进行描述以实现对电路的仿真。电路中的仿真元件主要包括电阻、电容、电感、晶体管、电压和电流源等，使用这些元件模型进行电路仿真被称为原始级仿真。迄今为止的大部分 PSpice 仿真均为原始级仿真。如果电路中含有很多元件，则原始级仿真将会耗费很长时间。

当设计师只对系统性能感兴趣时，所有子系统原始级仿真看上去就会显得太细、太费时且效果细微。从系统层面看，采用方框图的方法进行仿真非常合适。每一个子系统都可以通过数学表达式对其性能进行详细表达，这种仿真类型被称为模拟行为模型仿真。本节主要讨论 PSpice 的模拟行为模型仿真方法。

模拟行为模型（ABM）的通用格式为

$$ENAME\quad CONNECTING\_NODES$$
$$ABM\_KEYWORD\quad ABM\_FUNCTION$$

或

$$GNAME\quad CONNECTING\_NODES$$
$$ABM\_KEYWORD\quad ABM\_FUNCTION$$

其中，ENAME 或 GNAME 分别为 E 或 G 元件的名称；CONNECTTING＿NODES 为元件的正负结点；ABM＿KEYWORD 为传递函数表达式，可以调用以下四种功能：

1）VALUE：算术表达式；

2）TABLE：表格；

3）FREQ：频率响应；

4）LAPLACE：拉普拉斯传递函数。

ABM＿FUNCTION 为传递函数表达式，可以为数学表达式、表格或者两个多项式之比。

电路中最常用的两个 ABM 模型为电压控制电压源 E 和电压控制电流源 G，所以对电压源建模首选元件为 E，同样，如果对电流源建模则要选择 G。下面一节将对行为模型的功能进行详细介绍。

3.6.1　VALUE 功能

VALUE 元件的传递函数可以写成数学表达式的形式。通用格式如下：

$$\text{ENAME}\quad N+\quad N-\quad \text{VALUE}=\{(\text{EXPRESSION})\}$$

或

$$\text{GNAME}\quad N+\quad N-\quad \text{VALUE}=\{(\text{EXPRESSION})\}$$

其中，（EXPRESSION）为数学表达式，可以包含各种算术符号（＋，－，＊，／），表 3.9 列出了 PSpice 内置函数。当 PSpice 进行瞬态分析时，其中常量、节点电压、电流、时间参数 TIME 都可以成为扫描变量进行分析。

下面情况应该注意：

1）VALUE 语句后面保留一个空格；

2）（expression）必须写在一行，如果一行写不下，则下一行以 ＋ 开头继续书写。

下面为一些实用 VALUE 语句：

EAVE　1　0　VALUE ＝ {.25 ＊ V(2,0) ＋ V(2,0) ＋ V(2,3) ＋ V(3,0)}

GVMW　4　0　VALUE ＝ {10 ＊ cos(6.28 ＊ TIME)}

下面结合实例对 VALUE 扩展应用进行详细的讲解。

实例 3.6　电压乘法器

单输出电压乘法器表达式如下：

$$V_0 = k[V_1(t) \ast V_2(t)] \tag{3.10}$$

如果 $V_1(t)$ 和 $V_2(t)$ 分别为三角波和正弦波，当 $k=0.4$，$RO=100\Omega$ 时求输出电压。

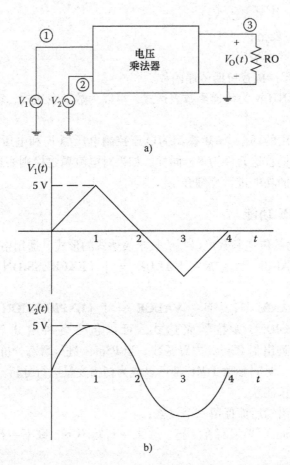

图 3.12 a）乘法器方框图 b）输入信号 $V_1(t)$ 和 $V_2(t)$ 波形

计算方法

PSpice 仿真程序如下：

```
VOLTAGE MULTIPLIER
V1  1  0  PWL(0 0  1MS  5V  3MS  -5V  5MS  5V  6MS  0)
.PARAM K = 0.4
V2  2  0  SIN(0 5 250 0 0 0)
* MULTIPLIER MODEL
EMULPLY 3  0  VALUE = {K*V(1,0)*V(2,0)}
RO  3  0  100
.TRAN  0.02MS 6MS; TRANSIENT RESPONSE
.PROBE
.END
```

输出电压波形如图 3.13 所示。

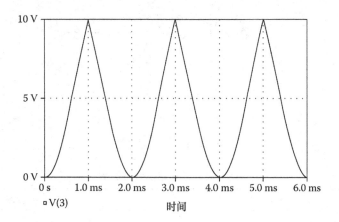

图 3.13　电压乘法器输出波形

3.6.2　TABLE 功能

TABLE 功能可以通过查表的方法对电路或者元件进行描述，其通用格式为

$$\text{ENAME}\quad \text{N}+\text{N}-\text{TABLE}\ \{\text{EXPRESSION}\}$$
$$= < <\text{INPUT VALUE}>\quad <\text{OUTPUT VALUE}>>$$

或

$$\text{GNAME}\quad \text{N}+\text{N}-\text{TABLE}\ \{\text{EXPRESSION}\}$$
$$= < <\text{INPUT VALUE}>\quad <\text{OUTPUT VALUE}>>$$

其中，N+、N- 为元件的正、负连接节点；TABLE 为受控源关键词；EXPRES-SION 为表格输入变量，表格由很多对数组构成，数组的第一个数为输入，第二个数为对应输出。

使用表格时应注意以下事项：

1）表格的输入数据必须从小到大排列；

2）两点之间数据采用线性内插法拟合；

3）TABLE 函数可以用于描述由具体数据实现的电路或元件；

4）TABLE 关键字后面必须跟一个空格；

5）<expression> 内的表达式必须放在一行。

下面实例讲解如何通过使用 TABLE 函数实现二极管的电流控制。

实例 3.7　二极管电流测试

图 3.14 所示为二极管电路，其中 R1 = 5kΩ，R2 = 5kΩ，R3 = 10kΩ，R4 = R5 = 10kΩ。

表 3.11 为二极管的伏安特性值。求流过二极管的电流。

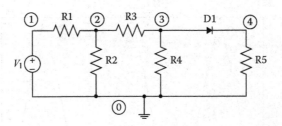

图 3.14 二极管电路

表 3.11 二极管的特性数据

正向电压/V	正向电流/A
0	0
0.1	0.13e − 11
0.2	1.8e − 11
0.3	24.1e − 11
0.4	0.31e − 8
0.5	4.31e − 8
0.6	58.7e − 8
0.7	7.8e − 6

计算方法

PSpice 仿真程序如下：

```
DIODE CIRCUIT
V1  1  0  DC 15V
R1  1  2  5K
R2  2  0  5K
R3  2  3  10K
R4  3  0  10K
GDIODE  3  4  TABLE {V(3,4)} = (0 0) (0.1 0.13E-11) (0.2 1.8E-11)
+ (0.3 24.1E-11) (0.4 0.31E-8) (0.5 4.31E-8) (.6 58.7E-8)
+ (0.7 7.8E-6)
R5  4  0  10K
.DC V1 15 15 1
.PRINT  DC I(R5)
.END
```

PSpice 仿真结果为

```
V1 I(R5)
1.500E + 01 7.800E-06
```

因此，当输入电压 V_1 为 15V 时，流过二极管的电流为 7.8E − 06A。

3.6.3　FREQ 功能

FREQ 函数可以通过数组的形式对电路或系统进行频率特性描述。其通用格式为

　　　ENAME　N + 　N − FREQ　{EXPRESSION}
　　 =FREQUENCY VALUE，MAGNITUDE IN DB，PHASE　VALUE
或
　　　GNAME　N + 　N − FREQ　{EXPRESSION}
　　 =FREQUENCY VALUE，MAGNITUDE IN DB，PHASE VALUE

其中，N + 、N − 为元件的正、负连接节点；FREQ 为受控源关键词；EXPRES-SION 为表格输入变量，表格由很多对数组构成，数组的第一个数为频率，第二个数为增益，第三个数为相位。数组之间采用插值计算，相位采取线性化插值，幅度采取对数插值。数组中的频率必须按照从低到高的顺序排列。

FREQ 和 TABLE 函数的功能和使用方法非常相似，两函数均通过表格数据进行描述。FREQ 函数用来描述电路或系统的频率特性（频率、幅度、相位），TABLE 函数则以数组（x，y）的形式对电路、设备或系统进行描述。

使用注意事项：

1）FREQ 关键字后面必须跟一个空格；

2）EXPRESSION 表达式必须写在一行。

下面实例通过使用 FREQ 函数，结合实验数据对滤波器特性进行描述。

实例 3.8　滤波器的频率响应

图 3.15 所示为滤波器原理框图，根据表 3.12 的实际测试数据，绘制该滤波器的幅度和相位频率特性曲线。

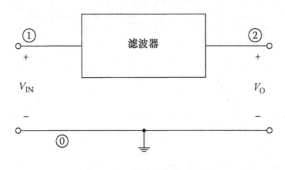

图 3.15　滤波器原理框图

表 3.12　滤波器的频率特性数据

频率/Hz	幅度/dB	相位/（°）
1.0k	-14	107
1.9k	-9.6	90
2.5k	-5.9	72
4.0k	-3.3	55
6.3k	-1.6	39
10k	-0.7	26
15.8k	-0.3	17
25k	-0.1	11
40k	-0.05	7
63k	-0.02	4
100k	-0.008	3

计算方法

PSpice 仿真程序如下：

```
FILTER CHARACTERISTICS
VIN      1    0    AC    1    0
R1   1   0   1K
EFILTER 2   0    FREQ {V(1,0)} = (1.0K, -14, 107) (1.9K, -9.6, 90)
+ (2.5K, -5.9, 72) (4.0K, -3.3, 55) (6.3K, -1.6, 39) (10K,
-0.7, 26)
 + (15.8K, -0.3, 17) (25K, -0.1, 11) (40K, -0.05, 7) (63K,
-0.02, 4) (100K, -0.008, 3)
R2   2   0   1K
*INPUT NODES 1 AND 0, AND OUTPUT IS BETWEEN NODES 2 AND 0.
.AC DEC 5 1000 1.0E5
.PROBE V(2) V(1)
.END
```

滤波器的幅度和相位频率特性曲线分别如图 3.16a 和 b 所示。

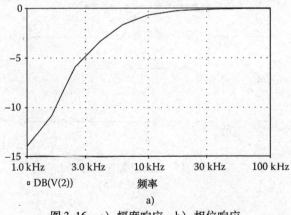

a)

图 3.16　a) 幅度响应　b) 相位响应

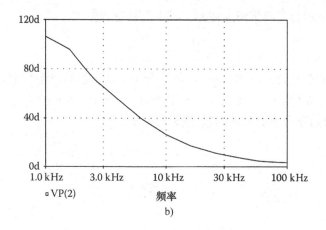

图 3.16　a）幅度响应　b）相位响应（续）

3.6.4　LAPLACE 功能

LAPLACE 函数可以通过拉普拉斯传递函数的形式对电路或系统进行功能描述。其通用格式为

ENAME　N + N－ LAPLACE {EXPRESSION} = {TRANSFORM}

或

GNAME　N + N－ LAPLACE{EXPRESSION} = {TRANSFORM}

其中，N +、N－ 为元件的正、负连接节点；LAPLACE 为拉普拉斯传递变量 s 的关键词；EXPRESSION 为传递函数输入，与 3.6.1 节函数使用规则相同，可以为电压、电流或由电压、电流、运算符及内置函数组成的表达式；TRANSFORM 为传递函数表达式，为拉普拉斯变量 s 形式的两个多项式的比值。

LAPLACE 和 FREQ 函数均可以用于描述电路或者系统的频率响应。如果电路或系统的传递函数能够以拉普拉斯传递变量 s 的形式表达，则 LAPLACE 函数更加适合。如果电路或系统的频率响应以数组的形式给出，则 FREQ 函数更加适用。LAPLACE 函数通过调节其多项式系数修改电路频率特性。下面结合实例讲解 LAPLACE 函数的使用。

使用注意事项：

1）LAPLACE 后面必须跟一个空格；

2）EXPRESSION 和 TRANSFORM 的对应语句必须各自放在一行；

3）电压、电流、时间变量不能出现在 LAPLACE 传递函数中；

4）LAPLACE 函数可以用于瞬态和交流分析中。

实例 3.9　带通滤波器的拉普拉斯变换

图 3.17 所示为二阶带通滤波器，其电压传递函数为

$$\frac{V_{\text{OUT}}}{V_{\text{IN}}} = \frac{As}{s^2 + Bs + C} \tag{3.11}$$

式中，s 为拉普拉斯传递变量，A、B 和 C 分别为滤波器特性参数表达式。

如果 $A = (R/L)$，$B = (R/L)$，$C = (1/LC)$，$L = 5\text{H}$，$R = 100\Omega$，$C = 10\mu\text{F}$，则根据以上参数绘制带通滤波器的幅频特性曲线。

图 3.17 带通滤波器的拉普拉斯传递函数特性描述

计算方法

PSpice 仿真程序如下：

```
FREQUENCY RESPONSE OF A FILTER
VIN  1   0   AC  1
.AC DEC 20 1   10K;
*FILTER CONSTANTS
.PARAM A = {100/5}
.PARAM B = {100/5}
.PARAM C = {1/5.0E-6}
*FILTER TRANSFER FUNCTION
EBANPAS 2 0   LAPLACE {V(1,0)} = {A*S/(S*S + S*B + C)}
.PROBE V(2)   V(1)  ; FILTER OUTPUT
.END
```

带通滤波器的幅频特性曲线如图 3.18 所示。

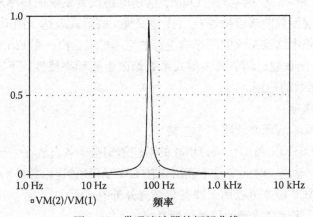

图 3.18 带通滤波器的幅频曲线

3.7　蒙特卡洛分析（. MS）

由于制造工艺的差别及老化，电子元件参数值会发生变化。蒙特卡洛分析允许用户修改元件参数，在此基础上检验系统的整体性能变化。蒙特卡洛分析通用格式为

. MC　NUM _ RUNS　ANALYSIS　OUTPUT _ VARIABLE

FUNCTION OPTIONS　[SEED = VALUE]

其中 . MC 语句调用蒙特卡洛程序对电路进行仿真分析；NUM _ RUNS 为分析（直流分析、交流分析、瞬态分析）运行次数。第一次运行采用所有元件的标称值进行计算。后续各次运行根据每个元件模型参数的容差规定，在允许范围内随机地选取参数值进行仿真计算。如果对结果进行打印，则 NUM _ RUNS 的最大上限为 2000。如果对结果进行屏幕图形显示，则其最大上限为 400；ANALYSIS 为分析类型，有直流、交流、瞬态。后面章节将对各种分析类型进行详细讲解；OUTPUT _ VARIABLE 为指定输出变量。其格式与 2.5 节定义的 . PRINT 输出变量一致；FUNCTION 为指定求值函数，通过此方法可以把输出变量值减少为一个。

蒙特卡洛分析函数主要分为下面 5 种，仿真时只能从以下 5 种进行选取：

（1）YMAX 为在指定的运行次数中，同第一次运行结果相比每次波形的最大差异值。

（2）MAX 为每次运行结果的最大值。

（3）MIN 为每次运行结果的最小值。

（4）RISE _ EDGE < Value > 为波形第一次超过阈值。

（5）FALL _ EDGE < Value > 为波形第一次低于阈值。

应当指出 FUNCTION 函数中计算的数据对仿真数据无影响。

OPTIONS 选项为蒙特卡洛分析的附加选项，根据电路实际仿真需求对其进行选择：

（1）LIST 为每次运行开始时将该次仿真的模型参数值进行打印输出。

（2）OUTPUT（输出类型）为以第一次运行结果为参照，按要求输出仿真结果。输出类型如下：

1）ALL 为生成所有仿真数据。

2）FIRST < VALUE > 为只生成前 n < VALUE > 次仿真数据。

3）EVERY < VALUE > 为每运行 n < VALUE > 次生成一次数据。

4）RUNS < VALUE > 为只对指定的运行次数进行数据输出，通过 < VALUE > 内数值确定运行次数， < VALUE > 为数据列表，最多 25 的整数值。

5）RANGE（<low_value>，<high value>）为在<FUNCTION>所规定的数值范围内进行数据输出。可以使用"＊"代替<low_value>或者<high_value>中的数值。如果数值被省略，则仿真结果将根据<FUNCTION>设置全部输出。

3.7.1 蒙特卡洛分析中的元件容差设置

对电路进行蒙特卡洛分析，元件参数需要进行改变。PSpice 有两种方式可以对元件参数进行修改：①元件容差（DEV）；②系统容差（LOT）。DEV 为元件容差，该容差允许每个元件的参数独立变化。LOT 为系统容差，规定同类元件的容差跟踪变化。

PSpice 程序利用 .MODEL 语句对元件的容差进行设置。3.1 节对常用 .MODEL 语句进行了详细的介绍，具有 DEV 和 LOT 容差的 .MODEL 语句格式如下：

$$[DEV/DISTRIBUTION] < VALUE > [\%]$$
$$[LOT/DISTRIBUTION] < VALUE > [\%]$$

其中，DISTRIBUTION 为分布类型，主要包括下面三种：

1）UNIFORM 为均匀分布；

2）GAUSS 为高斯分布，范围为 $+3\sigma$，附加指定的 $+1\sigma$ 偏差，总误差限制在 $+4\sigma$ 内；

3）USER_DEFINED DISTRIBUTION 为用户指定分布，误差为 $+1\sigma$。

VALUE 为元件的误差值，由百分数表示（%）。

下面结合实例介绍 PSpice 电路仿真中对元件参数容差的修改。

（1）使用 .MODEL 语句修改元件的 DEV 容差

```
R1  1  2  RMOD1  10K
R2  2  3  RMOD1  50K
.MODEL  RMOD1  RES（R=1  DEV=10%）
```

上述语句表明，PSpice 进行电路统计分析时，电阻 R1 和 R2 的参数值可以独立变化，最大变化值为 10%。R1 的阻值可以取 9K～11K 的任何值，R2 可以取 45K～55K 之间的任何值。

（2）使用 .MODEL 语句修改元件的 LOT 容差

```
R3  3  4  RMOD1  15K
R4  4  5  RMOD1  20K
.MODEL  RMOD1  RES（R=1  LOT=5%）
```

上述语句表明，PSpice 进行电路统计分析时，电阻 R3 和 R4 的参数值最大变化5%。但是两电阻值必须同时增大或减小相同的百分比。

（3）使用 . MODEL 语句修改元件的 DEV 和 LOT 容差

    C1   10   11   CMOD   50nF

    C2   11   12   CMOD   100nF

    . MODEL   CMOD   CAP(C = 1 LOT = 1% DEV = 5%)

上述语句表明，PSpice 进行电路统计分析时，电容 C1 和 C2 的系统容差 LOT 为 1%，元件容差 DEV 为 5%，两容差相加，所以 C1 和 C2 的最大容差为 6%。元件容差 DEV 为 5%，表明两电容的容值可以独立变化 5%；LOT 为 1% 表明两电容参数值可以同时增大或减小 1%，但是在变化过程中，两电容的变化百分比要保持一致。

3.7.2　电路仿真

对电路进行蒙特卡洛分析时，可以把统计数据和仿真时间进行折衷。为了准确获得元件或电路系统的最大或最小值，需要多次进行蒙特卡洛分析。但是运行次数越多，需要的仿真时间越长，仿真时间与运行次数成正比。所以设计人员在对电路进行蒙特卡洛仿真分析时，在运行次数与时间之间必须做出明智的决策。

通过蒙特卡洛分析可以得到以下三种类型的数据：

1）. OUT 文件，该文件包含元件模型参数及其容差值。

2）. PROBE、. PRINT、和 . PLOT 数据文件，通过这些数据，每次仿真运行的结果都可以通过显示、打印、绘图进行读取。

3）. OUT 文件包含每次电路运行总结及 3.7 节所介绍的蒙特卡洛统计分析。

下面结合实例介绍蒙特卡洛分析的具体应用。

实例 3.10　双极晶体管偏置网络的蒙特卡洛分析

图 3.19 所示为通用晶体管偏置网络。$RB = 10k\Omega$，$RE = 1k\Omega$，$RC = 1k\Omega$，$V_{CC} = 10V$，$V_{EE} = -10V$，电阻容差为 5%，平均分布。晶体管的放大倍数 β 为 100，容差为 10%，平均分布。求解偏置点的变化。

计算方法

PSpice 仿真程序如下：

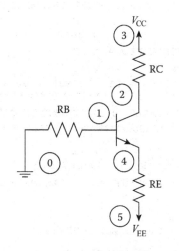

图 3.19　通用偏置电路

```
MONTE CARLO ANALYSIS
*CIRCUIT ELEMENTS
VCC  3  0    DC 10V
VEE  5  0    DC -10V
RB   1  0    RMOD  10K
RC   3  2    RMOD  1K
RE   4  5    RMOD  1K
Q1   2  1  4   QMOD
*MODEL OF DEVICE WITH TOLERANCES
.MODEL RMOD RES(R = 1DEV/UNIFORM 5%)
.MODEL QMOD   NPN (BF = 100 DEV/UNIFORM 10%VJC = 0.7V)
*MONTE CARLO ANALYSIS
.MC  100   DC  I(RC)  MAX   LIST   OUTPUT   ALL
*100 RUNS, MONITOR CURRENT THROUGH RC USING YMAX COLLATING
FUNCTION
.DC VCC 10   10   1
.PRINT  DC V(2, 4)   I(RC)
.END
```

PSpice 仿真输出文件见表 3.13。对电路进行蒙特卡洛仿真分析，第一次运行时使用各元件的标称值。仿真结果列出多次运行时电阻 RB、RC、RE 和晶体管的 β 值，及电源 V_{CC}、节点电压 $V(2, 4)$ 和电流 $I(RC)$ 的值。除此之外，蒙特卡洛分析还对仿真结果的最大值及其与标称值的百分比进行详细的总结。

表 3.13　蒙特卡洛仿真分析结果

```
             MONTE CARLO NOMINAL

**** CURRENT MODEL PARAMETERS FOR DEVICES REFERENCING RMOD
              RB              RC              RE
      R    1.0000E + 00   1.0000E + 00   1.0000E + 00

**** CURRENT MODEL PARAMETERS FOR DEVICES REFERENCING QMOD
              Q1
      BF     1.0000E + 02
MONTE CARLO ANALYSIS

  VCC          V(2,4)        I(RC)
  1.000E + 01  3.393E + 00  8.262E-03
*************************************************************
MONTE CARLO ANALYSIS MONTE CARLO PASS 2
 **** CURRENT MODEL PARAMETERS FOR DEVICES REFERENCING RMOD

              RB              RC              RE
      R    9.5672E-01     9.6940E-01     1.0304E + 00
 **** CURRENT MODEL PARAMETERS FOR DEVICES REFERENCING QMOD
              Q1
      BF    9.0106E + 01
 **** DC TRANSFER CURVES          TEMPERATURE = 27.000 DEG C

  VCC          V(2,4)        I(RC)
  1.000E + 01  3.931E + 00  7.989E-03
*************************************************************
```

（续）

```
MONTE CARLO ANALYSIS MONTE CARLO PASS 100

 **** UPDATED MODEL PARAMETERS        TEMPERATURE = 27.000 DEG C

 **** CURRENT MODEL PARAMETERS FOR DEVICES REFERENCING RMOD

                  RB              RC              RE
        R    1.0143E + 00    1.0146E + 00    1.0410E + 00

 **** CURRENT MODEL PARAMETERS FOR DEVICES REFERENCING QMOD
                  Q1
        BF    9.0247E + 01

 **** DC TRANSFER CURVES               TEMPERATURE = 27.000 DEG C

   VCC          V(2,4)        I(RC)
    1.000E + 01  3.724E + 00  7.874E-03

 ***********************************************************
MONTE CARLO ANALYSIS
  **** SORTED DEVIATIONS OF I(RC)   TEMPERATURE = 27.000 DEG C
                      MONTE CARLO SUMMARY
 ***********************************************************

 RUN                   MAXIMUM VALUE

 Pass 18               8.6788E-03 at VCC = 10
                       ( 105.04% of Nominal)

 Pass 31               8.6637E-03 at VCC = 10
                       ( 104.86% of Nominal)

 NOMINAL               8.2623E-03 at VCC = 10

 Pass 99               8.2504E-03 at VCC = 10
                       ( 99.855% of Nominal)

 Pass 61               7.8950E-03 at VCC = 10
                       ( 95.554% of Nominal)

 Pass 100              7.8736E-03 at VCC = 10
                       ( 95.295% of Nominal)
```

3.8　灵敏度和最坏情况分析（.WCASE）

通过使用 WCASE 最坏情况分析可以确定电路中的关键元件。对电路进行 WCASE 最差情况分析时，每次运行只改变一个元件参数值。PSpice 根据每次仿真数据计算出该元件相对于输出变量的灵敏度。当每个元件的灵敏度都确定时，PSpice 运行最后一次仿真分析，求出电路的最坏情况输出。

元件参数的改变值由 .MODEL 模型中的 DEV 和 LOT 容差决定，3.7 节已对此进行详细介绍。最差情况分析 .WCASE 语句的通用格式为

.WCASE ANALYSIS OUTPUT_VARIABLE FUNCTION [OPTIONS]

其中，. WCASE 语句定义电路进行灵敏度和最坏情况分析；ANALYSIS 为分析类型，主要包括直流分析、交流分析和瞬态分析三种。第一次仿真分析为常规分析，按照仿真设置进行，然后执行. WCASE 语句中规定的仿真分析；OUTPUT _ VARIABLE 为输出变量，格式与 2.5 节. PRINT 设置一致；FUNCTION 为输出变量的求值函数，通过使用此函数，把输出变量值归一。

YMAX 为查找与标称值最大差异值的绝对值。

MAX 为查找每个波形的最大值。

MIN 为查找每个波形的最小值。

RISE _ EDGE（<VALUE>）为寻找波形第一次高于阈值 <VALUE> 的交叉点。该波形必须至少有一个点等于或低于 <VALUE>，一个点高于该值。输出值为波形以上升趋势到达 <VALUE> 值时的数据。

FALL _ EDGE（<VALUE>）为寻找波形第一次低于阈值 <VALUE> 的交叉点。该波形必须至少有一个点等于或高于 <VALUE>，一个点低于该值。输出值为波形以下降趋势到达 <VALUE> 值时的数据。

OPTION 选项中包括如下内容：

LIST 输出灵敏度分析的模型参数。

OUTPUT ALL 保存所有输出数据，通过. PRINT、. PLOT 和. PROBE 产生的数据均保存在输出文件中。如果 OUTPUT ALL 选项被省略，则程序只保存常规仿真和最差情况仿真。OUTPUT ALL 选项将确保所有敏感信息均保存在屏幕图形数据中。

RANGE(<low value>, <high value>)用于指定输出上限和下限，也可以使用 "X" 代替 <value> 值，以用来表示所有值。如果 RANGE 项省略，则对整个扫描范围进行计算分析，与语句 RANGE（∗，∗）等效。

HI 或 LOW 指定最坏情况下相对于标称值的运行方向。如果 FUNCTION 为YMAX 或 MAX，则默认为 HI；否则，默认为 LOW。

VARY DEV/VARY LOT/VARY BOTH 为通常情况下每个元件模型参数都有DEV 和 LOT 容差，当电路进行最差情况分析时，容差可以选择 DEV、LOT 或者两者都选。

DEVICES（设备类型列表）为通常情况下程序对所有元件均进行灵敏度和最坏情况分析。但是设计人员可以通过列表的形式指定需要分析的元件类型。

应该指出的是 <function> 和 [options] 中的设置并不影响 PROBE 中的数据。PROBE 中的数据都保存在输出文件中。下面通过两个放大电路实例对最坏情况分析进行详细讲解。

实例 3. 11　仪用放大电路的最坏情况和灵敏度分析

如图 3. 20 所示的仪表放大电路，R1 = 1kΩ，R2 = R3 = 10kΩ，R4 = R5 = 20kΩ，R6 = R7 = 100kΩ。如果电阻的容差为 5%，则求解电路增益的灵敏度及

最坏情况分析。输入源 V_{IN} 的幅值为 1mV，频率 5kHz。假设运放的输入阻抗为 $10^{12}\Omega$，开环增益为 10^7，输出阻抗为 0。

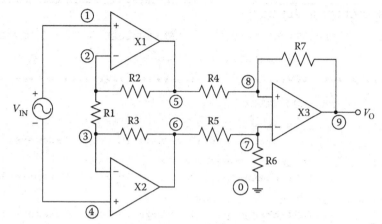

图 3.20　仪用放大电路

计算方法

PSpice 仿真程序如下：

```
INSTRUMENTATION AMPLIFIER
.OPTIONS  RELTOL = 0.05; 5% COMPONENTS (SENSITIVITY RUN)
*
VIN 1   4   AC 1E-3;    INPUT SIGNAL
.AC LIN 10 1    5KHZ;   FREQUENCY OF SOURCE AND AC ANALYSIS
X1  2   1   5   OPAMP; OP AMP X1
X2  3   4   6   OPAMP; OP AMP X2
X3  8   7   9   OPAMP; OP AMP X3
*RESISTORS WITH MODELS
R1  2   3   RMOD1   1K
R2  2   5   RMOD1   10K
R3  3   6   RMOD1   10K
R4  5   8   RMOD1   20K
R5  6   7   RMOD1   20K
R6  7   0   RMOD1   100K
R7  8   9   RMOD1   100K
.MODEL RMOD1  RES(R = 1 DEV = 5%); 5% RESISTORS
*
.WCASE AC  V(9)  MAX  OUTPUT ALL; SENSITIVITY & WORST CASE
*
.PROBE V(9)
*SUBCIRCUIT
.SUBCKT   OPAMP    1    2    3
* - INPUT; + INPUT; OUTPUT
RIN   1    2   1.0E12
EVO   0    3    1    2    1.0E7
.ENDS   OPAMP
.END
```

表 3.14 为灵敏度分析结果，表 3.15 为最坏情况分析结果。

表 3.14 仪用放大电路的灵敏度分析

```
INSTRUMENTATION AMPLIFIER

**** SORTED DEVIATIONS OF V(9)     TEMPERATURE = 27.000 DEG C

                      SENSITIVITY SUMMARY

****************************************************************

   RUN          MAXIMUM VALUE

R7 RMOD1      R .1098 at F = 5.0000E + 03
              (.9167% change per 1% change in Model Parameter)

R2 RMOD1 R    .1075 at F = 5.0000E + 03
              (.4762% change per 1% change in Model Parameter)

R3 RMOD1 R    .1075 at F = 5.0000E + 03
              (.4762% change per 1% change in Model Parameter)

R6 RMOD1 R    .1054 at F = 5.0000E + 03
              (.08 % change per 1% change in Model Parameter)

NOMINAL       .105 at F = 5.0000E + 03

R5 RMOD1 R    .1046 at F = 5.0000E + 03
              (-.0826% change per 1% change in Model Parameter)

R4 RMOD1 R    .1004 at F = 5.0000E + 03
              (-.873 % change per 1% change in Model Parameter)

R1 RMOD1 R    .1002 at F = 5.0000E + 03
              (-.907 % change per 1% change in Model Parameter)
```

在表 3.14 中，进行常规分析时，输入源的频率为 5kHz，$V(9)$ 的电压值为 0.105V。

当电阻 R7 ~ R1 的阻值根据容差变化时，每次仿真数据均保存在表 3.14 中。另外表中还列出了 $V(9)$ 的最大值 0.1098V 和最小值 0.1002V，以及取得该值的元件编号。

从表 3.15 可以看出，当电阻 R1、R4 和 R5 取最小值，R2、R3、R6 和 R7 取最大值时，输出电压 $V(9)$ 的值最大，为 0.1277V。该最大值为标称值 0.105V 的 121.61%。

实例 3.12 电流偏置型共射放大电路的最坏情况和灵敏度分析

图 3.21 所示为共射放大电路，R1 = 50Ω，R2 = 1kΩ，R3 = 10kΩ，R4 = 1kΩ，R5 = 16kΩ，R6 = 20kΩ，R7 = RL = 10kΩ，V_{CC} = 5V，V_{EE} = -5V，CC1 = CC2 = 20μF，CE = 100μF，晶体管 Q2 和 Q2 的型号为 Q2N2222。电阻和电容的容差为 5%，晶体管的放大倍数 BF 的容差为 30%（平均分布），求输出电压的最大偏差。

表 3.15 最坏情况分析结果

```
INSTRUMENTATION AMPLIFIER
 **** WORST CASE ANALYSIS            TEMPERATURE = 27.000 DEG C
                   WORST CASE ALL DEVICES
****************************************************************
 **** UPDATED MODEL PARAMETERS        TEMPERATURE = 27.000 DEG C

                   WORST CASE ALL DEVICES
****************************************************************
DEVICE      MODEL      PARAMETER      NEW VALUE
R1          RMOD1      R                 .95 (Decreased)
R2          RMOD1      R                1.05 (Increased)
R3          RMOD1      R                1.05 (Increased)
R4          RMOD1      R                 .95 (Decreased)
R5          RMOD1      R                 .95 (Decreased)
R6          RMOD1      R                1.05 (Increased)
R7          RMOD1      R                1.05 (Increased)
****************************************************************
 **** SORTED DEVIATIONS OF V(9)       TEMPERATURE = 27.000 DEG C

                   WORST CASE SUMMARY

****************************************************************

  RUN                    MAXIMUM VALUE

ALL DEVICES              .1277 at F = 5.0000E + 03
                        ( 121.61% of Nominal)

NOMINAL                  .105 at F = 5.0000E + 03
```

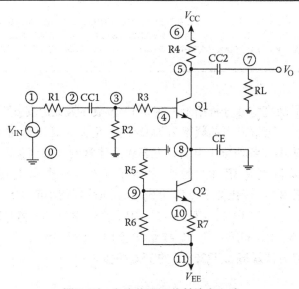

图 3.21 电流偏置型共射放大电路

计算方法

PSpice 仿真程序如下：

```
COMMON-EMITTER AMPLIFIER
.OPTIONS    RELTOL = 0.05;
VIN  1   0   AC  1E-3; AC INPUT SIGNAL
*RESISTORS WITH MODEL
R1   1   2   RMOD2  50
R2   3   0   RMOD2  1K
R3   3   4   RMOD2  10K
R4   6   5   RMOD2  1K
R5   9   0   RMOD2  16K
R6   9   11  RMOD2  20K
R7   10  11  RMOD2  10K
RL   7   0   RMOD2  10K
.MODEL RMOD2  RES(R = 1 DEV = 5%); 5% RESISTORS
*
*CAPACITORS WITH MODEL
CC1  3   2   CMOD2  20E-6
CE   8   0   CMOD2  100E-6
CC2  5   7   CMOD2  20E-6
.MODEL CMOD2  CAP(C = 1 DEV = 5%); 5% CAPACITORS
*SOURCE VOLTAGES
VCC  6   0   DC      10V
VEE  11  0   DC     -10V
* TRANSISTOR WITH MODELS
Q1   5   4   8       Q2N2222
Q2   8   9   10      Q2N2222
.MODEL Q2N2222 NPN (BF = 100 DEV/UNIFORM 30% IS = 3.295E-14
VA = 200)
.AC LIN 1 1KHZ  1KHZ; FREQUENCY OF SOURCE & AC ANALYSIS
* SENSITIVITY AND WORSE CASE ANALYSIS FOR AC ANALYSIS
.WCASE  AC  V(7))  MAX OUTPUT ALL; FOR AC ANALYSIS
.END
```

表 3.16 为灵敏度仿真分析结果，表 3.17 为最坏情况仿真分析结果。

在表 3.16 中，当输入源的频率为 1kHz 时，电路正常工作时 V（7）的电压为 5.7756mV。表中详细列出了电阻、电容和晶体管的参数变化时输出电压的变化。从表中可以得到电阻 R4 的变化使 V（7）的输出电压达到最大值 6.0339mV；电阻 R3 的变化使 V（7）的输出电压达到最小值 5.5953mV。

如表 3.17 所示，当 CC1、CE、CC2、R1、R3、R5、R7 和 Q2 的 BF 取最小值，R2、R4、R6、RL 和 Q1 的 BF 取最大值时，输出电压 V(7) 取得最大值 7.6507mV，该值为常规值 5.7756mV 的 132.47%。

表 3.16　实例 3.12 的灵敏度仿真分析结果

```
***************************************************************

COMMON-EMITTER AMPLIFIER

 **** SORTED DEVIATIONS OF V(7)   TEMPERATURE = 27.000 DEG C

                      SENSITIVITY SUMMARY

***************************************************************

 RUN            MAXIMUM VALUE

R4 RMOD2 R     6.0339E-03 at F = 1.0000E + 03
               (.8945% change per 1% change in Model Parameter)

Q1 Q2N2222 BF 5.9564E-03 at F = 1.0000E + 03
               (.626 % change per 1% change in Model Parameter)

R6 RMOD2 R     5.8245E-03 at F = 1.0000E + 03
               (.1693% change per 1% change in Model Parameter)

RL RMOD2 R     5.8012E-03 at F = 1.0000E + 03
               (.0885% change per 1% change in Model Parameter)

R2 RMOD2 R     5.7868E-03 at F = 1.0000E + 03
               (.0387% change per 1% change in Model Parameter)

NOMINAL        5.7756E-03 at F = 1.0000E + 03

Q2 Q2N2222 BF 5.7755E-03 at F = 1.0000E + 03
               (-490.2E-06% change per 1% change in Model
               Parameter)

CE CMOD2 C     5.7737E-03 at F = 1.0000E + 03
               (-6.5081E-03% change per 1% change in Model
               Parameter)

CC1 CMOD2 C    5.7737E-03 at F = 1.0000E + 03
               (-6.5516E-03% change per 1% change in Model
               Parameter)

CC2 CMOD2 C    5.7737E-03 at F = 1.0000E + 03
               (-6.6177E-03% change per 1% change in Model
               Parameter)

R1 RMOD2 R     5.7592E-03 at F = 1.0000E + 03
               (-.057 % change per 1% change in Model Parameter)

R5 RMOD2 R     5.7233E-03 at F = 1.0000E + 03
               (-.1813% change per 1% change in Model Parameter)

R7 RMOD2 R     5.6742E-03 at F = 1.0000E + 03
               (-.3513% change per 1% change in Model Parameter)

R3 RMOD2 R     5.5953E-03 at F = 1.0000E + 03
               (-.6244% change per 1% change in Model Parameter)
```

表 3.17　实例 3.12 的最坏情况仿真分析结果

```
*********************************************************************
COMMON-EMITTER AMPLIFIER

 **** UPDATED MODEL PARAMETERS TEMPERATURE = 27.000 DEG C

WORST CASE ALL DEVICES

*********************************************************************
DEVICE    MODEL      PARAMETER     NEW VALUE
CC1       CMOD2      C                  .95 (Decreased)
CE        CMOD2      C                  .95 (Decreased)
CC2       CMOD2      C                  .95 (Decreased)
Q1        Q2N2222    BF             130     (Increased)
Q2        Q2N2222    BF              70     (Decreased)
R1        RMOD2      R                  .95 (Decreased)
R2        RMOD2      R                 1.05 (Increased)
R3        RMOD2      R                  .95 (Decreased)
R4        RMOD2      R                 1.05 (Increased)
R5        RMOD2      R                  .95 (Decreased)
R6        RMOD2      R                 1.05 (Increased)
R7        RMOD2      R                  .95 (Decreased)
RL        RMOD2      R                 1.05 (Increased)
*********************************************************************
                  WORST CASE ALL DEVICES
COMMON-EMITTER AMPLIFIER

 **** SORTED DEVIATIONS OF V(7)  TEMPERATURE = 27.000 DEG C

WORST CASE SUMMARY

*********************************************************************

 RUN             MAXIMUM VALUE

ALL DEVICES      7.6507E-03 at F = 1.0000E + 03
                  ( 132.47% of Nominal)

NOMINAL          5.7756E-03 at F = 1.0000E + 03
```

3.9　傅里叶分析（.FOUR）

周期信号 $v(t)$ 可以表示成有限次的正弦函数和余弦函数和的形式：

$$v(t) = \frac{a_0}{2} + \sum_{n=1}^{\infty} a_n \cos(n\omega_0 t) + b_n \sin(n\omega_0 t) \qquad (3.12)$$

式中

$$\omega_0 = \frac{2\pi}{T_P} \qquad (3.13)$$

T_P 为信号源 $v(t)$ 的周期。

傅里叶系数 a_n 和 b_n 通过如下公式进行计算：

$$a_n = \frac{2}{T_P} \int_{t_0}^{t_0+T_P} v(t)\cos(n\omega_0 t)\mathrm{d}t, \quad n = 0,1,2,3\cdots \tag{3.14}$$

$$b_n = \frac{2}{T_P} \int_{t_0}^{t_0+T_P} v(t)\sin(n\omega_0 t)\mathrm{d}t, \quad n = 0,1,2,3\cdots \tag{3.15}$$

通过以上变换，式 (3.12) 可以写成如下形式：

$$v(t) = C_0 + \sum_{n=1}^{\infty} c_n\sin(n\omega_0 t + \theta_n) \tag{3.16}$$

式中

$$C_0 = \frac{a_0}{2} \tag{3.17}$$

$$C_n = \sqrt{a_n^2 + b_n^2} \tag{3.18}$$

$$\theta_n = \tan\left(\frac{a_n}{b_n}\right) \tag{3.19}$$

C_0 为直流分量，C_n 为第 n 次谐波系数。当 $n=1$ 时为第 1 次谐波即基波分量，当 $n=2$ 或 $n=3$ 时分别为 2 次和 3 次谐波，以此类推。式 (3.16) 为 PSpice 仿真的傅里叶级数展开式的表达式。

设计人员可以通过 .FOUR 语句对电路进行傅里叶分析。PSpice 通过数学计算，求得信号从直流到第 n 次谐波的傅里叶分量，每次谐波的幅度和相位以列表的形式保存在输出文件中。使用 .FOUR 功能时仿真数据直接保存，不必再使用 .PRINT、.PLOT 和 .PROBE 语句。.FOUR 傅里叶分析的通用格式为

    .FOUR FUNDA _ FREQUE NCY NUMBER _ OF _ HAR MONICS

OUTPUT _ VAR IABLE

其中，FUNDA _ FREQUENCY 为周期信号的基波频率，单位为 Hz；NUMBER _ OF _ HARMONICS 为谐波次数，PSpice 的默认谐波包括直流分量、基波、第 2 次 ~ 第 9 次谐波，可以通过设置谐波次数得到更多的谐波分量数据；OUTPUT _ VARIABLE 为输出变量，与 .PRINT 和 .PLOT 的定义格式一致。

傅里叶分析必须在瞬态分析下进行。当 PSpice 对电路进行瞬态分析时，傅里叶分析对确定的输出变量进行积分计算，以求得每次谐波的系数。瞬态分析中的打印间隔值最好设置为结束时间的 1% 或者更小，以提高数据计算的准确度。积分函数使用二次多项式对输出电压进行计算。并非所有瞬态分析都可以使用傅里叶分析，只有当仿真时间大于信号周期时才可以使用。下面结合实例对傅里叶分析进行详细的讲解。

实例 3.13　半波整流电路的傅里叶级数展开

图 3.22 所示为半波整流电路。输入信号为正弦波，幅度为 1V，频率为 500Hz，求输出电压 V_O 的频率分量。

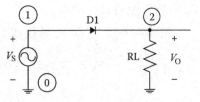

计算方法

PSpice 仿真程序如下：

图 3.22　半波整流电路

```
*HALF WAVE RECTIFIER
VS  1   0    SIN(0   1   500   0   0)
D1  1   2    DMOD
.MODEL  DMOD   D
RL  2   0    1K
*CONTROL STATEMENTS
.TRAN   1E-6    4E-3
.FOUR   500 V(2)
.END
```

表 3.18 为电路仿真结果输出，按照式（3.16）计算输出电压为

$$V_O(t) = 0.073 + 0.133\sin(1000\pi t - 0.011°) + 0.098\sin(2000\pi t - 90.02°) +$$
$$0.055\sin(3000\pi t + 180°) + 0.019\sin(4000\pi t + 90.02°) + \cdots \quad (3.20)$$

表 3.18　半波整流器输出的傅里叶分量

```
*HALF WAVE RECTIFIER

**** FOURIER ANALYSIS            TEMPERATURE = 27.000 DEG C
*************************************************************
FOURIER COMPONENTS OF TRANSIENT RESPONSE V(2)

DC COMPONENT = 7.341440E-02
```

HARMONIC NO	FREQUENCY (HZ)	FOURIER COMPONENT	NORMALIZED COMPONENT	PHASE (DEG)	NORMALIZED PHASE (DEG)
1	5.000E+02	1.333E-01	1.000E+00	-1.094E-02	0.000E+00
2	1.000E+03	9.815E-02	7.365E-01	-9.002E+01	-9.001E+01
3	1.500E+03	5.517E-02	4.140E-01	1.800E+02	1.800E+02
4	2.000E+03	1.881E-02	1.412E-01	9.002E+01	9.003E+01
5	2.500E+03	2.417E-03	1.814E-02	1.787E+02	1.787E+02
6	3.000E+03	8.469E-03	6.355E-02	8.953E+01	8.954E+01
7	3.500E+03	5.333E-03	4.002E-02	-2.022E-01	-1.913E-01
8	4.000E+03	2.029E-04	1.523E-03	-7.174E+01	-7.173E+01
9	4.500E+03	2.472E-03	1.855E-02	-2.385E+00	-2.374E+00

```
TOTAL HARMONIC DISTORTION = 8.603263E + 01 PERCENT
```

3.9.1　通过 PROBE 进行傅里叶分析

在前面章节中，通过使用 .TRAN 和 .FOUR 语句，在输出文件中以表格的形式得到变量的傅里叶级数。另外，同样可以使用 PROBE 屏幕图形显示程序以图

形格式求得信号的傅里叶分量，设置步骤如下：

1）输入文件中含有 .TRAN 和 .PROBE 语句。

2）使用 PROBE 对所需波形进行屏幕图形显示。

3）从 PROBE 菜单中选择 "x – axis" x 轴。

4）从下拉菜单中选择 "Fourier" 傅里叶变化。

为了减少数据存储量，必须通过 .PROBE 语句对所需输出变量进行设置。.PROBE 通过采用快速傅里叶变换（Fast Fourier Transform，FFT）算法获得傅里叶分量。FFT 变换有如下要求：①采样点之间的间隔必须相等；②数据点的数量应该为 2 的整数幂。在计算傅里叶分量之前，PSpice 利用插值法对数据进行处理，以备 PROBE 使用。

结合实例 3.13，对 PROBE 傅里叶分析进行详细讲解。仿真程序如下所示：

```
*HALF WAVE RECTIFIER
VS  1    0    SIN(0    1    500    0    0)
D1  1    2    DMOD
.MODEL  DMOD    D
RL  2    0    1K
*CONTROL STATEMENTS
.TRAN   1E-6    4E-3
.FOUR   500 V(2)
.PROBE V(2)
.END
```

首先利用 PROBE 输出显示整流器电路输出电压波形，从 PROBE 菜单选择 "x – axis"，然后从下级菜单中选择 "Fourier" 进行傅里叶变换，得到的输出波形如图 3.23 所示。

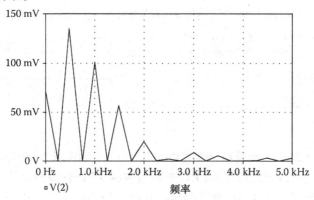

图 3.23　半波整流电路的幅频特性曲线

3.9.2　有效值和谐波失真

周期信号可以通过傅里叶级数展开分解成若干正弦信号的总和，周期信号的有效值 rms 可以通过各次谐波分量进行矢量合成。公式如下：

$$V_{\mathrm{rms}} = \sqrt{V_{1,\mathrm{rms}}^2 + V_{2,\mathrm{rms}}^2 + V_{3,\mathrm{rms}}^2 + \cdots + V_{n,\mathrm{rms}}^2} \tag{3.21}$$

式中，$V_{\mathrm{rms}} = \mathrm{rms}$ 为周期信号有效值；$V_{1,\mathrm{rms}}$，$V_{2,\mathrm{rms}}$，$\cdots$，$V_{n,\mathrm{rms}}$ 分别为每次谐波分量的有效值。

通过式（3.16）和式（3.21）可以求得 $v(t)$ 的均方根为

$$V_{\mathrm{rms}} = \sqrt{C_0^2 + \left(\frac{C_1}{\sqrt{2}}\right)^2 + \left(\frac{C_2}{\sqrt{2}}\right)^2 + \cdots + \left(\frac{C_n}{\sqrt{2}}\right)^2} \tag{3.22}$$

当信号经过网络传递（如放大器、滤波器、传输线）时会发生波形失真，即谐波失真。谐波失真可以通过正弦信号合成，然后与实际波形进行对比以表现其差异。谐波失真越小，与真实信号越接近。通过傅里叶级数展开，可以求得每次谐波的失真百分比，公式如下：

$$n \text{ 次谐波失真} = \frac{C_n}{C_1} * 100 \tag{3.23}$$

式中，C_n 为第 n 次谐波幅度；C_1 为基波幅度。

全频率范围内总谐波失真 THD 的计算公式为

$$\mathrm{THD\%} = \sqrt{\left(\frac{C_2}{C_1}\right)^2 + \left(\frac{C_3}{C_1}\right)^2 + \cdots + \left(\frac{C_n}{C_1}\right)^2} * 100\% \tag{3.24}$$

或

$$\mathrm{THD\%} = \frac{\sqrt{C_2^2 + C_3^2 + \cdots + C_n^2}}{C_1} * 100\% \tag{3.25}$$

下面通过 RC 电路网络实例具体介绍总谐波失真 THD 的求解步骤。

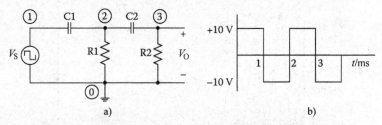

图 3.24　a）两级 RC 电路网络　b）RC 电路网络的输入信号波形

实例 3.14　方波激励的两级 RC 电路网络的 THD 仿真分析

图 3.24a 所示为两级 RC 电路网络。其中 C1 = C2 = 1μF，R1 = R2 = 1kΩ。输入信号为周期方波信号，波形如图 3.24b 所示。求输出电压的有效值 rms 及总谐波失真 THD。

计算方法

PSpice 仿真程序如下：

```
*SQUARE WAVE SIGNAL THROUGH NETWORK
VS        1        0
PULSE(-10  10   0   1E-6  1E-6  1E-3  2E-3)
C1        1        2        1E-6
R1        2        0        1E3
C2        2        3        1E-6
R2        3        0        1E3
.TRAN   5E-6    4E-3
.FOUR   500 V(1) V(3)
.PROBE  V(1)     V(3)
.END
```

前 9 次谐波的傅里叶系数见表 3.19。

按照式（3.22）计算输出电压的有效值 rms，计算公式如下：

$$V_{\text{rms}} = \sqrt{(0.461)^2 + \left(\frac{9.608}{\sqrt{2}}\right)^2 + \left(\frac{0.0622}{\sqrt{2}}\right)^2 + \left(\frac{4.046}{\sqrt{2}}\right)^2 + \cdots + \left(\frac{1.39}{\sqrt{2}}\right)^2}$$

$$V_{\text{rms}} = 7.7588\text{V}$$

按照式（3.24）计算输出电压的总谐波失真 THD%，计算公式如下：

$$\text{THD\%} = \frac{\sqrt{(0.0622)^2 + (4.046)^2 + (0.0314)^2 + (2.484)^2 + \cdots + (1.390)^2}}{9.608}$$

$$\text{THD\%} = 54.74\%$$

通过计算得到的 THD 与表 3.19 中 PSpice 仿真结果一致。

方波激励的两级 RC 电路网络的输出电压波形和频谱如图 3.25 所示。

表 3.19　图 3.24 电路输出电压的傅里叶分量

```
*SQUARE WAVE SIGNAL THROUGH NETWORK

**** FOURIER ANALYSIS TEMPERATURE = 27.000 DEG C
*****************************************************************
FOURIER COMPONENTS OF TRANSIENT RESPONSE V(3)

DC COMPONENT = -4.608223E-01

HARMONIC  FREQUENCY   FOURIER    NORMALIZED    PHASE      NORMALIZED
 NO         (HZ)     COMPONENT   COMPONENT     (DEG)     PHASE (DEG)
  1       5.000E+02  9.608E+00   1.000E+00    4.678E+01   0.000E+00
  2       1.000E+03  6.216E-02   6.470E-03   -1.736E+02  -2.204E+02
  3       1.500E+03  4.046E+00   4.211E-01    1.655E+01  -3.023E+01
  4       2.000E+03  3.145E-02   3.273E-03   -1.758E+02  -2.226E+02
  5       2.500E+03  2.484E+00   2.585E-01    8.511E+00  -3.827E+01
  6       3.000E+03  2.099E-02   2.184E-03   -1.761E+02  -2.229E+02
  7       3.500E+03  1.784E+00   1.857E-01    4.470E+00  -4.231E+01
  8       4.000E+03  1.573E-02   1.638E-03   -1.759E+02  -2.227E+02
  9       4.500E+03  1.390E+00   1.447E-01    1.838E+00  -4.495E+01

TOTAL HARMONIC DISTORTION=5.473805E+01 PERCENT
```

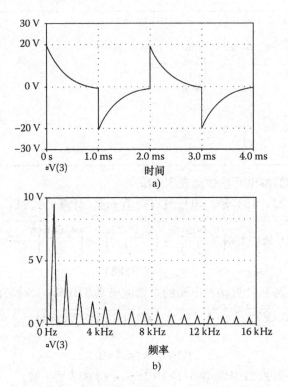

图 3.25　a）输出电压波形　b）输出电压频谱

本 章 习 题

3.1　如图 P3.1 所示，电阻 R = 10kΩ。

1）求当电容 C 从 20pF 变化到 40pF 时中心频率的改变值；

2）绘制 C 取上述值时电路的频率响应曲线。

3.2　图 P3.1 所示为陷波滤波器电路，假设电容和电阻对温度非常敏感，电阻 R = 10kΩ，电容 C = 20pF，电阻和电容具有相同的温度系数，TC1 = 1E − 5，TC2 = 0，求温度变化时陷波频率的变化值。

3.3　图 P3.3 所示为电压调整电路，V_S = 20V，RS = 300Ω，RL = 4kΩ，D1 为 D1N4742。当温度从 25℃ 变化到 50℃ 时，求输出电压跟随

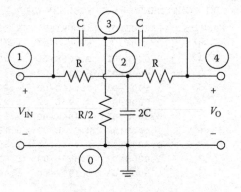

图 P3.1　双 T 形网络

温度的变化关系。

3.4　图 3.12a 所示为电压乘法器电路,当该电路的两个输入信号为如图 P3.4 波形时,求电路的输出电压。

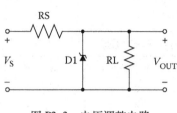

图 P3.3　电压调整电路

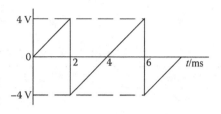

图 P3.4　输入电压波形

3.5　某幅度调制波形的表达式为 $s(t) = A_c \cos[2\pi f_c t + k_a m(t)]$。如果 $m(t) = \cos(2\pi f_m t)$, $f_m = 10^4 \mathrm{Hz}$, $f_c = 10^6 \mathrm{Hz}$, $k_a = 0.5$, $A_c = 10\mathrm{V}$。利用行为模型表达 $m(t)$ 和 $s(t)$ 的时域波形。

3.6　图 P3.6 为齐纳二极管构成的电压调整电路,表 P3.6 为齐纳二极管的伏安特性数据。R1 = R3 = R4 = 5kΩ, R2 = 25kΩ,当输入电压 V_S 从 20V 变化到 25V 的过程中,求电路的输出电压。

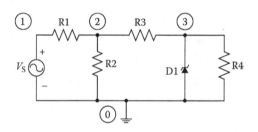

图 P3.6　电压调整电路

表 P3.6　齐纳二极管特性数据

反向电压/V	反向电流/A
1	1.0e-11
3	1.0e-11
4	1.0e-10
5	1.0e-9
6	1.0e-7
7	1.0e-6
7.5	2e-6
7.7	15.0e-4
7.9	44.5e-4

3.7　图 P3.7 所示系统由子系统 A、B、C 级联而成,每个子系统的增益特性见表 P3.7。绘制系统中电路 A 和电路 C 的输出幅频特性曲线,求整体系统带宽。

图 P3.7 级联电路

表 P3.7 A、B、C 子系统的频率特性数据

频率/Hz	电路 A 的增益/dB	电路 B 的增益/dB	电路 C 的增益/dB
1000	10.0	0.8	2
2000	9.5	1.2	2
3000	8.3	1.5	2
4000	6.5	2.0	2
5000	5.0	2.5	2
6000	4.0	3.0	2
7000	3.0	4.0	2
8000	2.5	5.0	2
9000	2.0	6.5	2
10000	1.5	8.3	2
11000	1.2	9.5	2
12000	0.8	10.0	2

3.8 在实例 3.14 中，计算输入周期波形的有效值及输入波形的总谐波失真 THD。

3.9 某系统的拉普拉斯变换系统如图 P3.9 所示，其传递函数为

$$\frac{V_{OUT}}{V_{IN}}(s) = \frac{s^2 + 2s + 3}{s^3 + 9s^2 + 15s + 25}$$

假设输入为幅度 5V 的阶跃波形，求系统的响应。

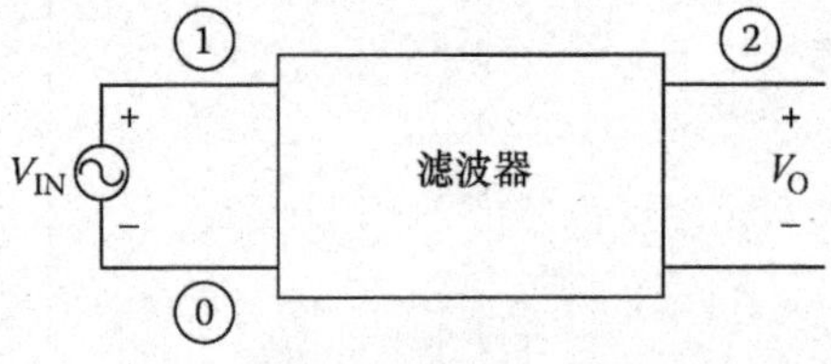

3.10 运算放大器频率补偿电路的开环增益传递函数为

$$\frac{V_{OUT}}{V_{IN}}(s) = \frac{A_0}{1 + s/(2\pi f_p)}$$

图 P3.9 拉普拉斯变换系统

在图 P3.10 中，R1 = 1kΩ，R2 = 2kΩ，R3 = 4kΩ，R4 = 9kΩ。假设运算放大器开环增益为 $A_0 = 105$，带宽为 $f_P = 10$Hz，绘制 $\frac{V_{OUT}}{V_{IN}}$ 特性曲线。

3.11 图 P3.11 所示为 Sallen - Key 滤波器电路，其中 R1 = R2 = R3 = 10kΩ，

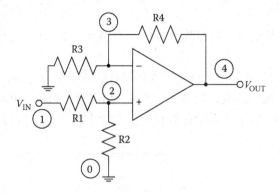

图 P3.10　运算放大器电路

R4 = 40kΩ，C1 = C2 = 0.02μF，V_{CC} = 15V，V_{EE} = −15V。假设电阻和电容的容差均为 5%，运算放大器为 741，输入源频率为 50Hz，幅度为 1V，当电路分别运行 25、50、100 和 125 次时，分别计算电路的输出电压偏离中心值的范围。

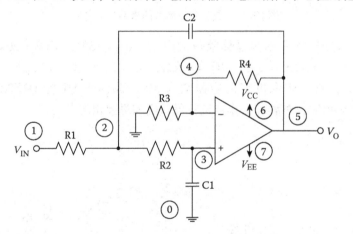

图 P3.11　Sallen - Key 滤波器

3.12　图 P3.12 所示为五阶低通滤波器，R1 = R2 = R3 = R4 = R5 = 1kΩ，C1 = C2 = C3 = C4 = C5 = 1μF。

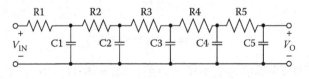

图 P3.12　五阶低通滤波器

1）假设电阻和电容的容差均为 5%，仿真运行 50 次时计算输出电压 V_O 偏离正常值得范围；

2）假设电阻和电容的容差均为 10%，仿真运行 50 次时计算输出电压 V_O 偏离正常值得范围。

3.13　图 P3.13 所示为具有直流电压增益的米勒积分电路，假设电阻和电容的容差均为 5%，运放的输入阻抗为 $10^{10}\Omega$，输出阻抗为零，开环增益为 10^8，当输入信号的频率在 10Hz 至 20kHz 变化时，对输出电压 V_O 进行最坏情况分析。

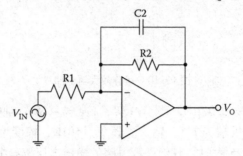

图 P3.13　具有直流增益的米勒积分电路

3.14　图 P3.14 所示为晶体管放大电路，RS = 150Ω，RB2 = 20kΩ，RB1 = 90kΩ，RE = 2kΩ，RC = 5kΩ，RL = 10kΩ，C1 = 2μF，CE = 50μF，C2 = 2μF，V_{CC} = 15V。假设电阻和电容的容差均为 5%，晶体管 Q1 为 Q2N2222，BF 为 100，容差为 40%，对静态工作点进行灵敏度和最差情况分析。

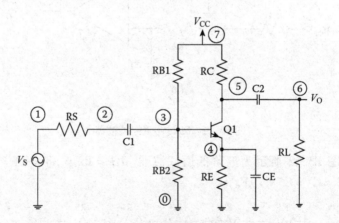

图 P3.14　晶体管放大电路

3.15　图 P3.15 所示为全桥整流电路，RL = 10kΩ，D1、D2、D3、D4 均为 D1N4009。当输入正弦信号的幅度为 10V，频率为 60Hz 时，求：

1）输出电压的傅里叶展开系数；

2）输出电压的有效值；

3）负载消耗功率；

4）如果负载电阻与 10μF 电容并联，利用 PROBE 显示输出电压的频谱。

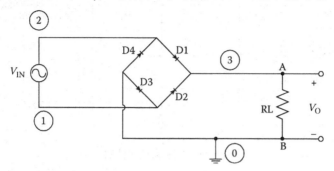

图 P3.15　全桥整流电路

3.16　图 P3.16b 为锯齿波波形，P3.16a 为 RC 网络，R1 = 2kΩ，C1 = 5μF，求：

1）锯齿波波形的频率组成；

2）输出电压总谐波失真 THD；

3）输出电压的有效值 rms。

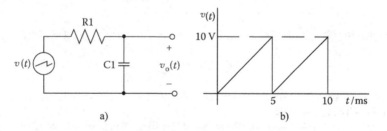

图 P3.16　a）RC 网络　b）输入锯齿波形

3.17　图 P3.17 所示为 RLC 电路，输入信号 $v_s(t)$ 为正弦波，R1 = 2kΩ，L1 = 3mH，C1 = 0.1μF。当 $v_s(t) = 10\sin(2000\pi t)$ 时，求输出电压 $v_o(t)$ 的频率成分及总谐波失真 THD。

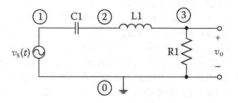

图 P3.17　RLC 电路

3.18　图 P3.18 所示为四阶高通滤波器，R1 = R2 = R3 = R4 = 2kΩ，C1 = C2 = C3 = C4 = 0.01μF。

1）如果电阻和电容的容差均为 5%，求输出电压 V_{OUT} 偏置正常值的范围，运行次数 50 次；

2）如果电阻和电容的容差均为 10%，求输出电压 V_{OUT} 偏置正常值的范围，运行次数 50 次。

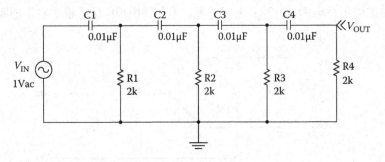

图 P3.18　四阶高通滤波器

3.19　某系统的拉普拉斯传递函数如下：

$$\frac{V_{OUT}}{V_{IN}}(s) = \frac{16s}{s^2 + 9s + 20}$$

如果系统的输入为阶跃信号，幅度为 2V，求系统的响应。

3.20　某系统的拉普拉斯传递函数如下：

$$\frac{V_{OUT}}{V_{IN}}(s) = \frac{10^4}{s^2 + 200s + 10^6}$$

如果系统的输入为正弦信号 $v_{IN}(t) = 10\sin(10^6 \pi t)$，求输出电压 $v_{OUT}(t)$。

参 考 文 献

1. Al-Hashimi, Bashir. *The Art of Simulation Using PSPICE, Analog, and Digital.* Boca Raton, FL: CRC Press, 1994.

2. Alexander, Charles K., and Matthew N. O. Sadiku. *Fundamentals of Electric Circuits.* 4th ed. New York: McGraw-Hill, 2009.

3. Attia, J. O. *Electronics and Circuit Analysis Using MATLAB®.* 2nd ed. Boca Raton, FL: CRC Press, 2004.

4. Connelly, J. Alvin, and Pyung Choi. *Macromodeling with SPICE.* Upper Saddle River, NJ: Prentice Hall, 1992.

5. Conrad, William R. "Solving Laplace Transform Equation Using PSPICE." *Computers in Education Journal,* Vol. 5, no. 1 (January–March 1995): 35–37.

6. Distler, R. J. "Monte Carlo Analysis of System Tolerance." *IEEE Transactions on Education,* Vol. 20 (May 1997): 98–101.

7. Ellis, George. "Use SPICE to Analyze Component Variations in Circuit Design," *Electronic Design News (EDN)* (April 1993): 109–14.

8. Eslami, Mansour, and Richard S. Marleau. "Theory of Sensitivity of Network: A Tutorial." *IEEE Transactions on Education,* Vol. 32, no. 3 (August 1989): 319–34.

9. Fenical, L. H. *PSPICE: A Tutorial.* Upper Saddle River, NJ: Prentice Hall, 1992.

10. Hamann, J. C, Pierre, J. W., Legowski, S. F. and Long, F. M. "Using Monte Carlo Simulations to Introduce Tolerance Design to Undergraduates," IEEE Trans. On

Education, Vol. 42, no. 1, pp. 1–14, (February 1999).

11. Hart, Daniel W. "Introducing Fourier Series Using PSPICE Computer Simulation." *Computers in Education, Division of ASEE* III, no. 2 (April–June 1993): 46–51.

12. Howe, Roger T., and Charles G. Sodini. *Microelectronics, An Integrated Approach.* Upper Saddle River, NJ: Prentice Hall, 1997.

13. Kavanaugh, Micheal F. "Including the Effects of Component Tolerances in the Teaching of Courses in Introductory Circuit Design." *IEEE Transactions on Education*, Vol. 38, no. 4 (November 1995): 361–64.

14. Keown, John. *PSPICE and Circuit Analysis.* New York: Maxwell Macmillan International Publishing Group, 1991.

15. Kielkowski, Ron M. *Inside SPICE, Overcoming the Obstacles of Circuit Simulation.* New York: McGraw-Hill, Inc., 1994.

16. Lamey, Robert. *The Illustrated Guide to PSPICE.* Clifton Park, NY: Delmar Publishers Inc., 1995.

17. Nilsson, James W., and Susan A. Riedel. *Introduction to PSPICE Manuel Using ORCAD Release 9.2 to Accompany Electric Circuits.* Upper Saddle River, NJ: Pearson/Prentice Hall, 2005.

18. OrCAD Family Release 9.2. San Jose, CA: Cadence Design Systems, 1986–1999.

19. Rashid, Mohammad H. *Introduction to PSPICE Using OrCAD for Circuits and Electronics.* Upper Saddle River, NJ: Pearson/Prentice Hall, 2004.

20. Roberts, Gordon W., and Adel S. Sedra. *Spice for Microelectronic Circuits.* Philadelphia, PA: Saunders College Publishing, 1992.

21. Sedra, A. S., and K. C. Smith. *Microelectronic Circuits.* 4th ed. Oxford: Oxford University Press, 1998.

22. Spence, Robert, and Randeep S. Soin. *Tolerance Design of Electronic Circuits.* London: Imperial College Press, 1997.

23. Soda, Kenneth J. "Flattening the Learning Curve for ORCAD-CADENCE PSPICE," *Computers in Education Journal,* Vol. XIV (April–June 2004): 24–36.

24. Svoboda, James A. *PSPICE for Linear Circuits.* 2nd ed. New York: John Wiley & Sons, Inc., 2007.

25. Thorpe, Thomas W. *Computerized Circuit Analysis with Spice.* New York: John Wiley & Sons, Inc., 1991.

26. Tobin, Paul. "The Role of PSPICE in the Engineering Teaching Environment." Proceedings of International Conference on Engineering Education, Coimbra, Portugal, September 3–7, 2007.

27. Tobin, Paul. *PSPICE for Circuit Theory and Electronic Devices.* San Jose, CA: Morgan & Claypool Publishers, 2007.

28. Tront, Joseph G. *PSPICE for Basic Circuit Analysis.* New York: McGraw-Hill, 2004.

29. Tuinenga, Paul W. *SPICE, A Guide to Circuit Simulations and Analysis Using PSPICE.* Upper Saddle River, NJ: Prentice Hall, 1988.

30. *Using MATLAB, The Language of Technical Computing, Computation, Visualization, Programming, Version 6.* Natick, MA: MathWorks, Inc., 2000.

31. Vladimirescu, Andrei. *The Spice Book.* New York: John Wiley and Sons, Inc., 1994.

32. Wyatt, Michael A. "Model Ferrite Beads in SPICE." In *Electronic Design*, October 15, 1992.

33. Yang, Won Y., and Seung C. Lee. *Circuit Systems with MATLAB® and PSPICE®.* New York: John Wiley & Sons, 2007.

第4章
MATLAB® 基础知识

MATLAB®是一款用于工程与科学计算的数值计算软件。MATLAB 全称为 MATRIX LABORATORY，最先应用于矩阵运算，并逐步集成图表，具有丰富的绘图功能。MATLAB 也提供编程环境，用户可以通过扩展功能模块来满足高精度需求。本章将介绍 MATLAB 的基本操作、控制语句和绘图函数。

4.1　MATLAB®基本运算

当启动 MATLAB®时，命令窗口将显示提示符 " >>"。MATLAB 此时准备接收输入数据或执行命令。如需退出 MATLAB，则输入命令：

exit 或 **quit**

MATLAB 提供在线帮助。如需查看 MATLAB 的帮助内容列表，则输入

Help

带函数名的 Help 命令可以获取特定的 MATLAB 函数信息。例如，获取如何使用快速傅里叶变换函数 FFT 的信息，可以输入命令：

help fft

MATLAB 中，基本数据对象是一个长方形的实数或复数数值矩阵。标量可以通过一个 1 * 1 矩阵进行表示。向量则被视为行或列的矩阵。MATLAB 没有维度或类型声明。一旦使用数据和变量，这些数据和变量将被自动分配存储空间。

MATLAB 语句的一般形式为

变量 = 表达式（variable = expression）

用户输入的表达式立即被 MATLAB 系统解析。如果一个 MATLAB 语句以分号结束，则 MATLAB 解析该语句并对结果进行显示处理。例如，A 矩阵为

$$A = \begin{bmatrix} 6 & 7 & 8 \\ 9 & 10 & 11 \\ 12 & 13 & 14 \end{bmatrix}$$

可以输入

```
A = [6  7  8;  9  10  11;  12  13  14];
```

输入矩阵时必须使用括号 [ ]，括号内每行数据之间用空白或者逗号隔开，除了最后一行之外，分号表示每一行的结束。A 矩阵也可以输入为

```
A = [6  7  8
     9  10  11
     12  13  14];
```

在这种情况下，回车符取代了分号。例如，包含四个数据的行向量 B 为

$$B = \begin{bmatrix} 30 & 40 & 60 & 90 & 71 \end{bmatrix}$$

在 MATLAB 中可以输入

```
B = [30  40  60  90  71];
```

或

```
B = [30, 40, 60, 90, 71];
```

为了增加可读性，在各数据之间使用空格而非逗号。行向量可以通过转置命令转化为列向量，输入

C = B′

输出结果为

```
C =
    30
    40
    60
    90
    71
```

列向量 C 的其他输入方式包含

```
C = [30
     40
     60
     90
     71]
```

或

```
C = [30; 40; 60; 90; 71]
```

MATLAB 对命名的变量、命令和函数严格区分，因此，b 和 B 是不同的变量。如果不想 MATLAB 区分大小写，则必须使用命令

casesen off

表 4.1 列出了部分 MATLAB 命令，通过 MATLAB 帮助或者 MATLAB 使用手册可以获取这些命令的详细描述和使用方法。

表 4.1　基本的 MATLAB® 命令

命令	描述
%	注释，所有出现在 % 后的命令均不被执行
demo	访问在线示例程序
length	矩阵长度
clear	清除工作区的变量或函数
clc	工作中清除命令窗口
clg	清除图形窗口
diary	在磁盘中保存会话，可用于稍后的打印

4.2　矩阵运算

矩阵的基本运算包括加法（+），减法（-），乘法（*）及共轭转置（'）。除上述基本运算外，MATLAB®还具有两种矩阵的除法形式，即左逆运算符 \ 或右逆运算符/。

相同维度的矩阵可以相加或者相减。因此，如果 MATLAB® 中矩阵 E 和 F 为

```
E = [21  25  30;  7  18  34;  70  16   8];
F = [1    7   3;  8  11   4;   2  11  13];
```

定义

```
G = E - F
H = E + F
```

那么，矩阵 G 和 H 将在屏幕上显示为

```
G =
    20  18  27
    -1   7  30
    68   5  -5

H =
    22  32  33
    15  29  38
    72  27  21
```

矩阵相乘时，两者的维数必须一致。因此，如果 X 是一个 $n*m$ 矩阵，Y 是一个 $i*j$ 矩阵，那么 $X*Y$ 时需要满足 $m=i$。由于矩阵 E 和矩阵 F 是 $3*3$ 矩阵，因此

```
Q = E*F
```

可得

```
Q =
    281  752  553
    219  621  535
    214  754  378
```

任何一个矩阵可以乘以一个标量。例如

```
2*Q
```

可得

```
ans =
    562  1504  1106
    438  1242  1070
    428  1508   756
```

请注意，如果一个变量名和"="符号被省略，那么另一个变量名 ans 将被自动创建。

矩阵除法可以是左除运算符 \ 或右除运算符/。右除操作 a/b 等于 a/b 的代数运算，而左除 a \ b 等于 b/a 的代数运算。

如果 $Z*I=V$，并且 Z 为非奇异，那么左除操作 $Z \backslash V$ 等价于 MATLAB 表达式

$$I = \text{inv}(Z) * V$$

inv 是 MATLAB 中获取矩阵的逆矩阵函数。

右除操作 V/Z 等价于 MATLAB 表达式

$$I = V * \text{inv}(Z) \tag{4.1}$$

除了 inv 函数，表 4.2 列出一些常用的 MATLAB® 函数。

表 4.2 常见的 MATLAB® 函数

函数	描述
abs(x)	计算的 x 绝对值
acos(x)	计算 $\cos^{-1}x$，单位为弧度
asin(x)	计算 $\sin^{-1}x$，单位为弧度
atan(x)	计算 $\tan^{-1}x$，单位为弧度
atan2(x)	计算四象限的 $\tan^{-1}$ (y/x)，单位为弧度
cos(x)	计算 cos (x)，单位为弧度
exp(x)	计算 e^x
log(x)	计算自然对数 $\log_e(x)$
sin(x)	计算 sin(x)，单位为弧度
sqrt(x)	计算 x 开平方
tan(x)	计算 tan(x)，单位为弧度

下面通过实例，利用 inv 函数确定阻性电路的节点电压。

实例 4.1 阻性网络的节点电压分析

在图 4.1 所示电路中，电阻单位为 Ω。列出节点方程，求解电压 V_1、V_2 和 V_3。

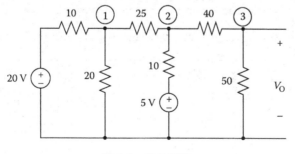

图 4.1 阻性网络

计算方法

使用 KCL 定律，假设电流以流出节点方向为正，对于节点 1 满足

$$\frac{V_1 - 20}{10} + \frac{V_1}{20} + \frac{V_1 - V_2}{25} = 0$$

简化后可得

$$0.19V_1 - 0.04V_2 = 2 \qquad (4.2)$$

节点 2 满足

$$\frac{V_2 - V_1}{25} + \frac{V_2 - 5}{10} + \frac{V_2 - V_3}{40} = 0$$

简化后可得

$$-0.03V_1 + 0.165V_2 - 0.025V_3 = 0.5 \qquad (4.3)$$

节点 3 满足

$$\frac{V_3}{50} + \frac{V_3 - V_2}{40} = 0$$

简化后可得

$$-0.025V_2 + 0.045V_3 = 0 \qquad (4.4)$$

式（4.2）~式(4.4) 的矩阵形式为

$$\begin{bmatrix} 0.19 & -0.04 & 0 \\ -0.04 & 0.165 & -0.025 \\ 0 & -0.025 & 0.045 \end{bmatrix} \begin{bmatrix} V_1 \\ V_2 \\ V_3 \end{bmatrix} = \begin{bmatrix} 2 \\ 0.5 \\ 0 \end{bmatrix}$$

利用 MATLAB® inv 函数获取节点电压，脚本文件为

```
% This program computes the nodal voltages
% given the admittance matrix Y and current vector I
% Y is the admittance matrix
% I is the current vector
% Initialize the matrix y and vector I using YV = I
Y = [0.19   -0.04    0;
    -0.04    0.165  -0.025;
     0      -0.025   0.045];
% current is entered as a transpose of row vector
I = [2   0.5   0]';
fprintf('Nodal voltages V1, V2, and V3 are \n')
V = inv(Y)*I
```

V_1、V_2 和 V_3 的计算结果如下：
```
V =
    11.8852
     6.4549
     3.5861
```

4.3 数组运算

数组运算本质为元素之间的运算。线性代数矩阵运算符 * / \ '可由符号

(.) 表示数组或元素之间的运算。因此，运算符 . * 、.\、./、.^分别表示元素与元素的乘法、左除、右除及 n 次方运算。对于加法和减法而言，数组运算与矩阵运算是一样的。

如果矩阵 K1 与 L1 的维数相同，则以 A1. * B1 表示 A1 和 B1 相应元素的乘积，如果

```
K1 = [1   7   4
      2   5   6];

L1 = [11  12  14
       7   4   1];
```

那么

```
M1 = K1.*L1
```

运算结果为

```
M1 =
     11  84  56
     14  20   6
```

数组的左除、右除运算还涉及元素与元素之间的操作。表达式 K1./L1 和 K1. \ L1 等价于矩阵 K1 和 L1 元素与元素之间的除法。如果

```
N1 = K1./L1
```

那么计算结果为

```
N1 =
     0.0909  0.5833  0.2857
     0.2857  1.2500  6.0000
```

如果

```
P1 = K1.\L1
```

那么计算结果为

```
P1 =
     11.0000  1.7143  3.5000
      3.5000  0.8000  0.1667
```

使用 . ^运算符的语句可以表示为

```
q = r1.^s1
```

如果 r1、s1 维数相同，那么 q1 的维数也与之一致，例如：

```
r1 = [4   3   7];
s1 = [1   4   3];
```

从而

```
q = r1.^s1
```

那么计算结果为

```
q1 =
     4  81  343
```

其中，运算元素也可以是标量。例如：

```
q2 = r1.^2
q3 = (2).^s1
```

计算结果为
```
q2 =
    16 9 49
q3 =
    2 16 8
```
当其中某一运算数据为标量时，所得矩阵的维数与矩阵运算维数一致。

4.4　复数运算

MATLAB®软件可以进行复数运算。复数输入可以使用函数 i 或者 j。例如，某复数 $z = 5 + j12$ 在 MATLAB 中可以表示为

$$z = 5 + 12 * i$$

或

$$z = 5 + 12 * j$$

同样，复数 $z1$ 可以表示为

$$z1 = 4\sqrt{3}\exp\left[\left(\frac{\pi}{3}\right)j\right]$$

在 MATLAB 软件中上述复数可以表示为

$$z1 = 4 * sqrt\ (3)\ * \exp\left[\left(\frac{pi}{3}\right) * j\right]$$

应当注意的是，当复数作为矩阵元素时，其括号内应避免任何空格。例如，$z2 = 5 + j12$ 在 MATLAB 中可以表示为

$$z2 = 5 + 12 * j$$

如果在 + 号旁有空格，例如：

$$z3 = 5 + 12 * j$$

则 MATLAB 认为它们为两个单独的数字，这样 $z3$ 与 $z2$ 就不相等了。

如果复数矩阵

$$y = \begin{bmatrix} 1 + j1 & 2 - j2 \\ 3 + j2 & 4 + j3 \end{bmatrix}$$

则在 MATLAB 中可以表示为

$$y = [1 + j\ 2 - 2 * j; 3 + 2 * j\ 4 + 3 * j]$$

其结果对应为
```
y =
    1.0000 + 1.0000i    2.0000 - 2.0000i
    3.0000 + 2.0000i    4.0000 + 3.0000i
```
如果是复数矩阵，那么（'）运算将产生共轭转置。因此
```
yp =y'
```
将产生

```
yp =
    1.0000 - 1.0000i    3.0000 - 2.0000i
    2.0000 + 2.0000i    4.0000 - 3.0000i.
```

对于一个复数矩阵的非共轭转置，可以使用点转置（.′）命令。例如：

```
yt = y.'
```

将得到

```
yt =
    1.0000 + 1.0000i    3.0000 + 2.0000i
    2.0000 - 2.0000i    4.0000 + 3.0000i
```

表4.3列举了几个用于处理复数运算的函数。

表 4.3　处理复数运算的 MATLAB® 函数

函数	描述
conj（Z）	获取复数 Z 的共轭复数，如果 Z = x + iy，则 conj(Z) = x − iy。
real（Z）	获取复数 Z 的实部
imag（Z）	获取复数 Z 的虚部
abs（Z）	计算复数 Z 的幅值
angle（Z）	计算复数 Z 的角度，通过 atan2（imag（Z），real（Z））来确定。

实例4.2　示波器探头电路的输入阻抗

图4.2为低频信号测量的示波器探头简化等效电路。如果 R1 = 9MΩ，R2 = 1MΩ，C1 = 10pF 及 C2 = 100pF。当输入信号为 20kHz 正弦波时，求输入阻抗值。

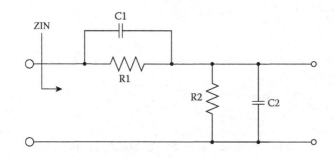

图4.2　示波器探头简化等效电路

计算方法

输入阻抗的计算表达式为

$$Z_{IN} = \left[\frac{1}{j\omega C_1} \parallel R_1 \right] + \left[\frac{1}{j\omega C_2} \parallel R_2 \right] = \frac{R_1}{1 + j\omega C_1 R_1} + \frac{R_2}{1 + j\omega C_2 R_2} \quad (4.5)$$

MATLAB®可以通过各种频率值 ω 来计算阻抗 Z_{IN}，MATLAB 程序为

```
% ZIN is input impedance
c1 = 10e-12; c2 = 100e-12;
r1 = 9e+6;        r2 = 1.0e+6;
w = 2*pi*20.0e + 3;
z1 = 1 + j*w*c1*r1;
z2 = 1 + j*w*c2*r2;
zin = (r1/z1) + (r2/z2);
zin
```

结果为

```
zin =
    7.6109e + 004 -8.6868e + 005i.
```

4.5 冒号

冒号符号（:）是 MATLAB®最重要的运算符之一。它可以用来创建向量和矩阵、指定子矩阵和向量及执行迭代。

（1）创建向量和矩阵。

例如：

```
j1 = 1:8
```

上述语句生成一个行向量，数值从 1 递增到 8。MATLAB 计算结果为

```
j1 =
    1    2    3    4    5    6    7    8
```

也可以生成不均匀向量，具有正向或负向增量。例如下面语句：

```
j2 = 4:-0.5:1
```

计算结果为

```
j2 =
  4.0000 3.5000 3.0000  2.5000 2.0000 1.5000 1.0000
```

例如语句

```
j3 = [(0:2:10); (5:-0.2:4)]
```

计算结果为

```
j3 =
  0       2.0000 4.0000  6.0000 8.0000 10.0000
  5.0000 4.8000 4.6000 4.4000 4.2000   4.0000
```

（2）指定子矩阵和向量。

可以使用圆括号内的下标指定矩阵的各个数据。例如，j2(4) 为向量 j2 的第 4 个元素，j3（2，3）为矩阵 j3 中第 2 行、第 3 列的数据。使用冒号作为下标来表示所有对应的行或列。例如，j3（:，4）为矩阵 j3 的第 4 列数据。下面语句：

```
j5 = j3(:, 4)
```

将输出

```
j5 =
  6.0000
  4.4000
```

同样语句 j3（2,:）表示矩阵 j3 的第 2 行，例如语句：

```
j6 = j3(2,:)
```

将输出

```
j6 =
   5.0000  4.8000  4.6000  4.4000  4.2000  4.0000
```

如果下标仅为冒号，如 j3（:），则将以列向量的形式表示矩阵 j3 数据，例如语句：

```
j7 = j3(:)
```

将输出

```
j7 =
        0
   5.0000
   2.0000
   4.8000
   4.0000
   4.6000
   6.0000
   4.4000
   8.0000
   4.2000
  10.0000
   4.0000
```

（3）迭代。

下面章节将讨论冒号命令中迭代功能的使用。

4.6　for 循环

for 循环允许一条语句或一组语句在固定次数内重复执行。for 循环的一般形式为

for 索引 = 表达式

　　语句组 C

end

表达式为矩阵，语句组 C 重复执行的次数由表达式矩阵列数据的数量决定，索引为矩阵表达式中的数据值。通用表达式形式为

m:n 或者 m:i:n

其中，m 为起始值；n 为结束值；i 为增量。

如果需要计算 1~50 所有整数的立方和，则可以使用下面语句求解：

```
sum = 0;
for i = 1:50
    sum = sum + i^3;
end
sum
```

for 循环可以进行嵌套，为便于阅读，建议将循环体缩写排列。假设需要使用同一数据来形成 5 * 6 矩阵 a，可以执行以下语句：

```
%
n = 5;                  %number of rows
m = 6;                  %number of columns
for i = 1:n
    for j = 1:m
    a(i,j) = 1;         %semicolon suppresses printing in the loop
    end
end
a                       %display the result
%
```

需要注意的是，每一个语句组必须以 end 字符结束。下面结合实例对 for 循环的使用进行详细的讲解。

实例 4.3　陷波滤波器的频率响应

陷波滤波器用来消除一个窄带宽频率，其传递函数为

$$H(s) = \frac{k_p(s^2 + \omega_0^2)}{s^2 + \left(\dfrac{\omega_0}{Q}\right)s + \omega_0^2} \tag{4.6}$$

如果 $k_p = 5$，$\omega_0 = 2\pi(5000)\,\mathrm{rad/s}$，$Q = 20$，计算当频率从 4500Hz 增加到 5500Hz，增量为 50Hz 时的 $|H(s)|$。

计算方法

当 $s = j\omega$，式（4.6）变为

$$H(j\omega) = \frac{k_p[(j\omega)^2 + \omega_0^2]}{(j\omega)^2 + \left(\dfrac{\omega_0}{Q}\right)j\omega + \omega_0^2} = \frac{k_p[\omega_0^2 - \omega^2]}{\omega_0^2 - \omega^2 + j\left(\dfrac{\omega_0}{Q}\right)\omega} \tag{4.7}$$

MATLAB®可以用来计算 ω 变化时的 $H(j\omega)$，其 MATLAB 脚本文件为

```
% magnitude of H(j )
kp = 5;      Q = 20;   w0 = 2*pi*5000;
kj = w0/Q;
%
for i = 1:21
  w(i) = 2*pi*(4500 + 50*(i-1));
  wh(i) = w0^2 - w(i)^2;
  h(i) = kp*wh(i)/(wh(i) + j*kj*w(i));
  h_mag(i) = abs(h(i));          % magnitude of transfer
  function
end
% print results
for k = 1:21
  w(k)/2*pi
  h_mag(k)
end
```

计算结果为

Frequency, Hz	Magnitude
4.4413e + 004	4.8654
4.4907e + 004	4.8335
4.5400e + 004	4.7898
4.5894e + 004	4.7278
4.6387e + 004	4.6363
4.6881e + 004	4.4949
4.7374e + 004	4.2643
4.7868e + 004	3.8651
4.8361e + 004	3.1428
4.8855e + 004	1.8650
4.9348e + 004	0
4.9842e + 004	1.8490
5.0335e + 004	3.1047
5.0828e + 004	3.8179
5.1322e + 004	4.2166
5.1815e + 004	4.4502
5.2309e + 004	4.5953
5.2802e + 004	4.6905
5.3296e + 004	4.7558
5.3789e + 004	4.8025
5.4283e + 004	4.8369

从上面的结果可以看出，陷波频率为493.48kHz。

4.7 if 语句

if 语句使用关系或逻辑运算符求解问题。在 MATLAB®软件中，对于两个维数相同的矩阵，可以利用表4.4所示关系运算符对其进行比较。

表 4.4 关系运算符

运算符	含义
<	小于
< =	小于或等于
>	大于
> =	大于或等于
= =	等于
~ =	不等于

如果使用上述关系运算符，则将对矩阵的相应数据进行比较，结果为是非矩阵，其中，1代表"真"；0代表"假"。

例如：
```
ca = [1  7  3  8  3  6];
cb = [1  2  3  4  5  6];
ca == cb
```
计算结果为
```
ans =
     1  0  1  0  0  1
```
1 表示向量 ca 和 cb 的元素相同，0 表示不同。

在 MATLAB 软件中，有三种逻辑运算符，见表 4.5。

表 4.5　逻辑运算符

逻辑运算符号	含义
&	与
!	或
~	非

逻辑运算常以 0-1 矩阵为基础，而 0-1 矩阵可以通过关系运算符产生。& 与 ! 运算符用来比较两个维数相同的矩阵。如果 A 和 B 都是 0-1 矩阵，那么 A&B 同样为 0-1 矩阵，其中，1 代表"真"；0 代表"假"。~ 为一元运算符。表达式 ~C 的含义为当 C 为零时返回 1，当 C 为非零时返回 0。

if 语句有简单 if 语句、嵌套 if 语句和 if-else 语句三种变化形式。

（1）简单 if 语句的一般形式为

if 逻辑表达式 1

　　语句组 G1

end

在简单 if 语句中，如果逻辑表达式 1 为"真"，则执行语句组 G1。但是，如果逻辑表达式为"假"，则语句组 G1 被跳过，程序跳转到 end 语句，继续执行后续语句。

（2）嵌套 if 语句的一般形式为

if 逻辑表达式 1

　　　　语句组 G1

　　if 逻辑表达式 2

　　　语句组 G2

　　end

　　　　语句组 G3

end

语句组 G4

程序控制过程为如果表达式 1 为"真"，则执行语句组 G1 和 G3。如果逻辑表达式 2 也为"真"，则语句组 G1 和 G2 将在执行语句组 G3 之前执行。如果逻辑表达式 1 为"假"，则将跳到语句组 G4，而不执行语句组 G1、G2 及 G3。

（3）if-else 语句允许当逻辑表达式为"真"时执行一条语句，而当逻辑表达式为"假"时执行另外一条语句，其一般形式为

if 逻辑表达式 1
　　　语句组 G1
　else
　　　语句组 G2
end

在上面的程序段中，如果逻辑表达式 1 为"真"，则执行语句组 G1；如果逻辑表达式 1 为"假"，则执行语句组 G2。

if-elseif 语句可以用来测试执行一组语句前的各种状态，if-elseif 语句的一般形式为

if 逻辑表达式 1
　　　语句组 G1
　else if 逻辑表达式 2
　　　语句组 G2
　else if 逻辑表达式 3
　　　语句组 G3
　else if 逻辑表达式 4
　　　语句组 G4
end

如果逻辑表达式 1 为"真"，那么执行语句组 G1。如果逻辑表达式 1 为"假"，而逻辑表达式 2 为"真"，则将执行语句组 G2。如果逻辑表达式 1、2 和 3 为"假"而逻辑表达式 4 为"真"，那么将执行语句组 G4。如果逻辑表达式都不为"真"，那么语句组 G1、G2、G3 和 G4 都将不会执行。上述例子中只使用到了三条 else if 语句，依据应用需要可以使用更多的 else if 语句。下面结合实例对 if 语句的使用进行具体介绍。

实例 4.4　非对称限幅器的输出电压计算

图 4.3 所示为限幅器电路。当输入电压超过或低于阈值电压时，电路的输出电压将被限制为特定值。如果限幅器的传递函数为

$$v_o(t) = 3.0\text{V}, \quad 如果\ v_s(t) > 3.0\text{V}$$
$$= v_s(t), \quad 如果\ -4.0\text{V} \leq v_s(t) \leq 3.0\text{V}$$
$$= -4.0\text{V}, \quad 如果\ v_s(t) < -4.0\text{V} \tag{4.8}$$

假如二极管压降为 0.7V，利用 MATLAB®程序求 0~24s 相应的输出电压值。

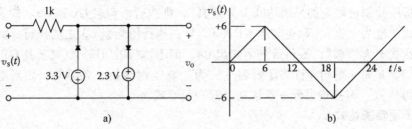

图 4.3　a) 限幅器电路　b) 输入电压

计算方法

MATLAB 程序如下：

```
% vo is the output voltage
% vs is the input voltage
%
%Generate the triangular wave
for   i = 1:25
     k = i-1;
     if i <= 7
         vs(i) = k;
     elseif  i >= 7 & i <= 19
         vs(i)= 12 - k;
     else
         vs(i) = -24 + k;
     end
end
% Generate output voltage using if statement
for j = 1:25
     if vs(j)>= 3.0
          vo(j) = 3.0;
     elseif vs(j) <= -4.0
          vo(j) = -4.0;
     else
          vo(j) = vs(j);
     end
end
% print results
vs
vo
```

计算输出结果为

```
vs =

Columns 1 through 12
    0   1   2   3   4   5   6   5   4   3   2   1

Columns 13 through 24
    0   -1  -2  -3  -4  -5  -6  -5  -4  -3  -2  -1
Column 25
    0
```

```
vo =

Columns 1 through 12
    0    1    2    3    3    3    3    3    3    3    2    1

Columns 13 through 24
    0   -1   -2   -3   -4   -4   -4   -4   -4   -3   -2   -1

Column 25
    0.
```

通过计算结果可以求得，输出电压被钳位在 3V 与 −4V 之间。

4.8 图形函数

MATLAB®内置多种图形函数，利用这些函数可以生成 x-y 坐标、极坐标、轮廓线、三维图及柱状图。MATLAB 程序允许用户为图形设置标题、x-y 坐标标注、图形网格，还可以对图形进行缩放。表 4.6 为 MATLAB 内置图形函数列表，用户可以使用 MATLAB 帮助文件获得更多图形函数信息。

表 4.6 图形函数

函数	描述
axis	设定坐标范围
bar	绘制柱状图
contour	绘制轮廓线
ginput	从鼠标输入十字图形
grid	图形增加网格
gtext	提供鼠标定位文本
histogram	提供直方图
loglog	日志与日志图
mesh	绘制三维网格图
meshdom	提供三维网格图域
pause	暂停绘图
plot	绘制线性 x-y 坐标图
polar	绘制极坐标图
semilogx	绘制半对数 x-y 坐标图（x 轴对数）
semilogy	绘制半对数 x-y 坐标图（y 轴对数）
stairs	绘制梯形图
text	在图形中指定位置放置文本
title	在图形中放置标题
xlabel	x 轴标注
ylabel	y 轴标注

4.8.1　x-y 坐标图与标注

图形函数可以生成线性 x-y 坐标图，有三种不同的形式：

1）**plot(x)**；

2）**plot(x, y)**；

3）**plot(x1, y1, x2, y2, x3, y3, … , xn, yn)**。

如果 x 为向量，则

plot(x)

命令利用向量 x 中的元素生成线性图形，MATLAB®将向量 x 中的元素按照其索引号由直线将点与点进行连接。如果 x 为矩阵，那么其每一列都将作为一条单独的曲线在同一图形中进行绘制。

如果 x 和 y 为长度相同的向量，则

plot(x, y)

命令将对 x 的元素（x 轴）及 y 的元素（y 轴）进行图形绘制。

如果在同一图形上绘制多条曲线，则可以使用多参数绘图命令，如：

plot(x1, y1, x2, y2, x3, y3, … , xn, yn)

变量 x1、y1、x2、y2 等均为成对向量。每一对 x-y 可以绘制产生多条曲线。以上绘图命令允许不同长度的向量显示在同一图形中，MATLAB 将对图形进行自动缩放。此外，可以保留当前绘图直至另一个绘图完成，在这种情况下，前一次的绘图将被删除。

当绘制图形时，可以为图形添加网格、标题、标注、x 轴和 y 轴等。添加网格、标题、x 轴标注、y 轴标注对应的命令分别为 grid（网格线）、title（图形标题）、xlabel（x 轴标注）及 ylabel（y 轴标注）。

在图形屏幕上某一点坐标（x, y）开始输入文本时，可以使用命令

text(x, y, 'text')

例如语句

```
text(2.0,1.5, 'transient analysis')
```

上述语句将文字"暂态分析"从坐标（2.0, 1.5）开始写入。也可以使用多文本命令，例如语句

```
plot(a1,b1,a2,b2)
text(x1,y1, 'voltage')
text(x2,y2, 'power')
```

上述语句会向 a1-b1、a2-b2 两条曲线提供文字，当 x1≠x2 或 y1≠y2 时这些文字将出现在屏幕的不同位置。

如果对图形默认显示的线条类型不满意，则也可以选择不同的符号进行替换，例如：

　　plot（a1, b1,‘ ＊ ’）
用星（＊）符号绘制曲线 a1 – b1，而
　　plot（a1, b1,‘ ＊ ’, a2, b2,‘ ＋ ’）
则使用星（＊）符号绘制第一条曲线，使用加（＋）符号绘制第二条曲线，其他类型的符号见表 4.7。

表 4.7　显示类型

线型	指示符	点类型	指示符
实线	–	点	.
虚线	– –	加号	+
圆点	:	星号	*
点画线	-.	圆	o
		x 图标	x

　　对于支持颜色的系统，可以使用语句指定图形颜色，如：
　　plot（x, y,‘g’）
即使用绿色绘制 x-y 曲线。线条和标记样式也可以添加到颜色类型中，例如命令：
　　plot（x, y,‘ ＋ w’）
上述语句使用白色的 + 标记绘制 x-y 曲线。其他可使用的颜色见表 4.8。

表 4.8　颜色符号

颜色	符号
红	r
绿	g
蓝	b
白	w
不可见	i

　　图形函数的参数可以是复数，如果 z 是一个复数向量，那么 plot（z）相当于 plot（real（z），imag（z））。下面结合实例阐述如何使用 plot、title、xlabel 及 ylabel 函数。

实例 4.5　幅度调制波形

　　某通信系统的幅度调制框图如图 4.4 所示。

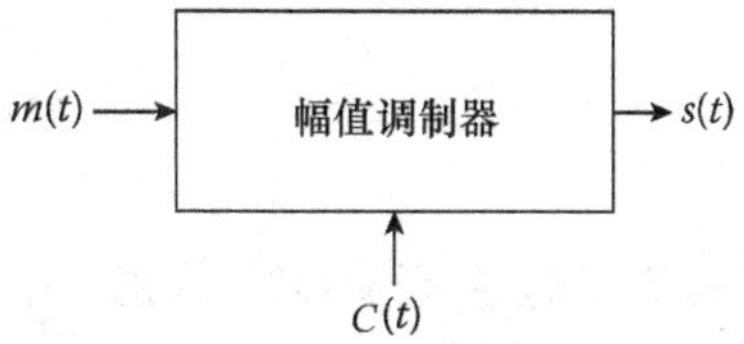

　　其双边带宽抑制载波 $s(t)$ 为

$$s(t) = m(t)C(t) \qquad (4.9)$$

　　如果

图 4.4　幅度调制器框图

$$m(t) = 2\cos(2000\pi t)\,\text{V} \tag{4.10}$$

$$C(t) = 10\cos(2\pi(10^6 t))\,\text{V} \tag{4.11}$$

从 $0 \sim 60\mu\text{s}$ 绘制 $s(t)$。

计算方法

MATLAB® 脚本程序如下：

```
% Amplitude modulated wave
% m(t) is the message signal
% c(t) is the carrier signal
% s(t) is the modulated wave
t = 0: 0.05e-6:3.0e-6;
k = length(t)
for i = 1:k
  m(i) = 2*cos(2*pi*1000*t(i));
  c(i) = 10*cos(2*pi*1.0e + 6*t(i));
  s(i) = m(i)*c(i);
end
plot(t, s, t, s,'o')
title('Amplitude Modulated Wave')
xlabel('Time in sec')
ylabel('Voltage, V')
```

上述程序对应的幅度调制波形如图 4.5 所示。

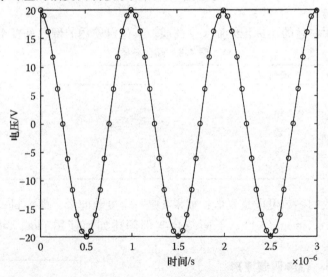

图 4.5　幅度调制波形

4.8.2　对数与 Plot3 函数

loglog、semilogx 及 semilogy 命令用于绘制对数和半对数图形，使用上述图形命令与前面章节讨论的绘图命令类似，其描述形式如下：

1）**loglog（x，y）**——生成 log10（x）- log10（y）的图形；

2）**semilogx（x，y）**——生成 log10（x）- y 轴的图形；

3）**semilogy（x，y）**——生成 x 轴 - log10（y）的图形。

由于负数和零不存在对数，因此，零或负值数据不能在 semilog 坐标或 loglog 坐标图中绘制。

plot3 函数可以绘制三维线图，该函数类似于二维 plot 函数。plot3 函数支持设定线型大小、线型样式及绘图颜色设置。最简单的 Plot3 函数形式为

plot（x，y，z）

其中，x、y、z 为点坐标和维度相等的数组。

下面结合实例阐述如何绘制对数图形。

实例 4.6 高通网络的幅频特性

表 4.9 为某高通网络的增益—频率对应数据，利用该数据绘制其增益—频率特性曲线。

表 4.9 高通网络的频率—增益数据

频率/Hz	增益/dB
30	15
50	20
100	25
200	35
500	50
1000	65
4000	85
6000	90
10000	92
50000	97
100000	99

计算方法

频率由对数刻度表示，增益由线性刻度表示，对应的 MATLAB® 脚本如下：

```
% magnitude characteristics
% freq is the frequency values
freq = [30   50   100   200   500   1000   4000   6000
10000   50000   100000];

% gain is the corresponding gain
gain = [15     20  25  35  50  65  85  90  92  97  99];
% use semilog to plot gain versus frequency
semilogx(freq, gain)
title('Characteristics of a High pass Network')
xlabel('Frequency in Hz')
ylabel('Gain in dB')
```

高通网络的幅频特性曲线如图 4.6 所示。

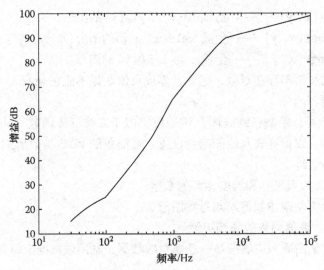

图 4.6　高通网络的增益—频率特性曲线

4.8.3　子窗口与屏幕控制

MATLAB®具备两种显示窗口，即命令窗口和图形窗口。下述命令可以用来选择或清除窗口：

1）**shg**——显示图形窗口；

2）**clc**——清除命令窗口；

3）**clg**——清除图形窗口；

4）**home**——主界面命令光标

图形窗口可以被分割成多个窗口。subplot 命令允许一个图形划分为两个子窗口或 4 个子窗口。两个子窗口可以设置为上下或左右分布。4 个子窗口将有两个子窗口在顶部，两个子窗口在底部。subplot 命令的一般形式为

subplot(i j k)

数字 i 和 j 指定将图形窗口划分成 i*j 个子窗口（按照 i 行 j 列进行排列）。数字 k 指定目前绘制第 k 个子窗口。子窗口按照从左至右、从顶至底的顺序进行编号。

例如，命令 subplot（3 2 4）将在当前图形中创建 6 个子窗口，并使子窗口 4 成为当前的绘图窗口，见表 4.10。

表 4.10　Subplot 命令 Subplot（3, 2, 4）的子窗口编号

1	2
3	4（当前窗口）
5	6

下面结合实例阐述如何使用 subplot 命令。

实例 4.7　施密特触发器电路的输入和输出电压

反相施密特触发器电路如图 4.7a 所示，$R1 = 1k\Omega$，$R2 = 19k\Omega$，$RS = 2k\Omega$。电路的传输特性如图 4.7b 所示。

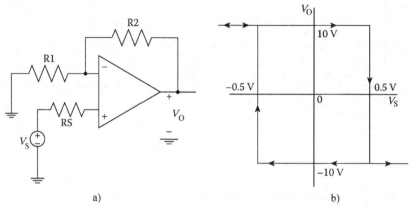

图 4.7　a) 施密特触发电路　b) 传输特性

如果输入电压 $v_s(t)$ 为噪声信号

$$v_s(t) = 1.5\sin(2\pi f_0 t) + 0.8n(t) \tag{4.12}$$

则当 $f_0 = 500\text{Hz}$ 及 $n(t)$ 为正态分布的白噪声时，编写 MATLAB® 程序求解输出电压，并绘制施密特触发器的输入和输出波形。

计算方法

如果 $v_o(t)$ 是 t 时刻的输出电压，则输入和输出电压关系可以表示为

$$
\begin{aligned}
v_o(t) &= -10V, &&\text{如果 } v_s(t) \geqslant 0.5V \\
&= -10V, &&\text{如果 } -0.5V < v_s(t) < 0.5V \text{ 及 } v_o(t-1) = -10V \\
&= +10V, &&\text{如果 } -0.5V < v_s(t) < 0.5V \text{ 及 } v_o(t-1) = +10V \\
&= +10V, &&\text{如果 } v_s(t) < -0.5V
\end{aligned}
\tag{4.13}
$$

采用 if 语句执行式 (4.13) 功能。

MATLAB® 脚本程序如下：

```
% vo is the output voltage
% vs is the input voltage
% Generate the sine voltage
t = 0.0:0.1e-4:5e-3;
fo = 500;    % frequency of sine wave
len = length(t)
for i = 1:len
    s(i) = 1.5*sin(2*pi*fo*t(i));
    % Generate a normally distributed white noise
    n(i) = 0.8*randn(1);
    % generate the noisy signal
    vs(i) = s(i) + n(i);
```

```
end
% calculation of output voltage
%
len1 = len -1;
for i = 1:len1
   if    vs(i + 1) >= 0.5;
      vo(i + 1) = -10;
   elseif  vs(i + 1) > -0.5 & vs(i + 1) < 0.5 & vo(i) ==
   -10
         vo(i + 1) = -10;
   elseif  vs(i + 1) > -0.5 & vs(i + 1) < 0.5 & vo(i) ==
   +10
         vo(i + 1) = 10;
      else
         vo(i + 1) = +10;
      end
end
%
% Use subplots to plot vs and vo
      subplot (211), plot (t(1:40), vs(1:40))
      title ('Noisy time domain signal')
      subplot (212), plot (t(1:40), vo(1:40))
      title ('Output Voltage')
      xlabel ('Time in sec')
```

由上述程序绘制的输入和输出电压波形如图 4.8 所示。

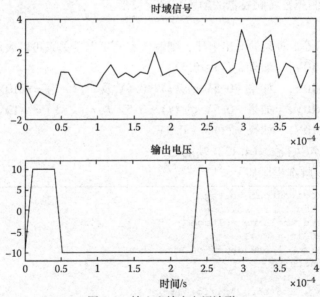

图 4.8　输入和输出电压波形

4.8.4　柱状图

bar 函数用于绘制柱状图，该命令的一般形式为

bar(x, y) ——创建垂直柱状图，其中 x 轴的值用来标识每一个柱状，y 轴的值用来标识该柱状的高度。bar 函数还有其他不同的形式，如：

1）**barh(x, y)** ——该函数用于创建水平柱状图。其中 x 轴的值用来标识每一个柱状，y 轴的值用来标识该柱状的水平长度。

2）**bar3(x, y)** ——该函数用于绘制三维柱状图。

3）**bar3h(x, y)** ——该函数与 barh (x, y) 类似，用于绘制三维柱状图。

4.8.5 直方图

hist 函数可以计算并绘制数据的直方图。直方图能够显示数值分布情况。该函数的一般格式如下：

1）**hist(x)** ——使用 10 bins 计算并绘制数据集合 x 的数值直方图。

2）**hist(x, n)** ——使用 n 等分 bins 计算并绘制数据集合 x 的数值直方图。

3）**hist(x, y)** ——计算并绘制数据集合 x 的数值直方图，使用向量 y 数值指定中心 bins。

实例 4.8 随机高斯数据绘图

绘制一组高斯分布数据的直方图，该组数据的平均值为 5，标准差为 1.5。

计算方法

随机数据 5000 个，满足高斯分布，其平均值为 5，标准差为 1.5，随机数据由下式产生：

$$R\_data = 1.5 * randn(500,1) + 5.0$$

使用 20 个均匀分布 bins 绘制随机高斯数据的直方图。

计算方法

MATLAB®脚本程序如下：

```
% Generate the random Gaussian data
r_data = 1.5*randn(5000,1) + 5.0;
hist(r_data, 20)
title('Histogram of Gaussian Data')
```

该组随机高斯数据的直方图如图 4.9 所示。

4.8.6 火柴杆图

stem 函数产生点线图或火柴杆图（将各点连接至 x 轴），通常用于绘制离散序列数据。其使用方法如下：

1）**stem(z)** ——绘制向量 z 的数据点，将其连接至水平坐标轴。使用可选字符串指定线型样式。

2）**stem(x, z)** ——依据 x 指定的值绘制 z 的数据点。

实例 4.9 两个离散数据之间的卷积

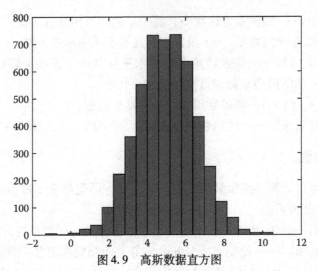

图 4.9　高斯数据直方图

　　两个离散数据 X 和 Y 之间的卷积定义为 Z = conv (X, Y)。如果 X = ［0 1 2 3 4 3 2 1 0］, Y = ［0 1 2 1 0］, 求解 Z, 并绘制 X、Y 和 Z。

计算方法

MATLAB® 脚本程序如下：

```
% The convolution function Z = conv(X, Y) is used
X = [0 1 2 3 4 3 2 1 0];
Y = [0 1 2 1 0];
Z = conv(X, Y);
stem(Z), title('Convolution Between X and Y')
```

计算结果如图 4.10 所示。

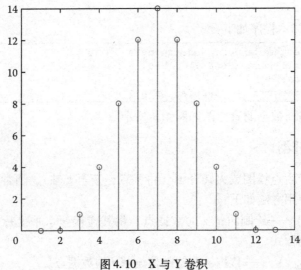

图 4.10　X 与 Y 卷积

4.9 输入/输出命令

MATLAB®提供窗口信息输入及数据输出命令，输入/输出命令包括 echo、input、pause、keyboard、break、error、display、format 及 fprintf。上述命令的简单描述见表 4.11。

表 4.11　部分输入/输出命令

命令	描述
break	在 while 循环或 for 循环时中断退出
disp	显示文本或矩阵
echo	在执行过程中显示 m 文件
error	显示错误信息
format	输出显示为特定格式
fprintf	显示文本和矩阵，并指定打印格式
input	允许用户输入
pause	暂停 m 文件以停止执行，按任意键中断程序执行

Break

break 命令可以用于终止 for 循环。如果 break 命令在嵌套循环的最内层，则 break 命令将仅退出该层循环。break 命令对于循环体检测到错误条件时的退出具有独特优势。

Disp

disp 命令显示矩阵但不显示其名称。它也可以用于显示文本字符串。disp 命令的一般形式为

disp(x)

disp('text string')

disp（x）将显示矩阵。另一种显示矩阵 x 的方法为输入其名称，但该方法并不总实用，因为屏幕显示将首先以" x ="开头。disp（'text string'）显示引号内的文本字符串。例如 MATLAB 语句：

disp（'3-by-3 单位矩阵'）

将显示：

3-by-3 identity matrix

Echo

echo 命令可以用于调试、允许命令执行。echo 可以被启用或禁用。

echo on 显示其后所有执行文件的指令

echo off 不显示其后所有执行文件的指令

echo 在上述两种方式之间切换，变换显示状态

Error

error 命令使程序从 m 文件（在第 4 章已讨论）返回误差至键盘，并显示用户的注释消息。error 命令的一般形式为

Error（'提示信息'）

例如如下 MATLAB 语句：

x = input （'输入学生年龄'）;

if x < 0

    error （'输入年龄错误，请重试'）

end

x = input （'输入学生年龄'）

Format

format 可以控制输出格式。表 4.12 列出了一些 MATLAB 可用格式。默认情况下，MATLAB 以"短"格式（五个有效位数）显示数值；Format compact 将矩阵之间以紧凑换行显示，从而允许屏幕上显示更多的信息；Format loose 则转换成为不紧凑显示。Format compact 和 Format loose 不影响数字格式。

表 4.12　格式显示

命令	含义
format short	5 个有效的十进制位数
format long	15 个有效位数
format short e	5 个有效位数，科学计数法
format long e	15 个有效位数，科学计数法
format hex	十六进制格式
format +	如果值为正则显示 +，如果为负则显示 -；如果值为零，则跳过空格

Fprintf

fprintf 函数用于输出文本和矩阵值，而且可以指定其输出格式及线型。此命令的一般形式为

fprintf（'指定格式规范的文本'，矩阵）

例如以下语句：

```
res = 1.0e+6;
fprintf('The value of resistance is %7.3e Ohms\n', res)
```

执行上述命令时的输出为

```
The value of resistance is 1.000e+006 Ohms
```

格式说明符% 7. 3e 用来显示矩阵值在文本中的显示格式, 7. 3e 表明电阻值采用 7 位数的指数表示法进行显示, 其中三位为十进制数。其他的格式说明符包括:

% c——单字符;

% d——十进制计数法 (带符号);

% e——指数计数法 (用小写字母 e, 如 2. 051e + 01);

% f——定点计数法;

% g——无论是% e 或% f 格式, 均以带符号十进制计数法显示。

指定格式规范的文本应以 \ n 结束本行, 也可以使用 \ n 进行换行, 例如:

```
r1 = 1500;
fprintf('resistance is \n%f Ohms \n',r1)
```

输出结果为

```
resistance is
1500.000000 Ohms
```

Input

input 命令将在屏幕上显示用户编写的文本字符串, 并等待从键盘输入, 将键盘输入的数字作为变量值。如果用户输入单个数字, 则可以直接输入该数字。但是, 如果用户输入为数组, 则必须在括号内输入。任何情况下, 任意类型的输入均被存储在变量中。例如, 如果输入命令

```
r = input('Please enter the three resistor values');
```

当执行上面的命令时, 文本 "请输入三个电阻值" 将显示在终端屏幕上, 用户此时可以输入一个表达式, 例如:

```
[12   14   9]
```

变量 r 将被分配向量 [12　14　9]。如果用户敲击回车键即不输入任何值, 则此时变量 r 将被分配为空矩阵。

将用户输入的字符串作为文本变量进行返回时, input 命令可以采取以下形式:

```
x = input(' 输入提示字符串 ', 's')
```

例如命令:

```
x = input('What is the title of your graph', 's')
```

当执行该命令时, 会在屏幕上显示 "您的图题是什么", 用户可以输入字符串, 如 "电压 (mV) 对比电流 (mA)", 得到:

```
x =
'Voltage (mV) versus Current (mA) '
```

Pause

pause 命令用来停止执行 m 文件。按任何键恢复执行 m 文件。pause 命令的一般形式为

pause

pause（n）

pause 停止执行 m 文件直到按下任意键，pause（n）停止执行 m 文件 n 秒后继续执行该文件。当程序执行过程中遇到绘图命令时，pause 命令可以用来临时停止执行 m 文件，如果不使用 pause，则图形将同步显示。

下面结合实例阐述 MATLAB 程序中 input、fprint 和 disp 命令的具体使用。

实例 4.10   串联电阻的等效阻值

编写 MATLAB® 程序，接收串联电阻值并求其等效电阻值。电阻值由键盘输入。

计算方法

由 MATLAB input 命令接收输入数据，fprint 命令输出结果，disp 命令显示文本字符串。

MATLAB® 脚本程序如下：

```
% input values of the resistors in input order
%
%
disp('Enter resistor values with spaces between them and
enclosed in brackets')
res = input('Enter resistor values')
num = length(res);    % number of elements in array res
requiv = 0;
  for i = 1:num
    requiv = requiv + res(i);
end
%
fprintf('The Equivalent Resistance is %8.3e Ohms',
requiv)
```

当输入 [2 3 7 9] 时输出结果为：

```
res =
    2    3    7    9
The Equivalent Resistance is 2.100e + 001 Ohms
```

本 章 习 题

4.1 求解图 P4.1 所示网络中 V_1、V_2、V_3 和 V_4 的节点电压值。电阻单位为 Ω。

4.2 求解图 P4.2 所示网络中 V_1、V_2、V_3 和 V_4 的节点电压。电阻单位为 Ω。

4.3 应用回路分析法求解图 P4.3 所示电路中的电流 I_0。电阻单位为 Ω。

4.4 求解梯形网络中的回路电流 I_1、I_2 及 I_3。电阻单位为 Ω。

4.5 简化以下复数，并以矩形和极坐标图进行表示。

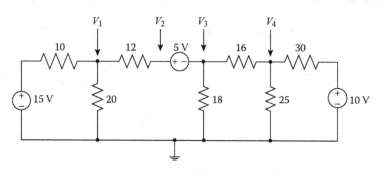

图 P4.1　习题 4.1 电路

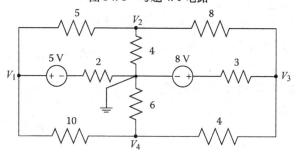

图 P4.2　习题 4.2 电路

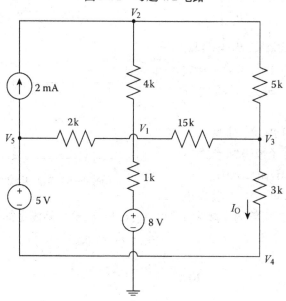

图 P4.3　习题 4.3 电路

1) $za = 18 + j12 + \dfrac{(20 + j40)(5 - j15)}{25 + j25}$

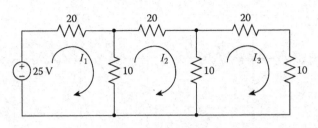

图 P4.4 梯形网络

2) $zb = \dfrac{10(-5+j13)(4+j4)}{(1+j2)(2+j5)(-5+j3)}$

3) $zc = 0.2 + j7 + 4.7e^{j0.5} + (2+j3)e^{-j0.6\pi}$

4.6 求解图 P4.6 所示电路的输入阻抗。阻抗单位为 Ω。

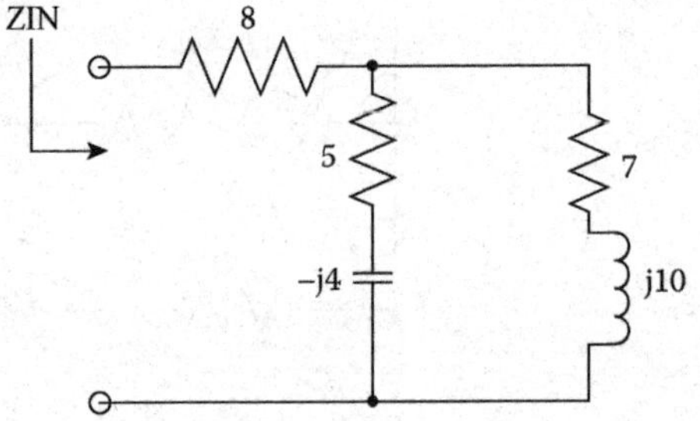

4.7 运算放大器的闭环增益 G, 有限开环增益 A 为

$$G = \dfrac{-\dfrac{R_2}{R_1}}{1 + \left(\dfrac{1+\dfrac{R_2}{R_1}}{A}\right)}$$

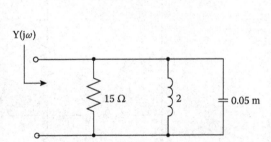

图 P4.6 习题 4.6 电路

假设 $R_1 = 20\text{k}\Omega$, $R_2 = 1\text{k}\Omega$, 求开环增益值为 10^2、10^3、10^4、10^5、10^6 和 10^7 时对应的闭环增益。

4.8 对于图 P4.8, 求解以下频率的等效导纳（极坐标形式）: 1kHz、4kHz、7kHz 和 10kHz。

图 P4.8 RLC 并联电路

4.9 如图 P4.9 所示限幅电路中, 假设导通二极管的压降为 0.7V, $i_s(t)$ 与 $v_s(t)$ 之间满足如下关系:

$$i_s(t) = 0, \qquad 若 -6\text{V} < v_s(t) < 3\text{V}$$

$$= \dfrac{v_s(t) - 3}{2000}, 若\, v_s(t) > 3\text{V}$$

$$= \dfrac{v_s(t) + 6}{1000}, 若\, v_s(t) < -6\text{V}$$

假设 $v_s(t)$ 为方波, 峰值为 10V, 平均值为 0V, 周期为 4ms, 绘制一个周期时间内输入电压对应的输入电流 $i_s(t)$。电阻单位为 Ω。

4.10 某 MOSFET 的漏极电流计算公式为

$$i_{DS} = k_p (V_{GS} - V_T)^2 A$$

当 $V_T = 0.8V$，$k_p = 4mA/V^2$，绘制 V_{GS} 为 2V、2.5V 和 3V 分别对应的 i_{DS} 值。

4.11　图 P4.11 所示电路的等效阻抗为

$$z(j\omega) = R + \frac{j\omega L}{1 - \omega^2 LC}$$

假设 $L = 1mH$，$C = 10\mu F$，$R = 100\Omega$，绘制 $\omega = 10$、100、1000、1.0e04 和 1.0e05rads/s 时的输入阻抗幅频特性曲线。

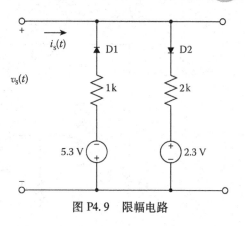

图 P4.9　限幅电路

4.12　某电路的等效阻抗定义为

$$z(j\omega) = R + j\omega L - \frac{j}{\omega C}$$

假设 $L = 1mH$，$C = 0.01\mu F$，$R = 10\Omega$，绘制输入阻抗幅频特性曲线。

4.13　使用 stem 函数绘制两组离散数据 X 和 Y 之间的卷积，如果

1）X = [0 1]，Y = [0 1 1 0 1 1 0]

2）X = [1 2 4 6 8 6 4 2 1]，Y = [1 0 1]

3）X = [0 -1 0 1 0 -1 0 1]，Y = [2 0 1 0 -1 0 -2 0].

4.14　求如图 P4.14 所示的回路电流。

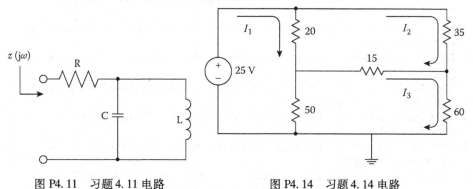

图 P4.11　习题 4.11 电路　　　　图 P4.14　习题 4.14 电路

4.15　计算 10Ω 电阻和电压 V_0 的功率损耗。

4.16　二极管的电压 v_D 及 i_D 关系式为

$$i_D = I_S \exp\left(\frac{v_D}{nV_T}\right)$$

如果 $I_S = 10 - 16$，$n = 1.5$，$V_T = 26mV$，绘制二极管电压 v_D 从 0 变化到

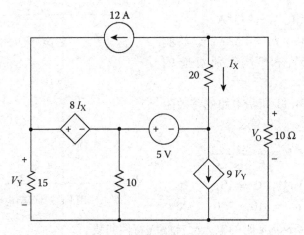

图 P4.15　习题 4.15 电路

0.65V 时漏极电流 i_D 的波形。

参 考 文 献

1. Attia, J. O. *Electronics and Circuit Analysis Using MATLAB®*. 2nd ed. Boca Raton, FL: CRC Press, 2004.
2. Biran, A., and M. Breiner. *MATLAB® for Engineers*. White Plains, NY: Addison-Wesley, 1995.
3. Boyd, Robert R. *Tolerance Analysis of Electronic Circuits Using MATLAB®*. Boca Raton, FL: CRC Press, 1999.
4. Chapman, S. J. *MATLAB® Programming for Engineers*. Tampa, FL: Thompson, 2005.
5. Davis, Timothy A., and K. Sigmor. *MATLAB® Primer*. Boca Raton, FL: Chapman & Hall/CRC, 2005.
6. Etter, D. M. *Engineering Problem Solving with MATLAB®*. 2nd ed. Upper Saddle River, NJ: Prentice Hall, 1997.
7. Etter, D. M., D. C. Kuncicky, and D. Hull. *Introduction to MATLAB® 6*. Upper Saddle River, NJ: Prentice Hall, 2002.
8. Gilat, Amos. *MATLAB®, An Introduction With Applications*. 2nd ed. New York: John Wiley & Sons, 2005.
9. Gottling, J. G. *Matrix Analysis of Circuits Using MATLAB®*. Upper Saddle River, NJ: Prentice Hall, 1995.
10. Hahn, Brian D., and Daniel T. Valentine. *Essential MATLAB® for Engineers and Scientists*. 3rd ed. New York and London: Elsevier, 2007.
11. Herniter, Marc E. *Programming in MATLAB®*. Florence, KY: Brooks/Cole Thompson Learning, 2001.
12. Howe, Roger T., and Charles G. Sodini. *Microelectronics, An Integrated Approach*. Upper Saddle River, NJ: Prentice Hall, 1997.
13. Moore, Holly. *MATLAB® for Engineers*. Upper Saddle River, NJ: Pearson Prentice Hall, 2007.
14. *Using MATLAB®, The Language of Technical Computing, Computation, Visualization, Programming, Version 6*. Natick, MA: MathWorks, Inc. 2000.

第 5 章

MATLAB® 函数

本章主要讨论如何利用 MATLAB® 函数处理 PSpice 仿真数据。首先介绍 m 文件（脚本与函数文件），然后介绍一些 MATLAB 自带的数学和统计函数，尤其对 diff、quad、quad8 和 fzero 四种函数进行详细介绍。最后介绍输入/输出函数，以及如何利用 MATLAB 软件对 PSpice 仿真数据进行处理。

5.1　M 文件

通常情况下，输入单行命令，MATLAB® 将立即执行该命令并输出结果。MATLAB 也能够处理存储于 *.M 文件的命令序列。文件类型扩展名为 m 的 MATLAB 文件就称为 m 文件，其本质上是由文本编辑器或文字处理器创建的 ASCII 文本文件。

通过 MATLAB 中的 what 指令显示当前硬盘目录下的 m 文件列表，type 指令显示指定文件的内容。

m 文件可以是脚本也可以是函数，脚本和函数文件均含有命令行。但是函数文件可以接收参数和返回数值。

5.1.1　脚本文件

当用 MATLAB® 求解复杂问题时，需要很长的函数命令，这时使用脚本 m 文件分析和解决问题就会非常方便。利用文本编辑器或文字处理器编写脚本 m 文件，该文件可以在 MATLAB 命令窗口中直接输入文件名运行。脚本 m 文件中的语句可以直接对工作空间中的数据进行操作。

通常情况下运行脚本 m 文件时，命令行并不显示，但是 MATLAB 的 echo 命令可以用来显示正在运行中的 m 文件。MATLAB 程序实例 5.1～实例 5.8 均使用脚本 m 文件。

5.1.2　函数文件

函数 m 文件可用于创建新的 MATLAB® 函数，函数文件中定义和操作的变量只面向该函数内部，不能作为全局变量运行于工作空间。但是参数可以由外或向内传递给函数 m 文件。

函数 m 文件一般形式表示如下：

function variable(s) = function _ name (arguments)

% help text in the usage of the function

%

.

.

以下为编写函数 m 文件的要点总结：

1）关键字 function 作为函数 m 文件的第一个字，然后依次为输出参数、等号、函数名，函数名之后的所有参数均放在圆括号内。

2）函数声明行之后为帮助文字，以符号% 开始，用于解释函数的使用方法及所传递的参数含义。当获取函数帮助时，显示该函数的帮助文件。

3）MATLAB 允许接收多输入及多输出返回参数。

4）如果函数需要返回多个变量值，则所有变量都应该在函数定义时以矢量形式返回，例如：

$$\text{function[mean, variance] = data \_ in(x)}$$

上述语句将矢量 x 的平均值和方差同时返回，二者均由内部函数进行计算。

5）如果一个函数具有多个输入参数，则当对函数定义时必须列出所有输入参数，例如：

$$\text{function[mean, variance] = data(x, n)}$$

下面结合实例对 m 文件的使用方法进行具体说明。

实例 5.1　并联电阻的等效阻值

编写函数 m 文件，计算并联电阻 R1、R2、R3⋯Rn 的等效阻值。

计算方法

MATLAB® 脚本程序如下：

```
function req = equiv_pr(r)
% equiv_pr is a function program for obtaining
%      the equivalent resistance of series
%      connected resistors
% usage: req = equiv_pr(r)
%      r is an input vector of length n
%
n = length(r);  % number of resistors
tmp = 0.0;
for i = 1:n
  tmp = tmp + 1/r(i);
end
req = 1/tmp;
```

上述 MATLAB 程序的 m 文件保存在 equiv _ pr. m。

　　如果计算阻值分别为 2Ω、6Ω、7Ω、9Ω 和 12Ω 的电阻并联后的等效阻值，则在 MATLAB 命令窗口中输入如下命令调用函数 equiv _ pr：

```
a = [2 6 7 9 12];
Rparall = equiv_pr(a)
```

MATLAB 返回结果如下：

```
Rparall =
        0.9960
```

计算得等效阻值为 0.996Ω。

5.2　数学函数

　　表 5.1 列出部分 MATLAB® 中可用的数学函数及其功能。

表 5.1　常用数学函数

函数名	函数功能
abs（x）	求复数的绝对值 ｜x｜
acos（x）	求反余弦 $\cos^{-1}$（x），结果以弧度表示
angle（x）	求复数的的相角，结果以弧度表示
asin（x）	求反正弦 $\sin^{-1}$（x），结果以弧度表示
atan（x）	求反正切 $\tan^{-1}$（x），结果以弧度表示
atan2（x, y）	在四象限中求 $\tan^{-1}$（y/x）的角度，结果以弧度表示，范围在 $-\pi \sim +\pi$
ceil（x）	求大于或等于 x 的最小整数，例如 ceil（4.2）=4; ceil（-3.3）= -3
conj（x）	求复数的共轭，例如 x = 3 + j7; conj（x）= 3 - j7
cos（x）	求余弦 cos（x），x 为弧度
exp（x）	求指数函数 e^x
fix（x）	求小于或等于 x 的最小整数，例如 fix（4.2）=4, fix（3.3）=3
floor（x）	求不大于 x 的最大整数，例如 floor（4.2）=4 and floor（3.3）=3
imag（x）	求复数 x 的虚部
log（x）	求自然对数 $\log_e$（x）
log10（x）	求常用对数 $\log_{10}$（x）
real（x）	求复数 x 的实部
rem（x, y）	求整除 x/y 的余数
round（x）	四舍五入取整
sin（x）	求正弦 sin（x），结果以弧度表示
sqrt（x）	求平方根
tan（x）	求正切

实例 5.2　生成全波整流器波形

全波整流器波形可以由流经绝对值探测器的信号生成，该探测器的结构如图

5.1 所示，若输入信号为 $x(t) = 10\sin$ $(120\pi t)$，且 $y(t) = |x(t)|$，编写 MATLAB® 程序绘制 $x(t)$ 和 $y(t)$ 的波形。

计算方法

MATLAB® 脚本程序如下：

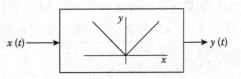

图 5.1   绝对值探测器电路结构图

```
% x(t) in the input
% y is the output
period = 1/60;
period2 = 2*period;
inc = period/100;
npts = period2/inc;
for i = 1:npts
    t(i) = (i-1)*inc;
    x(i) = 10*sin(120*pi*t(i));
    y(i) = abs(x(i));
end
% plot x and y
subplot(211), plot(t,x)
ylabel('Voltage,V')
title('Input signal x(t)')
subplot(212), plot(t,y)
ylabel('Voltage,V')
xlabel('Time in seconds')
title('Output Signal y(t)')
```

结果如图 5.2 所示，从图形可以看出输出信号为输入信号的全波整流。

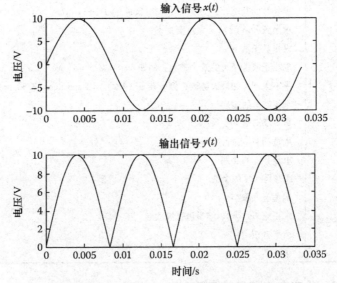

图 5.2   输入正弦波 $x(t)$ 得到输出波形 $y(t)$

5.3　数据分析函数

在 MATLAB® 软件中，数据分析面向列矩阵进行计算，不同的变量储存在各自的列单元中，每一行代表每个变量的不同观测值。例如，一段由 4 个变量经 10 次采样得到的数据将以 10 * 4 矩阵表示。数据分析函数作用于列矩阵中的元素，表 5.2 列出 MATLAB 软件中多种数据分析函数及其简要功能介绍。

表 5.2　数据分析函数

函数名	函数功能
corrcoef(x)	求 x 的相关系数矩阵
cov(x)	求 x 的协方差矩阵
cross(x, y)	求矢量 x 和 y 的叉积
cumprod(x)	求矢量的累积连乘，如果 x 是一向量，将返回一包含 x 各元素累积连乘的结果的向量，元素个数与原向量相同。如果 x 是一矩阵，将返回一和 x 同样大小的，包含 x 每一列向量累积连乘的结果的矩阵
cumsum(x)	求 x 的累加和，返回与 x 同样大小的矩阵或向量
diff(x)	求 x 的微分，微分函数将在 5.3 节详述
dot(x, y)	求矢量 x 和 y 的点积
hist(x)	绘制 x 的直方图
max(x)	求 x 的最大值，如果 x 是一矩阵，返回含有每一列元素最大值的行矢量
[y, k] = max(x)	求 x 的最大值以及每一列第一个最大值的位置
mean(x)	求矢量 x 中所有元素的的平均数或者均值，如果 x 是一矩阵，返回一个含有每一列平均数的行矢量
median(x)	求矢量 x 中所有元素的中值，如果 x 是一矩阵，返回一个含有每一列中值的行矢量
min(x)	求 x 的最小值，如果 x 是一矩阵，返回含有每一列元素最小值的行矢量
[y, k] = min(x)	求 x 的最小值以及每一列第一个最小值的位置
prod(x)	求 x 所有元素的乘积，若 x 为一矩阵，返回一个含有每一列所有元素乘积的行矢量
rand(n)	产生随机数，若 n = 1，返回一个随机数，若 n > 1，返回一个 n * n 矩阵的随机数，所有产生的随机数都均匀分布于间 [0, 1]
rand(m, n)	产生一个 m * n 矩阵的随机数，所有随机数都均匀分布于区间 [0, 1]
rand('seed', n)	将随机数生成器的随机数种子设为 n，如果具有相同随机数种子的指令被重复调用，随机数的顺序也将一致

（续）

函数名	函数功能
rand('seed')	返回随机数生成器的随机数种子的当前值
rand(m, n)	产生一个 m∗n 矩阵的随机数，所有随机数都均匀分布于区间 [0, 1]
randn(n)	产生一个 n∗n 矩阵的随机数，所有随机数服从均值为 0，方差为 1 的正态分布
randn(m, n)	产生一个 m∗n 矩阵的随机数，所有随机数服从均值为 0，方差为 1 的正态分布 将服从均值为 0，方差为 1 的正态分布的随机数 r_n 转换成服从均值为 μ，方差为 σ 的正态分布，可以使用如下转换公式： $$X = \sigma \cdot r_n + \mu$$ 因此，若要生成 200 个服从均值为 4，方差为 2 的正态分布的随机数，可以使用如下公式： $$data\_g = 2. \, randn \, (1, 200) + 4$$
sort(x)	将一矩阵 x 中的元素按照升序排列
std(x)	如果 x 是一维数组，则计算并返回 x 的标准差；如果 x 是一矩阵，则返回一含有矩阵每一列的标准差的行矢量
sum(x)	计算并返回 x 中所有元素之和，如果 x 为一矩阵，则返回一含有矩阵每一列元素之和的行矢量
trapz(x, y)	用梯形法求函数 y = f (x) 的积分，本章 5.5 节将详细讨论此函数

实例 5.3　电阻值统计

3 个电阻箱分别含有数量不等的 1kΩ、10kΩ 和 50kΩ 电阻，阻值由万用表测得，表 5.3 给出了 3 个电阻箱中的 10 个电阻值，求每个电阻箱的平均值、中位数及标准差。

表 5.3　电阻箱中的阻值抽样数据

编号	1kΩ 电阻箱	10kΩ 电阻箱	50kΩ 电阻箱
1	1050	10, 250	50, 211
2	992	9850	52, 500
3	1021	10, 460	47, 270
4	980	9752	53, 700
5	1070	10, 102	48, 800
6	940	9920	51, 650
7	1005	10, 711	49, 220
8	998	9520	54, 170
9	1021	10, 550	46, 840
10	987	9870	51, 100

计算方法

将表 5.3 中所示阻值存成一个 3 * 10 的矩阵 y。

MATLAB® 脚本程序如下：

```
% This program computes the mean, median, and standard
% deviation of resistors in bins
% the data is stored in matrix y
y = [1050 10250 50211;
992     9850    52500;
1021    9850    52500;
980     9752    53700;
1070    10102   48800;
940     9920    51650;
1005    10711   49220;
998     9520    54170;
1021    10550   46840;
987     9870    51100];
%
% Calculate the mean
mean_r = mean(y);
% Calculate the median
median_r = median(y);
% Calculate the standard deviation
std_r = std(y);
% Print out the results
fprintf('Statistics of Resistor Bins\n\n')
fprintf('Mean of 1K,10K, 50K bins,respectively:%7.3e,
%7.3e, %7.3e \n', mean_r)
fprintf('Median of 1K, 10K, 50K bins: respectively :%7.3e,
%7.3e, %7.3e\n', median_r)
fprintf('Standard Deviation of 1K, 10K, 50K bins,
respectively:%7.8e, %7.8e , %7.8e \n', std_r)
```

计算结果如下：

```
Statistics of Resistor Bins
Mean of 1 K,10 K, 50 K bins, respectively: 1.006e + 003,
1.004e + 004, 5.107e + 004;
Median of 1 K, 10 K, 50 K bins, respectively: 1.002e + 003,
9.895e + 003, 5.138e + 004;
Standard Deviation of 1 K, 10 K, 50 K bins, respectively:
3.67187509e + 001, 3.69243446e + 002, 2.31325103e + 003.
```

在讲解下一个例子之前，先讨论 MATLAB 中的 freqs 函数，该函数可以求解传递函数的频率响应，一般形式为

$$H(s) = \text{freqs}(\text{num}, \text{den}, \text{range}) \tag{5.1}$$

式中

$$H(s) = \frac{b_m s^m + b_{m-1} s^{m-1} + \cdots + b_1 s + b_0}{a_n s^n + a_{n-1} s^{n-1} + \cdots + a_1 s + a_0} \tag{5.2}$$

$$\text{num} = \begin{bmatrix} b_m & b_{m-1} & \cdots & b_1 & b_0 \end{bmatrix} \tag{5.3}$$

$$\text{den} = \begin{bmatrix} a_n & a_{n-1} & \cdots & a_1 & a_0 \end{bmatrix} \tag{5.4}$$

range 代表频率范围；hs 代表频率响应（复数形式）。

实例 5.4　求带阻滤波器的中心频率

带阻滤波器的传递函数为

$$H(s) = \frac{s^2 + 9.859 \times 10^8}{s^2 + 3140s + 9.859 \times 10^8} \tag{5.5}$$

求中心频率。

计算方法

MATLAB® 脚本程序为：

```
% numerator and denominator polynomial
num = [1  0  9.859e8];
den = [1  3.14e3  9.859e8];
w = logspace(-3,5,5000);
hs = freqs(num, den, w);        % finds frequency
f = w/(2*pi);   %finds frequency from rad/s to Hz
mag = 20*log10(abs(hs));        %magnitude of hs
% find minimum value of magnitude and its index
[mag_m floc] = min(mag);
% minimum frequency
fmin = f(floc);
%print results
fprintf('Minimum Magnitude (dB) is %8.4e\n', mag_m)
fprintf('Minimum frequency is %8.4e\n', fmin)
plot(f,mag)
```

计算结果如下：

最小幅值为 $-3.1424\text{e} + 001\text{dB}$

最小频率为 $5.0040\text{e} + 003$

5.4　微分函数（diff）

若 f 是一行矢量或者列矢量

$$f = [f(1)\ f(2) \cdots f(n)] \tag{5.6}$$

则 diff(f) 函数返回含有 f 内部相邻两个元素之差的矢量

$$\text{diff}(f) = [f(2) - f(1), f(3) - f(2) \cdots f(n) - f(n-1)] \tag{5.7}$$

矢量 diff(f) 的输出比输入矢量 f 少一个元素，数值微分可由后向差分表达式得到

$$f'(x_n) = \frac{f(x_n) - f(x_{n-1})}{x_n - x_{n-1}} \tag{5.8}$$

也可由前向差分得到

$$f'(x_n) = \frac{f(x_{n+1}) - f(x_n)}{x_{n+1} - x_n} \tag{5.9}$$

$f(x)$ 的微分可使用 MATLAB® 的 diff 函数求解

$$f'(x) \cong \frac{\text{diff }(f)}{\text{diff }(x)} \tag{5.10}$$

下面结合实例对 MATLAB 软件中 diff 函数的使用进行具体讲解。

实例 5.5　带有噪声输入信号的差分电路

定义微分运放的输入和输出电压满足如下关系式：

$$v_O(t) = -k \frac{\mathrm{d}}{\mathrm{d}t} v_{\text{IN}}(t), k = 0.0001 \tag{5.11}$$

如果输入电压表达式为

$$v_{\text{IN}}(t) = \sin(2\pi f_0 t) + 0.2n(t)$$

其中，$f_0 = 500\text{Hz}$；$n(t)$ 为正态分布的白噪声系数。

则使用 subplot 命令绘制输出电压 $v_O(t)$ 和输入电压 $v_{\text{IN}}(t)$ 的波形

计算方法

MATLAB® 脚本程序如下：

```
% Differentiator circuit with noisy input
%
% generate input signal
%
t = 0.0:5e-5:6e-3;
k = -0.0001;
f0 = 500;
m = length(t);
% generate sine wave portion of signal
for i = 1:m
  s(i) = sin(2*pi*f0*t(i));
  % generate a normally distributed white noise
  n(i) = 0.2*randn(1);
  % generate noisy signal
  vin(i) = s(i) + n(i);
end
Subplot(211), plot(t(1:100), vin(1:100))
Title ('Noisy Input Signal')
% derivative of input signal is calculated using
% backward difference
dvin = diff(vin)./diff(t);
% output voltage is calculated
vout = k* dvin;
% plot the output voltage
subplot(212), plot(t(2:101), vout(1:100))
title('Output Voltage of Differentiator')
xlabel('Time in s')
```

图 5.3 所示为微分电路的输入和输出波形。

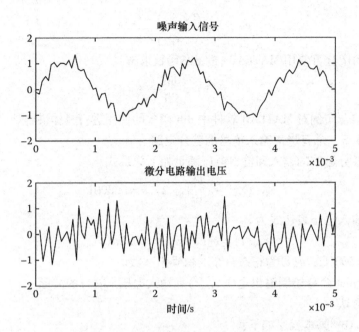

图 5.3　微分电路的输入和输出波形

5.5　积分函数（quad、quad8、trapz）

quad 函数采用辛普森递归法则，而 quad8 函数采用可塑性递归 8 段 Newton – Cotes 积分法则，在处理类似 $\int \sqrt{x}\mathrm{d}x$ 等具有"软"奇点函数时，quad8 函数比 quad 函数更有优势。当对函数求积分 S 时可以使用如下公式：

$$S = \int_{a}^{b} \text{funct}(x)\,\mathrm{d}x \tag{5.12}$$

求积分 S 的 quad 和 quad8 函数一般形式为

quad（'funct', a, b, tol, trace）

quad8（'funct', a, b, tol, trace）

其中，funct 为 MATLAB®函数名，返回一个对应输入矢量 x 的输出矢量 $f(x)$；a 为积分下限值；b 为积分上限值；tol 为数值积分迭代容许停止极限，迭代将一直持续直到相对误差小于 tol，默认值是 1.0e-3；Trace 控制是否输出积分过程，若 trace 非零，则输出积分过程，trace 默认值为 0。

quad 和 quad8 函数的参数是被积分函数的解析式，quad 和 quad8 函数自动缩小步长直到满足给定精度。如果需要对未知解析式的函数进行积分，则可以使用 MATLAB 中的 trapz 函数，该函数的功能如下：trapz 函数遵循梯形法则，无论函数是否具有解析式，都可以求解函数的数值积分。若函数 $f(x)$ 在各点 x_1，x_2 ... x_n 的值已知，分别为 $f(x_1)$，$f(x_2)$ ... $f(x_n)$，则可用梯形法则近似计算函数下方的面积，例如：

$$A \cong (x_2 - x_1)\left[\frac{f(x_1) + f(x_2)}{2}\right] + (x_3 - x_2)\left[\frac{f(x_2) + f(x_3)}{2}\right] + \cdots \quad (5.13)$$

当间距相等时

$$x_2 - x_1 = x_3 - x_2 = \ldots = h$$

上述公式简化为

$$A = h\left[\frac{1}{2}f(x_1) + f(x_2) + f(x_3) + \ldots + f(x_{n-1}) + \frac{1}{2}f(x_n)\right] \quad (5.14)$$

梯形积分法的误差随着两点间距 h 的变小而减少，trapz 函数的一般形式为

$$\mathbf{S2 = trapz(x, y)} \quad (5.15)$$

其中，trapz(x, y)表示沿列方向求函数 y 关于自变量 x 的积分，x 和 y 必须为长度相等的矢量。trapz 函数的另一种形式为

$$\mathbf{S2 = trapz(Y)} \quad (5.16)$$

其中，trapz(Y)表示以单位 1 为两点间距对矢量 Y 进行梯形积分，若间距不为 1 而为 h，那么 trapz(Y)的结果应该乘以 h 以求得矢量 Y 的数值积分，即

$$S1 = (h)(S2) = (h).\,trapz(Y) \quad (5.17)$$

下面结合实例具体介绍 trapz 函数的使用方法。

实例 5.6　方波输入的积分电路

图 5.4a 所示为方波输入的积分电路，如图 5.4b 所示，R1 = R2 = 10kΩ，C = 1μF，方波的周期为 2ms，若电容的初始电压为 0。①绘制输出波形；②计算输出电压的有效值。

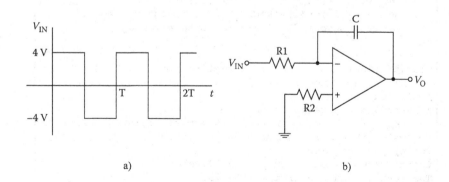

a)　　　　　　　　　　　　b)

图 5.4　a)方波输入　b)积分运放

计算方法

积分运算的输出电压 v_0 可以表示为

$$v_0(t) = -\frac{1}{RC}\int_0^t v_{\text{IN}}(\tau)\,d\tau \tag{5.18}$$

给定输入电压，利用 trapz 函数进行数值积分，输出波形的有效值计算公式为

$$V_{0,\text{rms}} = \sqrt{\frac{1}{T_0}\int_0^{T_0} V_0^2\,dt} \tag{5.19}$$

MATLAB® 脚本文件如下：

```
% This program calculates the output voltage of
% an integrator
% In addition, we can calculate the rms voltage of the
% output voltage
%
R = 10e3;    C = 1e-6; %values of R and C
T = 2e-3;    %period of square wave
a = 0;  %Lower limit of integration
b = T;  %Upper limit of integration
n = 0:0.005:1; %Number of total data points
% Obtain output voltage
m = length(n);
% Generate time
for i = 1:m
    t(i) = T*i/m;
  if t(i) < 1e-3
    VX(i) = 4.0;
  else
    VX(i) = -4.0;
  end
    vo_int(i) = trapz(t(1:i), VX(1:i));
    vo(i) = -vo_int(i)/(R*C);        % output voltage
    vo_sq(i) = vo(i)^2; % squared output voltage
end
%
plot(t(1:200), vo(1:200)),  % plot of vo
xlabel('Time in Sec')
Title('Output Voltage, V')
% Determine rms value of output
s = trapz(t(1:m), vo_sq(1:m));   % numerical integration
vo_rms = sqrt(s/b);   % rms value of output
%print out the result
fprintf('rms value of output is %7.3e\n', vo_rms)
The result obtained from MATLAB is;
rms value of output is 2.275e-001.
```

输出电压的波形如图 5.5 所示。

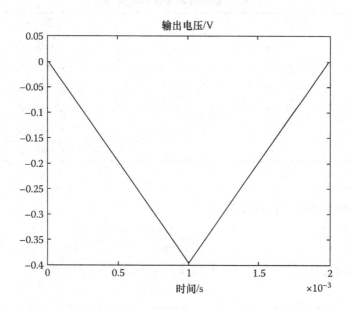

图 5.5　积分运算的输出电压波形

5.6　曲线拟合（polyfit、polyval）

MATLAB®软件中的 polyfit 函数用于特定阶数多项式的最优拟合，其一般形式如下：

$$poly \_ xy = polyfit(x,y,n) \tag{5.20}$$

其中，x 和 y 为数据点；n 为拟合矢量 x 和 y 的多项式的阶数；poly_xy 为最小二乘法拟合矢量 y 和 x 对应数据点的多项式，poly_xy 返回 $(n + 1)$ 个以 x 降幂排列的系数。

$$Poly \_ xy(x) = a_1 x^n + a_2 x^{n-1} + \cdots + a_m \tag{5.21}$$

多项式的阶数为 n，系数的个数为 $m = n + 1$ 个，系数 $(a_1, a_2, \cdots, a_m)$ 由 MATLAB 函数返回，下面结合实例具体讲解 polyfit 函数的应用。

实例 5.7　实测数据的稳压管参数

表 5.4 列出了稳压管击穿时的电压和电流数值，绘制电流电压曲线，求其动态阻抗。

表 5.4　稳压管的电压和电流数值

二极管电压 v_D/V	电流 i_D/A
-4.686	$-1.187E-02$
-4.694	$-1.582E-02$
-4.704	$-2.376E-02$
-4.708	$-2.773E-02$
-4.712	$-3.170E-02$
-4.715	$-3.568E-02$

计算方法

稳压管的动态阻抗计算公式为

$$r_D = \frac{\Delta v_D}{\Delta i_D} \tag{5.22}$$

v_D 与 i_D 比值的图形几乎成一条直线，表达式如下：

$$i_D = m * v_D + I_0 \tag{5.23}$$

v_D 与 i_D 比值的图形斜率为 $1/r_D$，利用 MATLAB® 绘制最优拟合曲线，并且计算稳压管阻抗值。

MATLAB® 脚本程序如下：

```
%
% Diode parameters
vd = [-4.686 -4.694 -4.699 -4.704 ...
  -4.708 -4.712 -4.715];
id = [-1.187e-002 -1.582e-002 -1.978e-002 ...
  -2.376e-002 -2.773e-002 -3.170e-002 ...
  -3.568e-002];
%
% coefficient
pfit = polyfit (vd, id, 1);
% Linear equation is y = m*x + b
b = pfit(2);
m = pfit(1);
ifit = m*vd + b;
% Calculate Is and n
rd = 1/m
% Plot v versus ln(i) and best fit linear model
plot (vd, ifit, 'b', vd, id, 'ob')
xlabel ('Voltage, V')
ylabel('Diode Current')
title('Best Fit Linear Model')
```

MATLAB 计算结果如下：

rd =

　　1.2135

稳压管的阻抗为 1.2135。

图 5.6 所示为最优线性拟合曲线，利用该曲线计算稳压管的阻抗值。

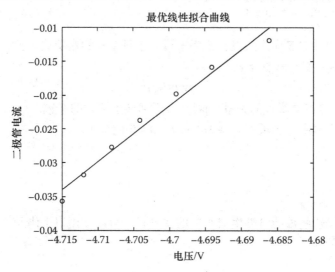

图 5.6　稳压管的电压—电流曲线

5.7　多项式函数（roots、poly、polyval 和 fzero）

5.7.1　多项式的根（roots、poly、polyval）

若 $f(x)$ 为下列形式多项式：

$$f(x) = C_0 x^n + C_1 x^{n-1} + \cdots + C_{n-1} x + C_n \tag{5.24}$$

$f(x)$ 为 n 阶多项式且必有 n 个根，这 n 个根中可能有重根也可能有复数根，若多项式（C_0，C_1，C_2，$\cdots$，C_m）的系数为实数，那么复数根将以共轭根对的形式出现。

roots 函数为 MATLAB® 中确定多项式根的函数，其一般形式如下：

$$\textbf{roots}(\textbf{c}) \tag{5.25}$$

其中，c 为含有多项式系数的矢量，系数以 x 的降幂排列，对于如下多项式：

$$g(x) = x^4 + 3x^3 + 2x + 4 = 0 \tag{5.26}$$

系数 $c = \begin{bmatrix} 1 & 3 & 0 & 2 & 4 \end{bmatrix}$

通过以下语句求解多项式的根：

```
b = roots(c)
```

计算结果为

```
b =
    -3.0739
    0.5370 + 1.0064i
    0.5370 - 1.0064i
    -1.0000
```

如果已知一个多项式的根，希望求得对应每个根的多项式系数，则可以使用 poly 函数，其一般形式如下：

$$\text{poly}(\mathbf{r}) \qquad (5.27)$$

其中，r 为含有多项式根的矢量；poly(r)返回该多项式的系数。

在前面实例中，多项式 $x^4 + 3x^3 + 2x + 4 = 0$ 的根为

```
b =
    -3.0739
    0.5370 + 1.0064i
    0.5370 - 1.0064i
    -1.0000
```

为了确保这些根能够生成对应的多项式，可以使用以下语句：

```
g_coeff = poly(b')
```

可以得到

```
g_coeff =
        1.0000  3.0000  0.0000  2.0000  4.0000
```

应该注意的是，g_coeff 与式（5.26）所示的多项式 $g(x)$ 具有相同的系数，MATLAB 软件利用 polyval 函数求多项式的值，其一般形式如下：

$$\text{polyval}(\mathbf{p,x}) \qquad (5.28)$$

其中，p 为一个矢量，其中的元素为多项式的系数，以降幂形式排列；polyval (p, t)函数计算多项式在点 x 处的值。

例如下面多项式：

$$h(x) = 3x^4 + 4x^3 + 5x^2 + 2x + 1 \qquad (5.29)$$

当 $x = 3$ 时，可以使用如下表达式：

```
p = [3  4  5  2  1]
polyval (p, 3)
```

然后求得

```
ans =
    403
```

5.7.2　求零点函数（fzero）与求非零元素函数（find）

MATLAB® 软件中的 fzero 函数用于求函数的零点，其一般形式如下：

$$\text{fzero （'function'，x1)}$$
$$\text{fzero （'function'，x1，tol)}$$

其中，fzero（'funct'，x1）寻找靠近 x1 点的函数 funct(x)的零点；fzero（'funct'，x1，tol）返回精确到相对误差 tol 的函数 funct（x）的零点。

find 函数用来确定矢量或矩阵内部非零元素的索引号，表达式为

$$C = \text{find}(f)$$

上述语句返回矢量 f 中非零元素的索引，比如要获得符号变换发生点的位置，可以用如下表达式：

```
D = find(product < 0)
```

上式将给出结果为负值的元素位置。

5.7.3　传递函数的频率响应（freqs）

MATLAB 软件中的 freqs 函数用于求解 $H(s)$ 的频率响应，其一般形式为

$$hs = \text{freqs}(num, den, range) \tag{5.30}$$

$$H(s) = \frac{y(s)}{x(x)} = \frac{b_m s^m + b_{m-1} s^{m-1} + \cdots + b_1 s^1 + b_0}{a_n s^n + a_{n-1} s^{n-1} + \cdots + a_1 s^1 + a_0} \tag{5.31}$$

式中，$num = \begin{bmatrix} b_m & b_{m-1} \cdots b_1 & b_0 \end{bmatrix}$，为分子多项式系数；$den = \begin{bmatrix} a_n & a_{n-1} \cdots a_1 & a_0 \end{bmatrix}$，为分母多项式系数；range 为频率范围；hs 为复数形式的频率响应表达式。

freqs 为 MATLAB 中信号处理工具箱的一个 m 文件，它在 MATLAB 的学生版中也可以找到。函数首先计算每个频率点上多项式的值，然后将分子与分母的响应相除。freqs 的表达式如下：

```
s = sqrt(-1)*w;
h = polyval(b,s)./ polyval(a,s);
```

下面实例将具体讲解 freqs 函数的用法。

实例 5.8　传递函数的频率响应

求下列传递函数的幅频特性：

$$H(s) = \frac{4s}{s^2 + 64s + 16} \tag{5.32}$$

计算方法

利用 MATLAB® 程序求解幅频特性曲线。

MATLAB® 程序如下：

```
%
% Magnitude response of a transfer function
num = [4 0]; % coefficients of numerator polynomial
den = [1 64 16]; % coefficients of denominator polynomial
w = logspace (-4, 5); % range of frequencies
hs = freqs(num, den, w);
f = w/(2*pi); % frequency in Hz.
hs_mag = 20*log10(abs(hs)); % Magnitude in decibels
% Plot the magnitude response
semilogx(f, hs_mag)
title ('Magnitude Response')
xlabel('Frequency, Hz')
ylabel('Magnitude, dB')
```

图 5.7 所示为传递函数的幅频特性曲线，下面结合实例，利用 MATLAB 软件中的 freqs 和 find 函数计算放大电路的单位增益频率特性。

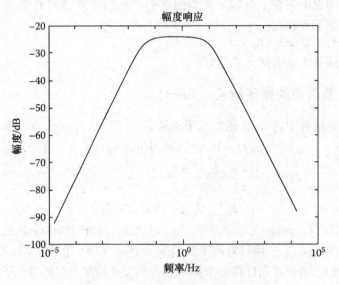

图 5.7　传递函数的幅频特性曲线

实例 5.9　求放大电路单位增益的交叉频率

图 5.8 所示为放大器结构图，单位增益交叉频率为传递函数的幅值增益为 1 时的频率，假设放大器的传递函数如下：

图 5.8　放大器结构图

$$H(s) = \frac{4s}{s^2 + 64s + 16} \tag{5.33}$$

求交叉频率。

计算方法

MATLAB® 脚本程序如下：

```
% Gain crossover frequency
% Transfer function parameters
% poles are
p1 = 400*pi; p2 = 8e5*pi; p3 = 1.6e6*pi;
% determine the coefficients for numerator
% and denominator polynomial
a2 = p1 + p2 + p3;
a1 = p1*p2 + p1*p3 + p2*p3;
a0 = p1*p2*p3;
den = [1 a2 a1 a0];    % coefficients of denominator
polynomial
```

```
num = [2.62e18];          % coefficients. of numerator
polynomial
w = logspace(-1, 7, 5000);     % range of frequencies
hs = freqs(num, den, w);
hs_mag = 20*log10(abs(hs));    % magnitude characteristics
%
f = w/(2*pi);
plot(f,hs_mag)
xlabel('Frequency, Hz')
ylabel('Gain, dB')
title('Frequency Response of an Amplifier')
% gain crossover calculation, unity gain = 0 db gain
lenw = length(w);
lenw1 = lenw - 1;
for i = 1:lenw1
  prod(i) = hs_mag(i)*hs_mag(i + 1);
end
fcrit = f(find(prod < 0));
f_cross = fcrit;
fprintf('The crossover frequency is % 9.4e\n', f_cross)
The result obtained from MATLAB is;
The crossover frequency is 3.2861e + 004 Hz.
```

幅频特性曲线如图5.9所示。

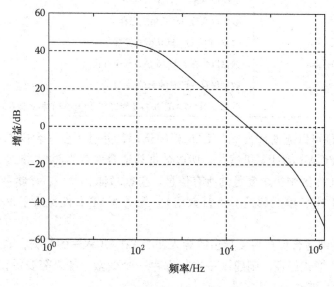

图5.9 放大器的幅频特性曲线

5.8 保存、加载和文本读取函数

本书4.9节已经介绍了一些 MATLAB® 输入输出函数，例如 break、disp、

echo、format、fprintf、input 和 pause 函数，本节还将对保存、加载和文本读取等输入输出函数进行详细讲解。

5.8.1　保存和加载命令

save 命令把 MATLAB®工作区中的数据保存至磁盘，save 命令既可以将数据以二进制格式保存成 MAT 文件，也可以保存为 ASCII 文件，save 命令的一般形式为

save filename[List of variables][options]

其中，save（无文件名、变量列表以及其他选项）把当前工作区的所有数据保存到位于当前目录下的 matlab. mat 文件中。如果命令行中包含了文件名，则数据将被存到名为 filename. mat 的文件中，如果命令行中包含了变量列表，则只对变量列表的数据进行保存。

保存命令的其他选项见表 5.5。

表 5.5　保存命令选项

选项	描述
– mat	数据以 MAT 文件格式保存
– ascii	数据以 8 位 ASCII 格式保存
– ascii – double	数据以 16 位 ASCII 格式保存
– ascii – double – tab	数据以带标签的 16 位 ASCII 格式保存
– append	数据保存在已有的 MAT 文件
– v4	数据以 MATLAB®版本 4 能够打开和读取的格式保存

MAT 文件可以方便地被 MATLAB 程序调用，并且不受平台限制，还可以被任何支持 MATLAB 的计算机读写，所以数据最适合保存为 MAT 格式。另外 MAT 文件保留了工作区中每个变量的所有信息，包括名称、大小、存储字节及数据类型（结构体数组、单元数组、字符数组）。最后 MAT 文件保留了每个变量的所有精度。

ASCII 文件适合保存将要导出或导入非 MATLAB 程序的数据，如果工作区的内容以 ASCII 格式保存，则建议一次仅保存一个变量。如果需要保留多个变量，则 MATLAB 将创建 ASCII 文件。

load 命令将数据从 MAT 文件或 ASCII 文件读取至工作区，其一般形式如下：

load filename [options]

其中，load（无文件名和其他选项）把 matlab. mat 文件中的所有数据读取至当前工作区；load filename 将从指定的文件名读取数据。

表 5.6 列出了读取命令选项。

表 5.6 读取命令选项

选项	描述
– mat	从 MAT 文件中读取数据（文件扩展名默认为 mat）
– ascii	从空格分隔的文件中读取数据

本书强烈建议仅保存 MATLAB 程序的 ASCII 文件的数值信息，且文件每行的数值个数相等。建议 ASCII 文件保存为 .dat 扩展名，以便与 m 文件和 MAT 文件区分。

表 5.7 存储于文件 rc_1.dat 的数据

时间/s	电压/V
0.0	0.0
0.5	3.94
1.0	6.32
1.5	7.77
2.0	8.65
2.5	9.18
3.0	9.50
3.5	9.69
4.0	9.82
4.5	9.89
5.0	9.93

假设含有表 5.7 所示数据的文件以文件名 rc_1.dat 存储于磁盘中，使用下列命令：

```
load   rc_1.dat -ascii
```

将数据读入 MATLAB 程序，并且保存在矩阵 rc_1 文件中，该矩阵有两列数据，若键入以下命令：

```
rc_1
```

则可以得到

```
rc_1 =
     0          0
     0.5000     3.9400
     1.0000     6.3200
     1.5000     7.7700
     2.0000     8.6500
     2.5000     9.1800
     3.0000     9.5000
     3.5000     9.6900
     4.0000     9.8200
     4.5000     9.8900
     5.0000     9.9300.
```

5.8.2 读文件函数

textread 命令用于读取 ASCII 文件中的列数据，且每一列数据类型可以不同，textread 命令的一般形式如下：

$$[a,b,c,\cdots] = \text{textread}(\text{filename},\text{format},n)$$

其中，filename 为需要打开文件的名称，文件名应该加引号，例如'文件名'；format 为含有数据类型的列字符串，格式描述符类似于本书 3.9 节提及的 fprintf 格式列表，需要加引号，支持函数包括：

1）% d——读一个符号整数型数据；

2）% u——读一个整数型数据；

3）% f——读一个浮点型数据；

4）% s——读一个空格分隔的字符串；

5）% q——读一个双引号内的字符串；

6）% c——读字符（包括空格）（输出为字符数组）。

n 为需要读取数据的行数，若 n 未定义，则读文件命令将读取整个文件；a、b、c 为输出参数，输出参数的数量必须和数据文件的列数相等。

textread 命令比 load 命令的内涵更丰富。使用 load 命令时，所读取文件中所有的数据均为一种类型，load 命令不支持含有不同数据类型的文件。另外，load 命令将所有数据存在单一数组中。但是 textread 命令允许数据的每一行保存为一个单独的变量。

例如文件 rc _ 2. dat 包含表 5.8 所示数据，第一列是时间，第二列是电容两端电压，可以使用 textread 命令对数据进行读取。

```
[time,volt_cap] = textread('rc_2.dat', '%f %f')
time
volt_cap
```

表 5.8 存储于文件 rc _ 2. dat 中的数据

时间/s	电压/V
0. 0	50. 0
1. 0	30. 3
2. 0	18. 4
3. 0	11. 2
4. 0	6. 77
5. 0	4. 10
6. 0	2. 49
7. 0	1. 51
8. 0	0. 916

执行上述语句，计算结果如下：

```
time =
       0
       1
       2
       3
       4
       5
       6
       7
       8

volt_cap =
       50.0000
       30.3000
       18.4000
       11.2000
       6.7700
       4.1000
       2.4900
       1.5100
       0.9160
```

下面结合实例具体介绍 load 函数的使用。

实例 5.10　对文件中数据进行统计分析

对电路进行蒙特卡洛分析，每次运行时 V_1、V_2 两节点的电压值见表 5.9，数据存储在 fproc. dat 文件中。①从文件读取数据，绘制 V_1 波形图；②求 V_1、V_2 的均值和标准差。

表 5.9　蒙特卡洛分析得到的电压

仿真运行	电压 V_1	电压 V_2
1	3.393E + 00	8.262E − 01
2	3.931E + 00	8.483E − 01
3	3.761E + 00	7.991E − 01
4	3.515E + 00	8.877E − 01
5	3.716E + 00	8.922E − 01
6	3.243E + 00	8.267E − 01
7	3.684E + 00	7.838E − 01
8	3.314E + 00	7.687E − 01
9	3.778E + 00	7.661E − 01
10	3.335E + 00	9.185E − 01
11	3.332E + 00	7.991E − 01

（续）

仿真运行	电压 V_1	电压 V_2
12	2. 993E + 00	8. 460E − 01
13	3. 505E + 00	7. 274E − 01
14	3. 380E + 00	7. 873E − 01
15	3. 584E + 00	9. 163E − 01
16	3. 697E + 00	7. 829E − 01
17	3. 373E + 00	8. 119E − 01
18	3. 106E + 00	8. 082E − 01
19	3. 453E + 00	7. 590E − 01
20	3. 474E + 00	8. 647E − 01

计算方法

由于 textread 功能不适用于指数符号数据，因此 load 指令将被用来读取文件数据。

MATLAB® 脚本程序如下：

```
% data is stored in fproc.dat
% read data using load command
%
load fproc.dat -ascii
k = fproc(:,1);
v1 = fproc(:,2);
v2 = fproc(:,3);
n = length(k);
% calculate the mean and standard deviation
mean v1 = mean(v1);     % mean of V1
std_v1 = std(v1);       % standard deviation of v1
mean_v2 = mean(v2);     % mean of V2
std_v2 = std(v2);       % standard deviation of V2
plot(k, v1);  % plot of simulation run and V1
xlabel ('Simulation Run')
ylabel('Voltage V1')
title('Plot of Voltage V1')
% Print out results
fprintf('Mean value of V1 is%9.4e volts\n',mean_v1)
fprintf('Standard deviation of V1 is %9.4e volts\n', std_v1)
fprintf('Mean value of V2 is%9.4e volts\n', mean_v2)
fprintf('Standard deviation of V2 is %9.4evolts\n', std_v2)
```

计算结果如下：

V_1 的平均值为 3. 4784e + 000V，标准差为 2. 3638e − 001V；

V_2 的平均值为 8. 2100e − 001V，标准差为 5. 3792e − 002V。

图 5.10 所示为 V_1 的仿真波形。

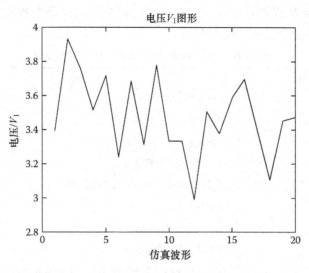

图 5.10　V_1 电压仿真波形

5.9　Spice 与 MATLAB®接口技术

　　正如第 1 章所说，Spice 已经成为电路仿真标准，它可以实现直流、交流、暂态、傅里叶及蒙特卡洛分析。而且 Spice 安装包中附带大量的元件模型库供用户使用。本书第 3.6 节对 PSpice 软件中的行为模型及其数学函数、表格、传递函数建模进行了详细的讲解。PSpice 的以上特点是其他计算软件所不具备的，例如 MATLAB®、MATHCAD 和 MATHEMATICA。另一方面，MATLAB 为矩阵计算的重要工具，它拥有大量的数据处理和分析函数，同时具有很强的作图能力。MATLAB 本身就是一个编程环境，用户可以编写新的模型文件以扩展 MATLAB 函数的功能。

　　本书将 PSpice 的强大电路仿真功能和 MATLAB 丰富的函数结合起来用于电路分析。PSpice 可用于整体电路及子电路进行直流、交流、暂态、傅里叶以及蒙特卡洛分析；MATLAB 可用于设备参数、曲线拟合、数值积分与微分、统计分析及二维三维作图。

　　PSpice 具有图形处理工具包 PROBE。PROBE 用于仿真结果的图形绘制，其内部函数可以完成简单的信号处理任务。PROBE 中的可用函数见表 1.4，将表 1.4 与表 5.1 和表 5.2 进行比较可以发现，MATLAB 拥有 PSpice 所不具有的函数。

　　表 5.10 为 MATLAB 软件中的独有函数，可见 MATLAB 在数据处理方面比 PSpice 功能更加强大。表 5.11 为两软件均具有的数值积分和微分函数，然而，

MATLAB 有多种数值积分函数，其中一些函数允许用户设置数值积分的容许极限（tol），该功能 PSpice 软件中没有。

表 5.10　MATLAB 中 PSpice 所没有的函数

MATLAB 函数	描述
corrcoeff	返回相关系数
cov（x）	求协方差矩阵
cross（x，y）	返回矢量 x 和 y 的叉积
cumprod（x）	返回列矢量的累积连乘
cumsum（x）	返回列矢量或者每一列元素的累加和
hist（x）	绘制直方图
median（x）	返回矢量 x 中元素的中位数
std（x）	计算并返回 x 的标准差
rand（x）	返回一个 n ∗ n 矩阵的随机数，所有随机数满足均值为 0，方差为 1 的正态分布
sort（x）	将一矩阵 x 中的元素按照升序排列
sum（x）	计算并返回 x 中所有元素之和
fzero（x）	返回函数的零点
find（x）	确定 x 内部非零元素的索引号
polyfit	确定曲线拟合的多项式
fix（x）	求小于或者等于 x 的最小整数
floor（x）	求不大于 x 的最大整数
round（x）	四舍五入取整

表 5.11　PSpice 和 MATLAB 中各自的数值积分和微分函数

数学运算	PSpice PROBE 函数	MATLAB 函数
数值积分	s（x）	quad（$'funct'$，a，b，tol，trace）
		quad8（$'funct'$，a，b，tol，trace）
		S2 = trapz（x，y）
数值微分	d（x）	$f'(x) \cong \dfrac{\text{diff}\,(f)}{\text{diff}\,(x)}$

为了更好地发挥 PSpice 和 MATLAB 仿真软件的特长，本书中的电路仿真由 PSpice 完成，仿真结果保存为 filename. out 文件，然后由文本编辑器或者文字处理器进行编辑，转存为 filename. dat 文件，该文件被 MATLAB 程序以 textread 或者 load 命令读取，最后在 MATLAB 环境中对数据进行更全面的分析处理，流程图如图 5.11 所示。

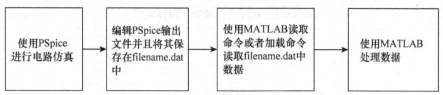

图 5.11 使用 PSpice 及其后处理的电路仿真流程图

下面章节将按照本节的仿真和计算步骤对电路进行研究。

本章习题

5.1 关于 $t=0$ 对称的三角波的傅里叶展开如下：

$$x(t) = \frac{8A}{\pi^2}\left(\cos\omega t + \frac{1}{9}\cos3\omega t + \frac{1}{25}\cos5\omega t + \frac{1}{49}\cos7\omega t + \cdots\right)$$

式中，A 为峰值，ω 为三角波频率，当 $A=2$，$\omega=400\pi\text{rad/s}$ 时，利用展开式前四项编写 MATLAB 程序合成该三角波。

5.2 某方波峰峰值为 4V，平均值为 0V，表达式为

$$x(t) = \frac{8}{\pi}\left(\cos\omega_0 t - \frac{1}{3}\cos3\omega_0 t + \frac{1}{5}\cos5\omega_0 t + \frac{1}{7}\cos7\omega_0 t + \cdots\right)$$

当 $\omega=2\pi f_0$，$f_0=1000\text{Hz}$ 时，利用展开式前四项编写 MATLAB 程序合成该方波。

5.3 实验室中测得 15 个晶体管 2N2907，增益 β 分别为 170、200、160、165、175、155、210、190、180、165、195、200、195、205 和 190。求 β 的平均值、最大值、最小值及标准差。

5.4 如图 P5.4 所示为稳压管电路，RS = 250Ω，RL = 350Ω，二极管 D1 型号为 D1N750，输入输出电压见表 5.4，求：

1）输入和输出电压的最小、最大、均值及标准差。

2）输入和输出电压之间的相关系数。

3）最小均方拟合值（多项式拟合）。

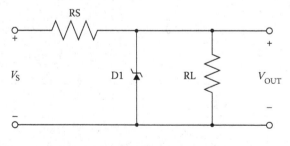

图 P5.4 齐纳稳压管电压调节电路

表 P5.4　稳压电路的输入和输电压

输入电压 V_S/V	输出电压 V_{OUT}/V
8.0	4.601
9.0	4.658
10.0	4.676
11.0	4.686
12.0	4.694
13.0	4.699
14.0	4.704
15.0	4.708
16.0	4.712
17.0	4.715
18.0	4.717

5.5　带通滤波器的传递函数为

$$H(s) = \frac{s\dfrac{R}{L}}{s^2 + s\dfrac{R}{L} + \dfrac{1}{LC}}$$

当 L = 5mH、C = 20μF、R = 15kΩ 时：

1）使用 MATLAB 绘制幅频特性曲线；

2）求幅值最大处的频率。

5.6　图 P5.6a 所示为积分电路，R = 10kΩ，C = 10F，输入电压为图 P5.6b 所示锯齿波。使用 MATLAB 绘制输出电压波形，并计算输出电压 $v_o(t)$ 的平均值和有效值。

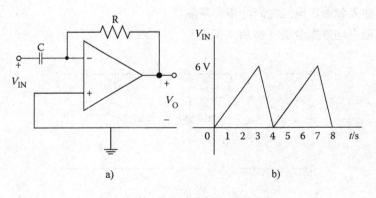

图 P5.6　a）积分电路　b）锯齿波

5.7 运行于辐射环境的静态随机存储器（SRAM）的逻辑状态会发生变化，表 P5.7 为 SRAM 在不同时刻的电流值，计算每个节点处的累积电荷值。

表 P5.7　SRAM 节点电流值

时间/s	电流/A
0.000E + 00	0.000E + 00
2.000E − 08	0.000E + 00
4.000E − 08	4.000E − 12
6.000E − 08	3.672E − 02
8.000E − 08	3.970E − 02
1.000E − 07	3.998E − 02
1.200E − 07	4.000E − 02
1.400E − 07	4.000E − 02
1.600E − 07	3.281E − 02
1.800E − 07	2.200E − 02
2.000E − 07	1.475E − 02
2.200E − 07	9.887E − 03
2.400E − 07	6.628E − 03
2.600E − 07	4.442E − 03
2.800E − 07	2.978E − 03
3.000E − 07	1.996E − 03
3.200E − 07	1.338E − 03
3.400E − 07	8.969E − 04
3.600E − 07	6.013E − 04
3.800E − 07	4.030E − 04
4.000E − 07	2.695E − 04

5.8 American Alloy 为某品牌的铂电阻温度传感器，其电阻值 R 与温度的表达式为

$$R = a + bT + cT^2$$

式中，电阻 R 的单位为 Ω，温度 T 的单位为℃，根据表 P5.8 中的数据求系数 a、b、c 的值。

表 P5.8　温度对应的温度传感器电阻值

T/(℃)	R/Ω
−100	60.30
−80	68.34
−60	76.32
−40	84.26

（续）

T/(℃)	R/Ω
-20	92.16
0	100
20	107.79
40	115.54
60	123.24
80	130.89
100	138.50

5.9 热敏电阻值 R 和温度 T 之间的关系式如下：

$$R(T) = R(T_0) \exp\left(\beta\left(\frac{1}{T} - \frac{1}{T_0}\right)\right)$$

式中，温度 T 的单位为 K；T_0 为参考温度，单位为 K；$R(T_0)$ 为参考温度对应的电阻值；β 为温度系数。假设在参考温度 T_0 时，$R(T_0)$ 值为 10000Ω，根据表 P5.9 中数据计算常数 β 和 T_0 的值。

表 P5.9 温度对应的热敏电阻值

温度/(K)	电阻/Ω
240	1.7088E+005
260	0.5565E+005
280	0.2128E+005
300	0.0925E+005
320	0.0446E+005
340	0.0234E+005
360	0.0132E+005
380	0.0079E+005
400	0.0050E+005
420	0.0033E+005
440	0.0023E+005

5.10 放大器的电压传递函数如下：

$$A(s) = \frac{150s}{\left(1 + \dfrac{s}{10^3}\right)\left(1 + \dfrac{s}{5 \times 10^4}\right)}$$

1) 绘制幅频特性曲线；

2) 求单位增益穿越频率 f_{gc}。

5.11　给出一个无补偿运算放大器的电压传递函数：

$$A(s) = \frac{250}{\left(1+\dfrac{s}{200\pi}\right)} \frac{100}{\left(1+\dfrac{s}{80\pi}\right)} \frac{0.8}{\left(1+\dfrac{s}{2.5\pi \times 10^7}\right)}$$

1) 画出 Bode 图。

2) 求穿越频率 fgc。

5.12　表 P5.12 为电路中两节点电压值，绘制 V_1 和 V_2 的关系图，确定 V_1 和 V_2 的最优拟合系数。

表 P5.12　两节点 V_1、V_2 电压值

电压 V_1/V	电压 V_2/V
5.638	5.294
5.875	5.644
6.111	5.835
6.348	6.165
6.584	6.374
6.820	6.684
7.055	6.843
7.290	7.162
7.525	7.460
7.759	7.627
7.990	7.972
8.216	8.170
8.345	8.362

5.13　某方波可以表示为

$$x(t) = \frac{8}{\pi}\left(\cos\omega_0 t - \frac{1}{3}\cos3\omega_0 t + \frac{1}{5}\cos5\omega_0 t - \frac{1}{7}\cos7\omega_0 t + \cdots\right)$$

式中

$$\omega_0 = 2\pi f_0, \quad f_0 = 5000\text{Hz}$$

编写 MATLAB 程序，利用前 6 项对方波进行合成。

5.14　某电路实验中电阻值数据如下：121、119、117、122、118、124、121、116、121、119，求：

1) 电阻的平均值；

2) 电阻值的中位数；

3) 电阻值大于 | 120±2% | 标称值的概率。

5.15　某滤波器的传递函数表达式如下：

$$H(s) = \frac{s^2 + 19.8 \times 10^4}{s^2 + 648s + 28.7 \times 10^4}$$

1）利用 MATLAB 绘制幅频特性曲线；

2）求中心频率；

3）求滤波器的带宽。

参 考 文 献

1. Attia, J. O. *Electronics and Circuit Analysis Using MATLAB®*. 2nd ed. Boca Raton, FL: CRC Press, 2004.
2. Biran, A., and M. Breiner. *MATLAB® for Engineers*. White Plains, NY: Addison-Wesley, 1995.
3. Boyd, Robert R. *Tolerance Analysis of Electronic Circuits Using MATLAB®*. Boca Raton, FL: CRC Press, 1999.
4. Chapman, S. J. *MATLAB® Programming for Engineers*. Tampa, FL: Thompson, 2005.
5. Davis, Timothy A., and K. Sigmor. *MATLAB® Primer*. Boca Raton, FL: Chapman & Hall/CRC, 2005.
6. Etter, D. M. *Engineering Problem Solving with MATLAB®*. 2nd ed. Upper Saddle River, NJ: Prentice Hall, 1997.
7. Etter, D. M., D. C. Kuncicky, and D. Hull. *Introduction to MATLAB® 6*. Upper Saddle River, NJ: Prentice Hall, 2002.
8. Gilat, Amos. *MATLAB®, An Introduction With Applications*. 2nd ed. New York: John Wiley & Sons, 2005.
9. Gottling, J. G. *Matrix Analysis of Circuits Using MATLAB®*. Upper Saddle River, NJ: Prentice Hall, 1995.
10. Hahn, Brian D., and Daniel T. Valentine. *Essential MATLAB® for Engineers and Scientists*. 3rd ed. New York and London: Elsevier, 2007.
11. Herniter, Marc E. *Programming in MATLAB®*. Florence, KY: Brooks/Cole Thompson Learning, 2001.
12. Howe, Roger T., and Charles G. Sodini. *Microelectronics, An Integrated Approach*. Upper Saddle River, NJ: Prentice Hall, 1997.
13. Moore, Holly. *MATLAB® for Engineers*. Upper Saddle River, NJ: Pearson Prentice Hall, 2007.
14. *Using MATLAB®, The Language of Technical Computing, Computation, Visualization, Programming, Version 6*. Natick, MA: MathWorks, Inc. 2000.

第6章
二极管电路

本章主要讨论二极管电路。首先介绍二极管的功能特性，然后分别对二极管整流电路、峰值检波器和限幅器进行讨论，最后对齐纳二极管及其稳压电路进行介绍。本章大部分电路实例均通过 PSpice 和 MATLAB® 仿真，以进行对比和学习。

6.1 二极管

半导体二极管处于正向偏置或反向偏置区时，其电流 i_D 和电压 v_D 的关系满足下列方程：

$$i_D = I_S \left[e^{(v_D/nV_T)} - 1 \right] \tag{6.1}$$

其中，I_S 为反向饱和电流；n 为二极管发射系数，在 1 和 2 之间；V_T 为热敏电压，计算公式如下：

$$V_T = \frac{kT}{q} \tag{6.2}$$

式中，k 为玻尔兹曼常数 $= 1.38 \times 10^{-23} \text{J/K}$；$q$ 为电子电荷量 $= 1.6 \times 10^{-19} \text{C}$（库仑）；$T$ 为绝对温度，单位为 K。

当二极管处于正向偏置区时，其两端电压 v_D 为正，当 v_D 电压值大于 0.5V 时，电流 i_D 可以通过下面公式计算：

$$i_D = I_S e^{(v_D/nV_T)} \tag{6.3}$$

通过式（6.3）可以求得

$$\ln(i_D) = \frac{v_D}{nV_T} + \ln(I_S) \tag{6.4}$$

当二极管工作于指定工作点时（$i_D = I_D$，$v_D = V_D$），可以求得该工作点的动态电阻 r_d

$$r_{\mathrm{d}} = \frac{\mathrm{d}i_{\mathrm{D}}}{\mathrm{d}v_{\mathrm{D}}}\bigg|_{v_{\mathrm{D}}=V_{\mathrm{D}}} = \frac{I_{\mathrm{S}}\mathrm{e}^{(v_{\mathrm{D}}/nV_{\mathrm{T}})}}{nV_{\mathrm{T}}} \tag{6.5}$$

根据给定的电压电流对应值，通过式（6.4）可以求得二极管常数 n 和 I_{S}。根据式（6.4）可知，v_{D} 与 $\ln(i_{\mathrm{D}})$ 比值的曲线为一条直线，斜率为 $1/nV_{\mathrm{T}}$，在 y 轴的截距为 $\ln(I_{\mathrm{S}})$。下面通过实例讲解如何通过实验数据求得二极管的 n 和 I_{S} 数值。本实例使用 MATLAB® 软件的 polyfit 功能，第 4 章已对该功能进行过详细讲解。

实例 6.1　根据数据求二极管参数

当二极管正向偏置工作时，其电压和电流的对应数据见表 6.1。求二极管的反向饱和电流 I_{S} 和二极管常数 n，并且绘制拟合曲线。

表 6.1　二极管正向偏置时电流和电压对应数据

正向偏置电压 $v_{\mathrm{D}}/\mathrm{V}$	正向偏置电流 $i_{\mathrm{D}}/\mathrm{A}$
0. 2	6. 37e − 9
0. 3	7. 75e − 8
0. 4	6. 79e − 7
0. 5	3. 97e − 6
0. 6	5. 59e − 5
0. 7	3. 63e − 4

计算方法

MATLAB® 脚本程序如下：

```
% Diode parameters
vt = 25.67e-3;
vd = [0.2 0.3 0.4 0.5 0.6 0.7];
id = [6.37e-9 7.75e-8 6.79e-7 3.97e-6 5.59e-5 3.63e-4];
%
lnid = log(id);      % Natural log of current
% Determine coefficients
pfit = polyfit (vd, lnid, 1); % curve fitting
% Linear equation is y = mx + b
b = pfit(2);
m = pfit(1);
ifit = m*vd + b;
% Calculate Is and n
Is = exp(b)
n = 1/(m*vt)
% Plot v versys ln(i) and best fit linear model
plot(vd, ifit, 'b', vd, lnid, 'ob')
xlabel ('Voltage, V')
ylabel ('ln(i)')
title ('Best Fit Linear Model')
```

MATLAB 计算结果为

$$I_S =$$
$$9.555\,9e-011$$
$$n =$$
$$1.787\,9$$

图 6.1 所示为最优线性拟合模型，根据图像可以求得二极管的反向饱和电流 I_S 和发射系数 n。

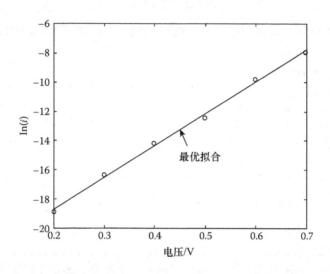

图 6.1 最优线性拟合

根据二极管特性方程式（6.1）可得，热敏电压 V_T 和反向饱和电流 I_S 均随温度变化而变化，并且热敏电压与温度成正比，见式（6.2）。对于锗硅二极管，反向饱和电流随温度的变化关系为 $7.2\%/℃$，即温度每升高一度，I_S 增加 7.2%。反向饱和电流随温度变化的函数关系式为

$$I_S(T_2) = I_S(T_1)e^{[k_s(T_2-T_1)]} \tag{6.6}$$

式中，$k_s = 0.072/℃$；T_1 和 T_2 为不同温度值。

下面结合实例讲解温度对二极管电路的影响。

实例 6.2　二极管的温度特性

图 6.2 所示为二极管电路，$V_S = 5V$，R1 $= 50k\Omega$，R2 $= 20k\Omega$，R3 $= 50k\Omega$。假设二极管 D1 型号为 1N4009，绘制输出电压随温度变化的曲线，并且利用 MATLAB 对温度和电压曲线进行参数拟合。

计算方法

利用 PSpice 求取温度变化时二极管两端的电压值。利用 Spice 中的 .TEMP

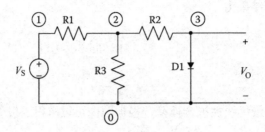

图 6.2　二极管电路

命令设置温度变化，以得到电压、温度对应值。然后由 MATLAB® 绘制温度—电压曲线并求拟合参数。

PSpice 仿真程序如下：

```
DIODE CIRCUIT
VS      1      0     DC      5V
R1      1      2     50E3
R2      2      0     20E3
R3      2      3     50E3
D1      3      0     1N4009
.MODEL 1N4009 D(IS = 0.1P RS = 4 CJO = 2P TT = 3N BV = 60
IBV = 0.1P)
.STEP        TEMP  0      100      10
.DC    VS          5       5        1
.PRINT  DC   V(3)
.END
```

该程序的 PSpice 仿真结果在 ex5 _ps. dat 文件中，表 6.2 所示为温度、电压数组。

根据表 6.2 的数据，利用 MATLAB 程序绘制温度—电压关系曲线。

表 6.2　二极管的温度—电压特性数据

温度/℃	二极管电压/V
0	0.547 6
10	0.525 0
20	0.502 3
30	0.479 6
40	0.456 8
50	0.433 9
60	0.411 0
70	0.388 1
80	0.365 1
90	0.342 1
100	0.319 0

MATLAB 脚本程序如下:

```
% Processing of PSPICE data using MATLAB
% Read data using textread command
%
[temp, vdiode] = textread ('ex5_2ps.dat', '%d %f');
vfit = polyfit(temp,vdiode, 1);
% Linear equation is y = mx + b
b = vfit(2)
m = vfit(1)
vfit = m*temp + b;
plot(temp, vfit, 'b', temp, vdiode, 'ob');% plot
temperature vs. diode voltage
xlabel ('Temperature in °C')
ylabel ('Voltage, V')
title ('Temperature versus Diode Voltage')
```

通过 MATLAB 程序求得

$$b =$$
$$0.540\ 8$$
$$m =$$
$$-0.002\ 3$$

利用 MATLAB 对二极管温度—电压特性曲线进行拟合，结果如下:

$$v_0(T) = -0.002\ 3T + 0.548\text{V}$$

根据拟合结果绘制温度—电压曲线，如图 6.3 所示。

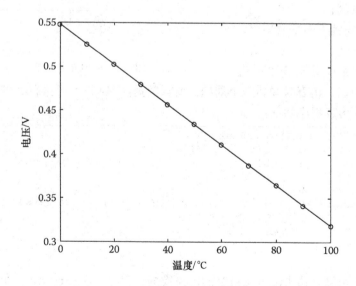

图 6.3 二极管温度—电压曲线

6.2 整流

图 6.4 所示为半波整流电路，该电路由交流源、二极管和电阻构成。假设二极管为理想二极管，当交流源电压为正时二极管导通，即

$v_0 = v_s$，当 $v_s > 0$ 时 （6.7）

当交流源电压为负时二极管截止，即

$v_0 = 0$，当 $v_s < 0$ 时 （6.8）

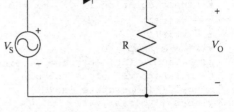

图 6.4 半波整流电路

某种电池充电电路与半波整流电路非常相似，下面结合该实例对整流电路进行介绍。

实例 6.3 电池充电电路

电池充电电路如图 6.5 所示，$V_B = 12\text{V}$，$R = 50\Omega$。输入交流源为 $v_s(t) = 16\sin(120\pi t)\ \text{V}$。如果整流二极管型号为 D1N4448。

1）绘制通过二极管的电流波形；

2）求流入电池的峰值电流和平均电流；

3）求电池充电的总电量。

计算方法

利用 PSpice 求得充电电流

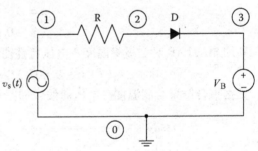

图 6.5 电池充电电路

与时间的数据，仿真时间为三个周期，所得数据由 MATLAB® 进行处理。

PSpice 仿真程序如下：

```
* BATTERY CHARGING CIRCUIT
VS     1    0     SIN(0 16 60)
R      1    2     50
D      2    3     D1N4448
VB     3    0     DC   12V
.MODEL D1N4448 D(IS=0.1P RS=2 CJO=2P TT=12N BV=100 IBV=0.1P)
.TRAN 0.5MS    50MS    0    0.5MS
.PRINT         TRAN   I(R)
.PROBE
.END
```

PSpice 仿真电路中流过二极管的电流数据保存在 ex6_3ps. dat 文件中。部分数据见表 6.3。

表6.3 二极管电流随时间变化值

时间/s	电流/A
0.000E + 00	− 1.210E − 11
1.000E − 03	4.201E − 09
2.000E − 03	6.160E − 09
3.000E − 03	3.358E − 02
4.000E − 03	6.148E − 02
5.000E − 03	4.723E − 02
6.000E − 03	2.060E − 03
7.000E − 03	− 4.583E − 09
8.000E − 03	− 3.606E − 09
9.000E − 03	− 2.839E − 09
1.000E − 02	− 2.070E − 09
1.100E − 02	− 1.268E − 09
1.200E − 02	− 4.336E − 10
1.300E − 02	3.940E − 10
1.400E − 02	1.231E − 09
1.500E − 02	2.041E − 09
1.600E − 02	2.820E − 09
1.700E − 02	3.601E − 09

利用 MATLAB 程序对 PSpice 结果进行分析，脚本程序如下：

```
% Battery charging circuit
%
% Read PSPICE results using load function
load 'ex6_3ps.dat' -ascii;
time = ex6_3ps(:,1);
idiode = ex6_3ps(:,2);
plot(time, idiode),    % plot of diode current
xlabel('Time, s')
ylabel('Diode Current, A')
title('Diode Current as a Function of Time')
i_peak = max(idiode);   % peak current
i_ave = mean(idiode);   % average current
% Function trapz is used to integrate the current
charge = trapz(time, idiode);
% Print out the results
fprintf ('Peak Current is % 10.5e A\n', i_peak)
fprintf('Average current is % 10.5e A\n', i_ave)
fprintf('Total Charge is %10.5e C\n', charge)
```

MATLAB 计算结果为

峰值电流 6.32700e－002A；

平均电流 8.66958e－003A；

总充电量 4.37814e－004C。

随时间变化的充电电流波形如图 6.6 所示。

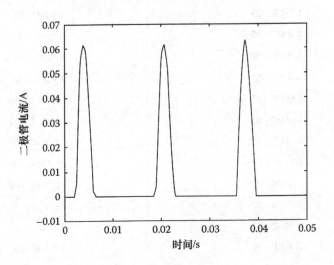

图 6.6　二极管电流波形

使用中心抽头变压器的全波整流电路如图 6.7 所示，当 $v_s(t)$ 电压为正时，二极管 D1 导通，D2 截止，输出电压为

$$v_o(t) = v_s(t) - v_D \tag{6.9}$$

v_D 为二极管导通压降。

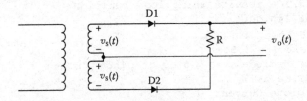

图 6.7　带中心轴头变压器的全波整流电路

当 $v_s(t)$ 为负时，二极管 D1 截止，D2 导通，电流通过负载电阻 R 流向中心抽头，输出电压为

$$v_o(t) = |v_s(t)| - v_D \tag{6.10}$$

如图 6.8 所示为桥式整流电路，该整流电路不需要变压器中心抽头，同样实

现全波整流。

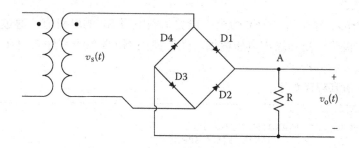

图 6.8　全桥整流电路

当 $v_s(t)$ 为负时，二极管 D2 和 D4 导通，二极管 D1 和 D3 截止。电流通过 A 端流入负载电阻，输出电压为

$$v_o(t) = |v_s(t)| - 2v_D \tag{6.11}$$

当 $v_s(t)$ 为正时，二极管 D1 和 D3 导通，二极管 D2 和 D4 截止。电流同样通过 A 端流入负载电阻，输出电压与式（6.11）相同。

当负载电阻两端并联电容器时，输出电压将变得平滑，整体电路如图 6.9 所示。下面结合实例探讨全波整流电路的滤波特性。

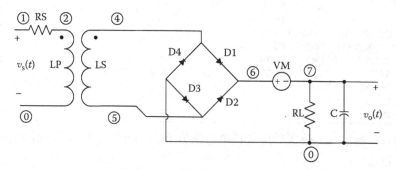

图 6.9　含有滤波电容的全波整流电路

实例 6.4　全桥整流电路的滤波特性

图 6.9 所示为具有滤波电容的全波整流电路，输入电压 $v_s(t) = 120\sqrt{2}\sin(2\pi 60t)$，$C = 100\mu F$，$RS = 1\Omega$，$LP = 2H$，$LS = 22mH$，二极管 D1、D2、D3 和 D4 的型号均为 D1N4150。另外，变压器的耦合系数为 0.999。

1）当负载电阻 RL 的阻值分别为 $10k\Omega$、$30k\Omega$、$50k\Omega$、$70k\Omega$ 和 $90k\Omega$ 时，求平均输出电压和输出纹波的有效值 rms；

2）绘制①平均输出电压波形；②输出电压的有效值 rms 随负载电阻 RL 变

化的波形。

计算方法

利用 PSpice 程序的 . STEP 命令，设置负载电阻 RL 的电阻值。通过运行仿真程序获得二极管电流和输出电压数据。然后使用 MATLAB®程序对电压和电流数据进行更深入的分析。

PSpice 仿真程序如下：

```
BRIDGE RECTIFIER
* SINUSOIDAL TRANSIENT INPUT
VS     1     0     SIN(0 169V 60HZ)
RS     1     2     1
* TRANSFORMER SECTION
LP     2     0     2H
LS     4     5     22MH
KFMR   LP    LS    0.999
*RECTIFIER DIODES
D1     4     6     D1N4150
D2     5     6     D1N4150
D3     0     5     D1N4150
D4     0     4     D1N4150
.MODEL    D1N4150    D(IS=10E-15 RS=1.0 CJO=1.3P TT=12N
BV=70 IBV=0.1P)
*DIODE CURRENT MONITOR
VM     6     7     DC     0
RL     7     0     RMOD   1
C      7     0     100E-6
.MODEL RMOD RES(R = 1)
* ANALYSIS REQUESTS
.TRAN    0.2MS    100MS
.STEP    RES    RMOD(R)    10K    90K    20K
.PRINT    TRAN    V(7)
.PROBE  V(7)
.END
```

表 6.4 和表 6.5 分别对应负载电阻值为 RL = 10kΩ 和 RL = 90kΩ 时输出电压的部分数值。

表 6.4　负载电阻为 10kΩ 时输出电压随时间变化值

时间/s	RL = 10kΩ 时输出电压/V
5.000E − 03	1.620E + 01
1.000E − 02	1.612E + 01
1.500E − 02	1.604E + 01
2.000E − 02	1.596E + 01
2.500E − 02	1.611E + 01
3.000E − 02	1.622E + 01

（续）

时间/s	RL = 10kΩ 时输出电压/V
3.500E - 02	1.614E + 01
4.000E - 02	1.616E + 01
4.500E - 02	1.608E + 01
5.000E - 02	1.616E + 01
5.500E - 02	1.617E + 01
6.000E - 02	1.609E + 01
6.500E - 02	1.620E + 01
7.000E - 02	1.611E + 01

表 6.5　负载电阻为 90kΩ 时输出电压随时间变化值

时间/s	RL = 10kΩ 时输出电压/V
5.000E - 03	1.621E + 01
1.000E - 02	1.620E + 01
1.500E - 02	1.619E + 01
2.000E - 02	1.619E + 01
2.500E - 02	1.618E + 01
3.000E - 02	1.617E + 01
3.500E - 02	1.616E + 01
4.000E - 02	1.615E + 01
4.500E - 02	1.615E + 01
5.000E - 02	1.614E + 01
5.500E - 02	1.621E + 01
6.000E - 02	1.620E + 01
6.500E - 02	1.620E + 01
7.000E - 02	1.619E + 01

　　负载电阻 RL 取值分别为 30kΩ、50kΩ、70kΩ 和 90kΩ 时对应的仿真数据分别保存在 ex6 _ 4aps. dat, ex6 _ 4bps. dat, ex6 _ 4cps. dat, ex6 _ 4dps. dat 和 ex6 _ 4eps. dat 文件中。通过数据分析可以得知，5ms 后输出电压稳定，所以为了计算输出电压纹波的准确性，前 5ms 的输出数据不用来进行计算。利用 MATLAB 程序对 PSpice 仿真结果进行分析，程序如下：

```
% Read PSPICE results using textread
% Load resistors
load 'ex6_4aps.dat' -ascii;
load 'ex6_4bps.dat' -ascii;
load 'ex6_4cps.dat' -ascii;
load 'ex6_4dps.dat' -ascii;
load 'ex6_4eps.dat' -ascii;
t2 = ex6_4aps(:,1);
v10k = ex6_4aps(:,2);
v30k = ex6_4bps(:,2);
v50k = ex6_4cps(:,2);
v70k = ex6_4dps(:,2);
v90k = ex6_4eps(:,2);
rl(1) = 10e3; rl(2) = 30e3; rl(3) = 50e3; rl(4) = 70e3;
rl(5) = 90e3;
%
% Average DC Voltage calculation
v_ave(1) = mean (v10k);
v_ave(2) = mean (v30k);
v_ave(3) = mean (v50k);
v_ave(4) = mean (v70k);
v_ave (5) = mean(v90k);
%
% RMS voltage calculation
n = length(v10k)
for i = 1: n
  V1diff(i) = (v10k(i)-v_ave(1))^2;  % ripple voltage squared
  V2diff(i) = (v30k(i)-v_ave(2))^2;  % ripple voltage squared
  V3diff(i) = (v50k(i)-v_ave(3))^2;  % ripple voltage squared
  V4diff(i) = (v70k(i)-v_ave(4))^2;  % ripple voltage squared
  V5diff(i) = (v90k(i)-v_ave(5))^2;  % ripple voltage squared
end
%
% Numerical Integration
Vint1 = trapz(t2, V1diff);
Vint2 = trapz(t2, V2diff);
Vint3 = trapz(t2, V3diff);
Vint4 = trapz(t2, V4diff);
Vint5 = trapz(t2, V5diff);
%
tup = t2(n); % Upper Limit of integration
v_rms(1) = sqrt(Vint1/tup);
v_rms(2) = sqrt(Vint2/tup);
v_rms(3) = sqrt(Vint3/tup);
v_rms(4) = sqrt(Vint4/tup);
v_rms(5) = sqrt(Vint5/tup);
%
% plot the average voltage
subplot(211)
plot(rl,v_ave)
ylabel('Average Voltage, V')
```

```
title('Average Voltage as a Function of Load Resistance')
% Plot rms voltage vs. RL
subplot(212)
plot(rl, v_rms)
title('Rms Voltage as a Function of Load Resistance')
xlabel('Load Resistance')
ylabel('RMS Value')
```

图6.10所示为利用 MATLAB 程序处理后的输出电压有效值和二极管平均电流波形。从图6.10可以看出，通常情况下，随着负载电阻的增大，输出电压平均值增加，输出电压纹波有效值降低。

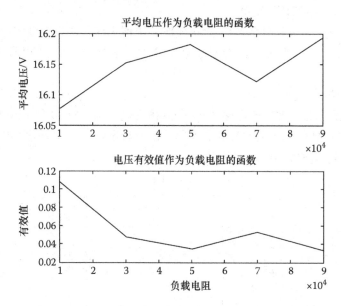

图6.10　负载电阻变化时平均输出电压与电压纹波有效值波形

6.3　二极管整流电路仿真

使用 OrCAD Capture 可以对二极管电路进行绘制和仿真分析。按照流程1.1中步骤打开 OrCAD 原理图绘制程序，然后按照流程1.2中步骤绘制二极管电路。对于学生版 OrCAD Capture，从"BREAKOUT"库中选择二极管"DBREAK"进行电路仿真，其他二极管可以从"EVAL"库中选择。分别按照流程1.3、流程1.4、流程1.5和流程1.6的具体步骤对电路进行直流分析、直流扫描分析、瞬态分析和交流分析。流程6.1详细列出了二极管电路进行仿真分析的具体步骤。

流程6.1　二极管电路仿真分析的具体步骤

● 按照流程1.1的步骤启动 OrCAD schematic。
● 按照流程1.2的步骤使用 OrCAD schematic 绘制电路原理图。
● 按照流程1.2的详细步骤绘制二极管电路，二极管可以从"DBREAK"库中选取，也可以从"EVAL"库中选择。
● 按照流程1.3、流程1.4、流程1.5和流程1.6的详细步骤分别对电路进行静态工作点分析、直流扫描分析、瞬态分析和交流分析。

实例6.5　半波整流电路

图6.4为半波整流电路，V_S 为正弦波，幅值10V，频率1000Hz，平均值为0V。假设 R =1kΩ，整流二极管型号为 D1N914，利用 OrCAD 求电阻两端的电压波形。

计算方法

图6.4所示为半波整流电路的 Capture 仿真电路图，VOFF、VAMPL 和 FREQ 分别为 OrCAD 软件中正弦信号源的参数。进行瞬态仿真，电路原理图如图6.11所示，输出电压波形如图6.12所示。

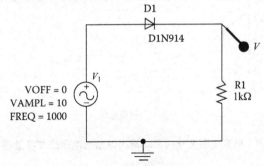

图6.11　半波整流电路

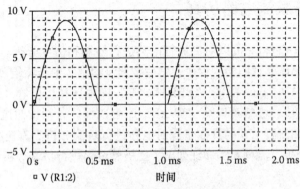

图6.12　半波整流电路输出电压波形

6.4 齐纳二极管电压调整电路

可以对齐纳二极管的 PN 结击穿电压进行控制，其电流—电压特性曲线如图 6.13 所示。I_{ZK} 为二极管击穿所需的最小电流，I_{ZM} 为齐纳二极管正常工作的最大电流，可以通过下面公式计算得到

$$I_{ZM} = \frac{P_Z}{V_Z} \qquad (6.12)$$

式中，P_Z 为齐纳二极管功耗；V_Z 为齐纳击穿电压。

齐纳二极管在特定工作点的动态电阻计算公式如下：

$$r_Z = \frac{\Delta V_Z}{\Delta I_Z} \qquad (6.13)$$

下面结合实例对齐纳二极管的动态电阻计算方法进行详细说明。

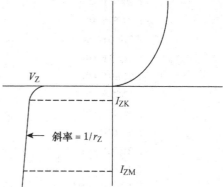

图 6.13 齐纳二极管的电流—电压特性曲线

实例 6.6 齐纳二极管的动态电阻计算

可以利用图 6.14 所示电路计算齐纳二极管的动态电阻。齐纳二极管 D1 的型号为 D1N4742，RS = 2Ω，RL = 100Ω，12.2 ≤ VS ≤ 13.2。当齐纳二极管的稳压值变化时，求其动态电阻。

计算方法

当输入电压 V_S 变化时，利用 PSpice 获得齐纳二极管的电流和电压数据。然后利用 MATLAB® 求得不同工作点时齐纳二极管的动态电阻。

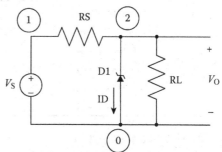

图 6.14 齐纳二极管电路

PSpice 仿真程序如下：

```
DYNAMIC RESISTANCE OF ZENER DIODE
.OPTIONS RELTOL=1.0E-08
.OPTIONS NUMDGT=6
VS       1      0       DC       12V
RS       1      2       2
D1       0      2       D1N4742
RL       2      0       100
.MODEL D1N4742 D(IS=0.05UA RS=9 BV=12 IBV=5UA)
.DC    VS      12.2     13.2     0.05
.PRINT       DC      V(0,2)   I(D1)
.END
```

表 6.6 为电路的部分 PSpice 仿真数据，全部的仿真数据保存在 ex6 _ 5ps. dat 文件中。

表 6.6　齐纳二极管的电流、电压对应数据

电压/V	电流/A
$-1.19608E+01$	$-1.14718E-06$
$-1.20098E+01$	$-7.33186E-06$
$-1.20587E+01$	$-4.76843E-05$
$-1.21073E+01$	$-2.86514E-04$
$-1.21544E+01$	$-1.26124E-03$
$-1.21992E+01$	$-3.39609E-03$
$-1.22424E+01$	$-6.38033E-03$
$-1.22846E+01$	$-9.83217E-03$
$-1.23264E+01$	$-1.35480E-02$
$-1.24090E+01$	$-2.14124E-02$
$-1.24501E+01$	$-2.54748E-02$
$-1.24910E+01$	$-2.95934E-02$
$-1.25319E+01$	$-3.37552E-02$
$-1.25726E+01$	$-3.79510E-02$
$-1.26134E+01$	$-4.21743E-02$
$-1.26541E+01$	$-4.64202E-02$
$-1.26947E+01$	$-5.06850E-02$
$-1.27354E+01$	$-5.49660E-02$
$-1.27760E+01$	$-5.92607E-02$
$-1.28165E+01$	$-6.35675E-02$

MATLAB 脚本程序如下：

```
% Dynamic resistance of Zener diode
%
% Read the PSPICE results
load 'ex6_5ps.dat' -ascii;
vd = ex6_5ps(:,2);
id = ex6_5ps(:,3);
n = length(vd); % number of data points
m = n-2;    %number of dynamic resistances to calculate
for i = 1: m
    vpt(i) = vd(i + 1);
    rd(i) = -(vd(i + 2) - vd(i))/(id(i + 2)-id(i));
end
% Plot the dynamic resistance
plot (vpt, rd,'ob',vpt,rd)
title('Dynamic Resistance of a Zener Diode')
xlabel('Voltage, V')
ylabel('Dynamic Resistance, Ohms')
```

图 6.15 所示为 MATLAB 仿真结果，从图可以看出，当齐纳二极管处于击穿区域时其动态电阻很小。

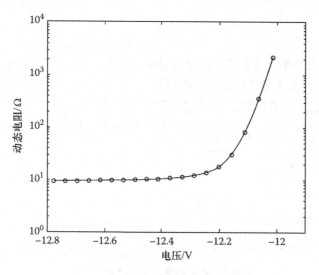

图 6.15　齐纳二极管动态电阻波形

齐纳二极管的典型应用为设计电压基准电路。图 6.14 所示为齐纳二极管分压调节电路，该电路的设计目的是提供一个恒定输出电压 V_O。当输入电压大于齐纳二极管的击穿电压时，二极管齐纳击穿，输出电压等于齐纳击穿电压。

所谓输出电压调整率，即随着负载电阻的变化，输出电压会略微改变。下面通过实例对电压调整率进行详细介绍。

实例 6.7　齐纳二极管稳压电路的电压调节特性

如图 6.14 所示，$V_S = 18V$，$RS = 400\Omega$，齐纳二极管型号为 D1N4742，当负载电阻 RL 的阻值从 $1k\Omega$ 变化到 $51k\Omega$ 时，求输出电压的变化曲线。

计算方法

利用 PSpice 获得输出电压随负载电阻变化的数值。然后利用 MATLAB® 绘制输出电压随负载电阻变化的曲线。

PSpice 仿真程序如下：

```
VOLTAGE REGULATOR CIRCUIT
.OPTIONS RELTOL=1.0E-08
.OPTIONS NUMDGT=5

VS      1     0     DC      18V
RS      1     2     400
DZENER        0     2       D1N4742
.MODEL D1N4742 D(IS=0.05UA   RS=9 BV=12  IBV=5UA)
RL      2     0     RMOD    1
```

```
.MODEL    RMOD     RES(R=1)
.STEP   RES     RMOD(R)   1K   51K   5K
*ANALYSIS TO BE DONE
.DC   VS     18     18     1
.PRINT       DC   V(2)
.END
```

PSpice 仿真结果见表 6.7，该结果存储在 ex6 _ 6ps. dat 文件中。利用 MAT-LAB 对 PSpice 仿真结果进行绘图，程序如下：

```
% Voltage Regulation
% Plot of Output voltage versus load resistance
% Input the PSPICE results
load 'ex6_6ps.dat' -ascii;
rl = ex6_6ps(:,1);
v = ex6_6ps(:,2);
% Plot rl versus v
plot(rl, v, 'b', rl, v, 'ob')
xlabel('Load Resistance, Ohms')
ylabel('Output Voltage, V')
title('Output Voltage as a Function of Load Resistance')
```

表 6.7 输出电压随负载电阻变化值

负载电阻 RL/Ω	输出电压/V
1. 0000E + 03	1. 2181E + 01
6. 0000E + 03	1. 2311E + 01
11. 0000E + 03	1. 2321E + 01
16. 0000E + 03	1. 2325E + 01
21. 0000E + 03	1. 2327E + 01
26. 0000E + 03	1. 2328E + 01
31. 0000E + 03	1. 2329E + 01
36. 0000E + 03	1. 2329E + 01
41. 0000E + 03	1. 2330E + 01
46. 0000E + 03	1. 2330E + 01
51. 0000E + 03	1. 2331E + 01

电压调节图如图 6.16 所示。

随着负载电阻的增加，输出电压几乎恒定。

实例 6.8 电压调整率的三维曲线

在图 6.14 中，当负载电阻从 200Ω 变化到 2000Ω 时，输入电源从 4V 变化到 24V，RS 为 150Ω 且保持恒定，当齐纳二极管为 D1N754 时，求输出电压随着负载电阻和输入电源变化的波形。

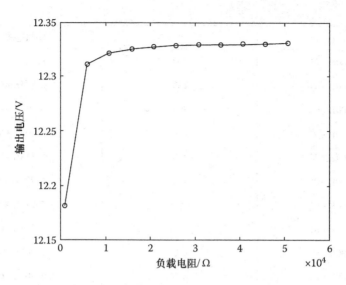

图 6.16　负载电阻变化时输出电压波形

计算方法

当负载电阻和输入电源变化时，利用 PSpice 获得输出电压数据。

PSpice 仿真程序如下：

```
VOLTAGE REGULATOR CIRCUIT
VS     1     0     DC    18V
RS     1     2     150
DZENER 0     2     D1N754
.MODEL D1N754 D(IS=880.5E-18 N=1 RS=0.25 IKF=0 XTI=3 EG=1.11
+ CJO=175P M=0.5516 VJ=0.75 FC=0.5 ISR=1.859N NR=2 BV=6.863
+ IBV=0.2723 TT=1.443M)
RL     2     0     RMOD 1
.MODEL RMOD       RES(R=1)
.STEP RES   RMOD(R)   0.2E3   2.0E3   0.2E3
* ANALYSIS TO BE DONE
.DC   VS   4    24    1
.PRINT DC   V(2)
.END
```

表 6.8 为部分 PSpice 仿真结果，完整的仿真结果在文件 ex6_7ps. dat 中。

表 6.8　输出电压随负载电阻和输入电压变化值

源电压/V	负载电阻/Ω	输出电压/V
4.000E + 00	200	2.286E + 00
8.000E + 00	200	4.571E + 00
1.200E + 01	200	6.729E + 00

（续）

源电压/V	负载电阻/Ω	输出电压/V
1.600E +01	200	6.810E +00
2.000E +01	200	6.834E +00
2.400E +01	200	6.851E +00
4.000E +00	400	2.909E +00
8.000E +00	400	5.818E +00
1.200E +01	400	6.797E +00
1.600E +01	400	6.827E +00
2.000E +01	400	6.846E +00
2.400E +01	400	6.861E +00
4.000E +00	600	3.200E +00
8.000E +00	600	6.400E +00
1.200E +01	600	6.805E +00
1.600E +01	600	6.831E +00
2.000E +01	600	6.849E +00
2.400E +01	600	6.864E +00

利用 MATLAB®绘制三维图程序如下：

```
% 3-D plot of output voltage as a function
% of load resistance and input voltage
%
load 'ex6_7ps.dat' -ascii;
vs = ex6_7ps(:,1);
rl = ex6_7ps(:,2);
vo = ex6_7ps(:,3);
% Do 3-D plot
plot3(vs, rl, vo,'r');
% axis square
grid on
title ('Output Voltage as a Function of Load and Source
Voltage')
xlabel('Input Voltage, V')
ylabel('Load Resistance, Ohms')
zlabel(,Voltage across zener diode,V')
```

利用 MATLAB 绘制的三维图形如图 6.17 所示。

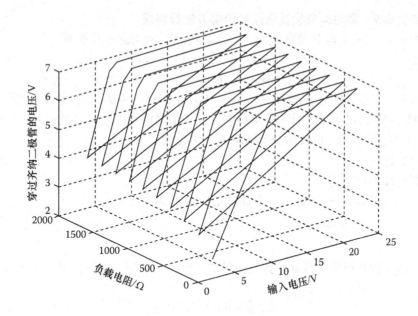

图 6.17　输出电压随输入电源和负载电阻变化的三维曲线

6.5　峰值检测电路

峰值检测电路用来检测输入信号的峰值，可以用作音频调幅信号的解调器，也可以用于测试调幅（AM）信号的幅值。图 6.18 所示为简单的峰值检测电路。

峰值检测电路一般为简单的半波整流电路，由电容器和负载电阻构成。假设输入电源为正弦波 $V_m \sin$

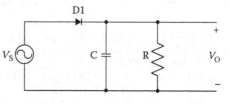

图 6.18　峰值检测电路

$(2\pi f_0 t)$，振幅大于 0.6V。在第一个四分之一周期内，电容将被充电，电压随之升高。当时间 $t = 1/4f_0$ 时，其中 f_0 为输入正弦信号的频率，当输入电压源达到其最大值 V_m 时，电容也被充电至其最大值 V_m。

当时间 $t = 1/4f_0$ 时，输入电压源的幅值开始减小，电容 C 将通过电阻 R 进行放电。假定在 $t_1 = 1/4f_0$，电容被充电到输入电压的最大值，然后电容电压将按照如下公式进行放电：

$$v_o(t) = V_m e^{-(t-t_1)/RC} \tag{6.14}$$

通过合理选择时间常数 RC，可以在一定误差范围内使用电容电压幅值代替输入信号的峰值。下面结合实例介绍时间常数对峰值电压的影响。

实例 6.9 利用峰值检波电路对调幅波进行解调

图 6.18 所示为峰值检波电路，利用该电路对调幅波进行解调。

$$v_s(t) = 10[1 + 0.5\cos(2\pi f_m t)]\cos(2\pi f_c t) \tag{6.15}$$

式中，f_c 为载波频率，单位为 Hz；f_m 为调制频率，单位为 Hz。

如果 $f_c = 0.2\text{MHz}$，$f_m = 15\text{kHz}$，$C = 20\text{nF}$，$RM = 100\Omega$，二极管 D1 的型号为 D1N916，则当 RL = 1kΩ 时求输出包络与输入信号的均方差，当电阻 RL 为 3kΩ、5kΩ、7kΩ、9kΩ 和 11kΩ 时分别计算其均方差值。

计算方法

调制波表达式为

$$v_s(t) = 10\cos(2\pi f_c t) + 5\cos(2\pi f_m t)\cos(2\pi f_c t)$$

$$= 10\cos(2\pi f_c t) + 2.5\cos[2\pi(f_c + f_m)t] + 2.5\cos[2\pi(f_c - f_m)t] \tag{6.16}$$

PSpice 仿真程序中只有正弦波信号源，通过三角恒等变形，可以把余弦信号表示为正弦信号，例如：

$$\sin(\omega t + 90°) = \cos(\omega t) \tag{6.17}$$

利用变形式（6.17）性质，式（6.16）可以表示为

$$v_s(t) = 10\sin(2\pi f_c t + 90°) \tag{6.18}$$

$$+ 2.5\sin[2\pi(f_c + f_m)t + 90°] + 2.5\sin[2\pi(f_c - f_m)t + 90°]$$

调制波的频率成分如下：

$$f_c = 200\text{kHz}$$
$$f_c + f_m = 215\text{kHz}$$
$$f_c - f_m = 185\text{kHz}$$

图 6.19 所示为解调电路，该电路的 PSpice 仿真程序如下：

```
AM DEMODULATOR
VS1    1    0    SIN(0  10   200KHZ  0  90)
VS2    2    1    SIN(0  2.5  215KHZ  0  90)
VS3    3    2    SIN(0  2.5  185KHZ  0  90)
D1     3    4    D1N916
.MODEL D1N916 D(IS=0.1P RS=8 CJO=1P TT=12N BV=100 IBV=0.1P)
C      4    0    20E-9
RL     4    0    RMOD 1
.MODEL    RMOD    RES(R=1)
.STEP   RES    RMOD(R)  1K   11K   2K
VS4    5    0    SIN(0  10   200KHZ  0  90)
VS5    6    5    SIN(0  2.5  215KHZ  0  90)
VS6    7    6    SIN(0  2.5  185KHZ  0  90)
RM     7    0    100
.TRAN   2US  150US
.PRINT  TRAN  V(4)   V(7)
.PROBE  V(4)  V(7)
.END
```

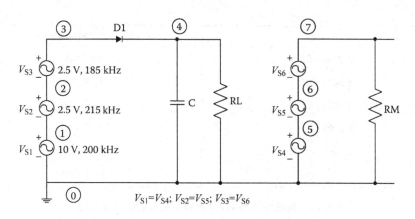

图 6.19 解调电路

如图 6.20 所示，电阻 RL 阻值为 1kΩ 时调制波及其包络的波形。表 6.9 和 6.10 分别为 RL = 1kΩ 和 11kΩ 时的部分 PSpice 仿真结果。RL = 1kΩ、3kΩ、5kΩ、7kΩ、9kΩ 和 11kΩ 的仿真数据分别保存在 ex6 _ 8aps. dat，ex6 _ 8bps. dat，ex6 _ 8cps. dat，ex6 _ 8dps. dat，ex6 _ 8eps. dat 和 ex6 _ 8fps. dat 文件中。

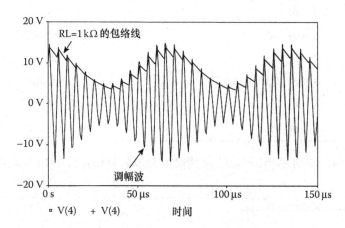

图 6.20 负载电阻为 1kΩ 时调幅波及其包络波形

表 6.9 负载电阻为 1kΩ 时输出电压随时间变化值

时间/s	RL = 1kΩ 时输出电压/V
1. 000E – 05	1. 100E + 01
2. 000E – 05	7. 645E + 00
3. 000E – 05	4. 664E + 00
4. 000E – 05	3. 670E + 00

（续）

时间/s	RL = 1kΩ 时输出电压/V
5.000E − 05	6.168E + 00
6.000E − 05	9.826E + 00
7.000E − 05	1.156E + 01
8.000E − 05	1.001E + 01
9.000E − 05	6.550E + 00
1.000E − 04	3.973E + 00

表 6.10　负载电阻为 11kΩ 时输出电压随时间变化值

时间/s	RL = 11kΩ 时输出电压/V
1.000E − 05	1.351E + 01
2.000E − 05	1.291E + 01
3.000E − 05	1.234E + 01
4.000E − 05	1.179E + 01
5.000E − 05	1.126E + 01
6.000E − 05	1.143E + 01
7.000E − 05	1.380E + 01
8.000E − 05	1.319E + 01
9.000E − 05	1.260E + 01
1.000E − 04	1.204E + 01

利用 MATLAB 计算 RL = 1kΩ 及其他值时包络与调幅波的均方差值，脚本程序如下：

```
% Demodulator circuit
%
% Read Data from PSPICE simulations
load 'ex6_8aps.dat' -ascii;
load 'ex6_8bps.dat' -ascii;
load 'ex6_8cps.dat' -ascii;
load 'ex6_8dps.dat' -ascii;
load 'ex6_8eps.dat' -ascii;
load 'ex6_8fps.dat' -ascii;
v1 = ex6_8aps(:,2);
v2 = ex6_8bps(:,2);
v3 = ex6_8cps(:,2);
v4 = ex6_8dps(:,2);
```

```
v5 = ex6_8eps(:,2);
v6 = ex6_8fps(:,2);
n = length(v1);    % Number of data points
ms1 = 0;
ms2 = 0;
ms3 = 0;
ms4 = 0;
ms5 = 0;
% Calculate squared error
for i = 1:n
    mse1 = ms1 + (v2(i) - v1(i))^2;
    mse2 = ms2 + (v3(i) - v1(i))^2;
    mse3 = ms3 + (v4(i) - v1(i))^2;
    mse4 = ms4 + (v5(i) - v1(i))^2;
    mse5 = ms5 + (v6(i) - v1(i))^2;
end
% Calculate mean squared error
mse(1) = mse1/n;
mse(2) = mse2/n;
mse(3) = mse3/n;
mse(4) = mse4/n;
mse(5) = mse5/n;
rl = 3e3:2e3:11e3
plot(rl, mse, rl, mse, 'ob')
title('Mean Squared Error as Function of Load Resistance')
xlabel('Load Resistance, Ohms')
ylabel('Mean Squared Error')
```

均方误差曲线如图 6.21 所示，从图中可以看出，随着负载电阻的增加，均方误差也随之增大。

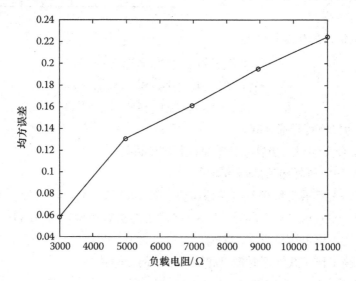

图 6.21　负载电阻变化时均方误差的对应曲线

6.6　二极管限幅器

通用限幅器的传输特性如下：

$$v_O = kv_{IN}, \quad V_A \leqslant v_{IN} \leqslant V_B$$
$$v_O = V_H, \quad v_{IN} > V_B$$
$$v_O = V_L, \quad v_{IN} < V_A \tag{6.19}$$

式中，k 为常数；V_H 和 V_L 分别代表输出电压的最高值和最低值；v_O 为输出电压；v_{IN} 为输入电压。

从式（6.19）可以看出，当输入电压 v_{IN} 超过其上限阈值 V_B 时，输出电压被限制为 V_H。当输入电压 v_{IN} 低于其下限阈值 V_A 时，输出电压被限制为 V_L。式（6.19）描述双向限幅器的输入输出关系，随着输入电压的变化，输出被限制在最高电压 V_H 和最低电压 V_L 之间。如果输出电压被限制在 V_H 或 V_L，则限幅器为单向限幅器。

在式（6.19）中，V_H 和 V_L 为独立于输入电压 v_{IN} 的恒定常数，具有此特性的电路被称为硬限幅器。如果 V_H 和 V_L 不是恒定常数，而是随着输入电压线性变化，则该限幅器被称为软限幅器。图 6.22 所示为某种限幅器电路。

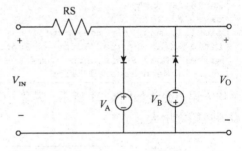

图 6.22　双向限幅器

双向限幅器的传输特性为

$$V_O = V_A + V_D, \quad 当 \ V_O \geqslant V_A + V_D$$
$$V_O = V_{IN}, \quad 当 -(V_B + V_D) \leqslant V_O \leqslant V_A + V_D$$
$$V_O = -(V_B + V_D), \quad 当 \ V_O \leqslant -(V_B + V_D) \tag{6.20}$$

式中，V_D 为二极管导通压降。

下面结合实例对二极管限幅电路进行详细讲解。

实例 6.10　限幅电路的传输特性

如图 6.23 所示为精密双极性限幅器，$V_{CC} = 15V$，$V_{EE} = -15V$，R1 = R2 = RA = 10kΩ。输入信号的范围为 -13 ~ +13V，二极管的型号为 D1N916。

1）求①输出电压最小值；②输出电压最大值；③DC 传输特性曲线。

2）电路工作于线性区时输出和输入信号的传输特性。

计算方法

利用 PSpice 对电路进行仿真分析，程序如下：

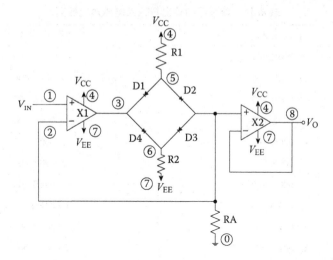

图6.23 精密限幅器

```
LIMITER CIRCUIT
* CIRCUIT DESCRIPTION
VIN    1    0    DC     0V;
VCC    4    0    DC     15V;   15V POWER SUPPLY
VEE    7    0    DC     -15V;  -15V POWER SUPPLY
X1     1    2    4      7      3      UA741;     UA741 OP-AMP
* +INPUT;-INPUT;+VCC;-VEE;OUTPUT;CONNECTIONS FOR OP AMP UA741
R1     4    5    10K
D1     5    3    D1N916
D2     5    2    D1N916
D3     2    6    D1N916
D4     3    6    D1N916
.MODEL D1N916 D(IS=0.1P RS=8 CJO=1P TT=12N BV=100 IBV=0.1P)
R2     6    7    10K
X2     2    8    4      7      8      UA741;     UA741 OP-AMP
* +INPUT;-INPUT;+VCC;-VEE;OUTPUT;CONNECTIONS FOR OP AMP UA741
RA     2    0    10K
** ANALYSIS TO BE DONE**
* SWEEP THE INPUT VOLTAGE FROM -12V TO +12 V IN 0.2V INCREMENTS
.DC    VIN   -13  13     0.5
** OUTPUT REQUESTED
.PRINT DC V(8)
.PROBE V(8)
.LIB NOM.LIB;
* UA741 OP AMP MODEL IN PSPICE LIBRARY FILE NOM.LIB
.END
```

Spice 部分仿真结果见表6.11，完整的仿真结果保存在文件 ex6 _9ps. dat 中。利用 MATLAB® 对仿真数据进行处理，并且绘制传输特性曲线。

表 6.11　限幅器的输出与输入电压对应数据

输入电压/V	输出电压/V
$-1.300E+01$	$-7.204E+00$
$-1.100E+01$	$-7.204E+00$
$-9.000E+00$	$-7.204E+00$
$-7.000E+00$	$-6.999E+00$
$-5.000E+00$	$-5.000E+00$
$-3.000E+00$	$-3.000E+00$
$-1.000E+00$	$-9.999E-01$
$1.000E+00$	$1.000E+00$
$3.000E+00$	$3.000E+00$
$5.000E+00$	$5.000E+00$
$7.000E+00$	$7.000E+00$
$9.000E+00$	$7.203E+00$
$1.100E+01$	$7.203E+00$
$1.300E+01$	$7.203E+00$

MATLAB 脚本程序如下：

```
% Limiter Circuit
%
% Read data from file
load 'ex6_9ps.dat' -ascii;
vin = ex6_9ps(:,1);
vout = ex6_9ps(:,2);
% Obtain minimum and maximum value of output
vmin = min(vout); % minimum value of output
vmax = max(vout); % maximum value of output
% Obtain proportionality constant of the nonlimiting region
n = length(vin);      % size of data points
% Calculate slopes
for i = 1:n-1
slope(i) = (vout(i + 1) - vout(i))/(vin(i + 1)-vin(i));
end
kprop = max(slope);  % proportionality constant
% Plot the transfer characteristics
plot(vin, vout)
title('Transfer Characteristics of a Limiter')
xlabel('Input Voltage, V')
ylabel('Output Voltage, V')
% Print the results
fprintf('Maximum Output Voltage is %10.4e V\n', vmax)
fprintf('Minimum Output Voltage is %10.4e V\n', vmin)
fprintf('Proportionality Constant is %10.5e V\n', kprop)
```

传输特性曲线如图 6.24 所示。

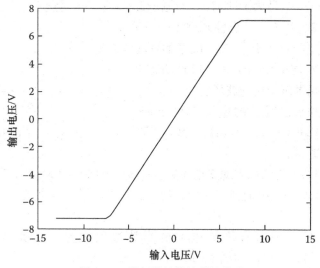

图 6.24　限幅器的传输特性曲线

MATLAB 计算结果为

最大输出电压 = 7.2030e + 000V；

最小输出电压 = − 7.2040e + 000V；

输出输入传输常数 = 1.00020e + 000V。

本章习题

6.1　正向偏置二极管电压电流对应数据见表 P6.1，求：

1）匹配方程；

2）当二极管两端电压为 0.64V 时，流过二极管的电流。

表 P6.1　二极管正向偏置时电流、电压对应数据

正向偏置电压/V	正向偏置电流/A
0.1	1.33e − 13
0.2	1.79e − 12
0.3	24.02e − 12
0.4	0.321e − 9
0.5	4.31e − 9
0.6	57.69e − 9
0.7	7.72e − 7

6.2　根据实例 6.2，绘制二极管电流随温度变化的曲线。求二极管电流与温度的最佳拟合方程。

6.3　如图 P6.3 所示二极管电路，R =
10kΩ，二极管 D1 型号为 D1N916。当电压源
V_{DC} 以步长 0.2V 从 0.3V 线性增加到 2.1V
时，随着输入电压的变化，求二极管的动态
电阻及二极管两端电压。绘制二极管动态电
阻随二极管两端电压变化的波形。

6.4　如图 6.5 所示的电池充电电路，
$v_s(t) = 18\sin(120\pi t)$，R = 100Ω，VB = 12V，
求二极管的导通角。

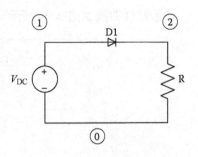

图 P6.3　二极管电路

6.5　如图 6.5 所示的电池充电电路，$v_s(t) = 18\sin(120\pi t)$，R = 100Ω，当
电池 V_B 电压从 10.5V 增加到 12V 时，绘制二极管的平均电流随电池电压变化的
波形。

6.6　图 P6.6 为含有平滑电路的半波整流电路，二极管 D1 型号为
D1N4009，LP = 1H，LS = 100mH，RS = 5Ω，RL = 10kΩ。

1）假设 C = 10μF，绘制二极管电流随时间变化的波形；

2）当电容 C 取值分别为 1μF、10μF、100μF 和 500μF 时，求：

①绘制输出电压有效值随电容值变化的波形；

②绘制二极管平均电流随电容值变化的波形。

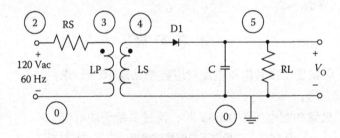

图 P6.6　整流电路

6.7　图 6.9 所示为具有平滑电路的全波整流电路，二极管 D1、D2、D3 和
D4 的型号均为 D1N914，C = 10μF。当电阻 RL 的阻值分别为 10kΩ、30kΩ、
50kΩ、70kΩ、90kΩ 和 110kΩ 时，求二极管的峰值电流，并且绘制峰值电流随
电阻 RL 变化的波形。

6.8　在图 6.14 中，假设 $V_S = 18V$，D1 型号为 D1N4742，RL = 100Ω，RS =
2Ω。当温度从 0℃ 变化到 100℃ 时，求二极管两端的电压。绘制二极管两端电压
随温度变化的曲线。

6.9　在图 6.14 所示的齐纳二极管稳压电路中，电源电压为 20V，齐纳二极

管型号为 D1N4742。当负载电阻从 1kΩ 变化至 20kΩ，电源电阻 RS 从 20Ω 变化至 100Ω 时，绘制输出电压随负载电阻和电源电阻变化的曲线。

6.10 在图 6.14 中，V_S 电源电压从 8V 变化至 20V，负载电阻 RL = 2kΩ，电源电阻 RS 从 20Ω 变化至 120Ω，齐纳二极管型号为 1N4742。绘制输出电压随电源电压 V_S 和电源电阻 RS 变化的曲线。

6.11 如图 6.18 所示的峰值检波电路，$V_s(t) = 15\sin(360\pi t)$，C = 0.01F，二极管型号为 D1N4009。当负载电阻值分别为 1kΩ、3kΩ、5kΩ、7kΩ 和 9kΩ 时，求：

1）二极管的峰值电流随负载电阻变化的波形。

2）单周期内二极管的平均电流值。

6.12 在图 6.23 中，R1 = R2 = RA = 10kΩ，$V_{IN}(t) = 10\sin(240\pi t)$V，运算放大器 X1 和 X2 的型号为 741。如果 $V_{CC} = |V_{EE}| = V_K$，则当 V_K 从 11V 变化至 16V 时，求输出电压的最小值和最大值。

6.13 图 P6.13 为限幅电路，V_{CC} = 15V，V_{EE} = −15V，R1 = 2kΩ，R2 = 4kΩ，二极管型号为 D1N754。当输入正弦信号为 $20\sin(960\pi t)$，运算放大器型号为 741 时，求输出电压的峰值和最小值，并绘制输出电压波形。

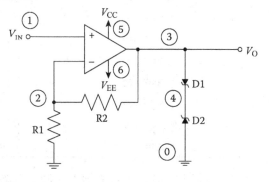

图 P6.13 限幅电路

6.14 图 P6.14 所示为背靠背二极管限幅电路，R1 = 1kΩ，二极管 D1 和 D2 的型号为 D1N914。当输入信号为正弦波 $V_{IN}(t) = 20\sin(960\pi t)$ V 时，求输出电压波形，并且计算第二、第三和第四谐波的百分比。

6.15 在图 6.7 中，假设电阻 R 被串联的 10V 电压源和 100Ω 替换，当输入正弦波 $V_S(t) = 180\sin(120\pi t)$V 时，求：

1）流过电阻的峰值电流值；

2）流过电压源的平均电流值。

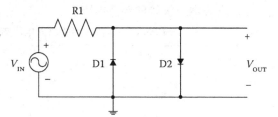

图 P6.14 背靠背二极管限幅电路

6.16 表 P6.16 为流过二极管的瞬时时间和电流值。

1）绘制时间电流波形；

2）求流过二极管的平均电流值。

表 P6. 16 二极管电流随时间变化值

时间/s	电流/A
0. 000E + 00	1. 210E – 9
5. 000E – 03	4. 201E – 07
10. 000E – 03	6. 160E – 07
15. 000E – 03	3. 38
20. 000E – 03	6. 148
25. 000E – 03	4. 723
30. 000E – 03	2. 060E – 01
35. 000E – 03	4. 583E – 07
40. 000E – 03	3. 606E – 07
45. 000E – 03	2. 839E – 07
5. 000E – 02	2. 070E – 07
5. 500E – 02	– 1. 268E – 07
6. 000E – 02	– 4. 366E – 08
6. 500E – 02	3. 940E – 08
7. 000E – 02	1. 231E – 07
7. 500E – 02	2. 041E – 07
8. 000E – 02	2. 820E – 07
8. 500E – 02	3. 601E – 07

6. 17 如图 6. 14 所示的齐纳电压调节电路, 输入和输出电压值见表 P6. 17, 假设 RS = 2kΩ, RL = 10kΩ。

1) 当输入电压变化时, 绘制流过齐纳二极管的电流随输出电压变化的波形;

2) 求齐纳二极管的动态电阻。

表 P6. 17 齐纳二极管输入电压与输出电压对应数据

输入电压 V_S/V	输出电压 V_{OUT}/V
12. 0	8. 756
13. 0	8. 764
14. 0	8. 777
15. 0	8. 783
16. 0	8. 798
17. 0	8. 806
18. 0	8. 905

参 考 文 献

1. Alexander, Charles K., and Matthew N. O. Sadiku. *Fundamentals of Electric Circuits*. 4th ed. New York: McGraw-Hill, 2009.
2. Attia, J. O. *Electronics and Circuit Analysis Using MATLAB®*. 2nd ed. Boca Raton, FL: CRC Press, 2004.
3. Boyd, Robert R. *Tolerance Analysis of Electronic Circuits Using MATLAB®*. Boca Raton, FL: CRC Press, 1999.
4. Chapman, S. J. *MATLAB® Programming for Engineers*. Tampa, FL: Thompson, 2005.
5. Davis, Timothy A., and K. Sigmor. *MATLAB® Primer*. Boca Raton, FL: Chapman & Hall/CRC, 2005.
6. Distler, R. J. "Monte Carlo Analysis of System Tolerance." *IEEE Transactions on Education* 20 (May 1997): 98–101.
7. Etter, D. M. *Engineering Problem Solving with MATLAB®*. 2nd ed. Upper Saddle River, NJ: Prentice Hall, 1997.
8. Etter, D. M., D. C. Kuncicky, and D. Hull. *Introduction to MATLAB® 6*. Upper Saddle River, NJ: Prentice Hall, 2002.
9. Hamann, J. C, J. W. Pierre, S. F. Legowski, and F. M. Long. "Using Monte Carlo Simulations to Introduce Tolerance Design to Undergraduates." *IEEE Transactions on Education* 42, no. 1 (February 1999): 1–14.
10. Gilat, Amos. *MATLAB®, An Introduction With Applications*. 2nd ed. New York: John Wiley & Sons, 2005.
11. Hahn, Brian D., and Daniel T. Valentine. *Essential MATLAB® for Engineers and Scientists*. 3rd ed. New York and London: Elsevier, 2007.
12. Herniter, Marc E. *Programming in MATLAB®*. Florence, KY: Brooks/Cole Thompson Learning, 2001.
13. Howe, Roger T., and Charles G. Sodini. *Microelectronics, An Integrated Approach*. Upper Saddle River, NJ: Prentice Hall, 1997.
14. Moore, Holly. *MATLAB® for Engineers*. Upper Saddle River, NJ: Pearson Prentice Hall, 2007.
15. Nilsson, James W., and Susan A. Riedel. *Introduction to PSPICE Manual Using ORCAD Release 9.2 to Accompany Electric Circuits*. Upper Saddle River, NJ: Pearson/Prentice Hall, 2005.
16. OrCAD Family Release 9.2. San Jose, CA: Cadence Design Systems, 1986–1999.
17. Rashid, Mohammad H. *Introduction to PSPICE Using OrCAD for Circuits and Electronics*. Upper Saddle River, NJ: Pearson/Prentice Hall, 2004.
18. Sedra, A. S., and K. C. Smith. *Microelectronic Circuits*. 5th ed. Oxford: Oxford University Press, 2004.
19. Spence, Robert, and Randeep S. Soin. *Tolerance Design of Electronic Circuits*. London: Imperial College Press, 1997.
20. Soda, Kenneth J. "Flattening the Learning Curve for ORCAD-CADENCE PSPICE." *Computers in Education Journal* XIV (April–June 2004): 24–36.
21. Svoboda, James A. *PSPICE for Linear Circuits*. 2nd ed. New York: John Wiley & Sons, Inc., 2007.
22. Tobin, Paul. "The Role of PSPICE in the Engineering Teaching Environment." Proceedings of International Conference on Engineering Education, Coimbra,

Portugal, September 3–7, 2007.

23. Tobin, Paul. *PSPICE for Circuit Theory and Electronic Devices*. San Jose, CA: Morgan & Claypool Publishers, 2007.

24. Tront, Joseph G. *PSPICE for Basic Circuit Analysis*. New York: McGraw-Hill, 2004.

25. *Using MATLAB®, The Language of Technical Computing, Computation, Visualization, Programming, Version 6*. Natick, MA: MathWorks, Inc., 2000.

26. Yang, Won Y., and Seung C. Lee. *Circuit Systems with MATLAB® and PSPICE*. New York: John Wiley & Sons, 2007.

第 7 章
运算放大器

运算放大器（op amps）具有很强的通用性。可以用于数学运算，如加、减、乘、积分和微分。很多电子电路使用运算放大器作为其组成部分，如放大器、滤波器、振荡器和触发器等。本章主要对运算放大器的各种特性进行讨论，另外对运放的非理想特性进行分析。最后利用 PSpice 和 MATLAB®仿真软件对运算放大器构成的滤波器和比较器电路进行详细分析。

7.1　反相和同相放大器

从信号的输入输出端口看，运算放大器可以看作一个三端口器件。理想运算放大器具有如下特性：输入阻抗无限大、输出阻抗为零、偏移电压为零、带宽无限、共模抑制比和开环增益均无限大。

实际运算放大器的开环增益非常大，一般为 $10^5 \sim 10^9 \Omega$。输入电阻同样也非常大，一般为 $10^6 \sim 10^{10} \Omega$。输出阻抗范围一般在 $50 \sim 125\Omega$ 范围内。运放的偏移电压很小，但是并非为零。和理想运算放大器的无限频率带宽相比，实际运算放大器的频率响应会有很大变化。

7.1.1　反相放大器

如图 7.1 所示为运算放大器的一种基本电路结构：反相放大器。其输入输出特性为

$$\frac{V_O}{V_{IN}} = -\frac{Z_2}{Z_1} \qquad (7.1)$$

在式（7.1）中，输入阻抗为

$$Z_{IN} = Z_i \qquad (7.2)$$

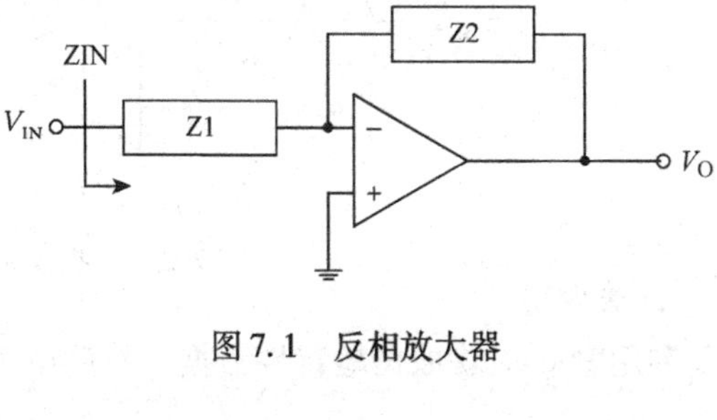

图 7.1　反相放大器

1. 反相放大器

当 $Z_1 = R1$，$Z_2 = R2$ 时，该放大器为反相放大器，其闭环增益为

$$\frac{V_0}{V_{IN}} = -\frac{R2}{R1} \tag{7.3}$$

2. 米勒积分器

当 $Z_1 = R1$，$Z_2 = 1/j\omega C$ 时，该电路为米勒积分器，其闭环增益为

$$\frac{V_0}{V_{IN}} = -\frac{R2}{R1} \tag{7.4}$$

对电路进行时域分析时，上述表达式表示为

$$V_0(t) = -\frac{1}{CR1}\int_0^t V_{IN}(t)\,\mathrm{d}t + V_0(0) \tag{7.5}$$

3. 微分电路

当 $Z_1 = 1/j\omega C$，$Z_2 = R$ 时，该电路为微分电路，其闭环增益为

$$\frac{V_0}{V_{IN}} = -j\omega CR \tag{7.6}$$

对电路进行时域分析时，上述表达式表示为

$$V_0(t) = -CR\frac{\mathrm{d}V_{IN}(t)}{\mathrm{d}t} \tag{7.7}$$

下面结合实例对反相放大电路进行详细讲解。

实例 7.1　反相放大器的直流传输特性

图 7.2 所示为反相放大电路，$V_{CC} = 15V$，$V_{EE} = -15V$，R1 = 2kΩ，R2 = 5kΩ，求：

1）最大和最小输出电压；

2）线性放大区增益；

3）电路工作于线性放大区域时输入电压范围。

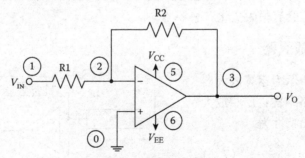

图 7.2　反相放大电路

计算方法

利用 PSpice 获取传输特性数据，然后由 MATLAB® 对数据进行处理。

PSpice 仿真程序如下：

```
DC TRANSFER CHARACTERISTICS
VIN  1   0   DC   0.5V
R1   1   2   1E3
R2   2   3   5E3
VCC  5   0   DC   15V;  POWER SUPPLY
VEE  6   0   DC   -15V; POWER SUPPLY
X1   0   2   5    6   3 UA741; UA741 OP AMP
* +INPUT; -INPUT; +VCC; -VEE; OUTPUT; CONNECTIONS FOR
UA741
** ANALYSIS TO BE DONE
.DC VIN -14 +14 0.5V
.LIB NOM.LIB
* UA741 OP AMP MODEL IN PSPICE LIBRARY FILE NOM.LIB
** OUTPUT
.PRINT DC V(3)
.END
```

反相放大器的 PSpice 仿真电路如图 7.2 所示，输入输出数据见表 7.1，全部的仿真结果保存在文件 ex7 _1ps. dat 中。

表 7.1　图 7.2 所示反相放大电路的输入电压和输出电压对应数据

输入电压/V	输出电压/V
$-1.400E+01$	$1.461E+01$
$-5.000E+00$	$1.461E+01$
$-3.000E+00$	$1.460E+01$
$-1.000E+00$	$5.000E+00$
$0.000E+00$	$5.143E-04$
$1.000E+00$	$-4.999E+00$
$3.000E+00$	$-1.460E+01$
$5.000E+00$	$-1.461E+01$
$1.400E+01$	$-1.461E+01$

利用 MATLAB 对输入输出数据进行处理，程序如下：

MATLAB 脚本程序如下：

```
% Analysis of input/output data using MATLAB®
% Read data using load command
load 'ex7_1ps.dat'
vin = ex7_1ps(:,1);
vo = ex7_1ps(:,2);
% Plot transfer characteristics
```

```
plot(vin, vo)
xlabel('Input Voltage, V')
ylabel('Output Voltage, V')
title('Transfer Characteristics')
vo_max = max(vo);      % maximum value of output
vo_min = min(vo);      % minimum value of output
% calculation of gain
m = length(vin);
m2 = fix(m/2);
gain = (vo(m2 + 1) - vo(m2 - 1))/(vin(m2 + 1)
- vin(m2 - 1));
% range of input voltage with linear amp
vin_min = vo_min/gain;  % maximum input voltage
vin_max = vo_max/gain;       % minimum input voltage
% print out
fprintf ('Maximum Output Voltage is %10.4eV\n',
vo_max)
fprintf('Minimum Output Voltage is %10.4eV\n', vo_min)
fprintf('Gain is %10.5e\n', gain)
fprintf('Minimum input voltage for Linear Amplification
is %10.5e\n,', vin_max)
fprintf('Maximum input voltage for Linear Amplification
is %10.5e\n,', vin_min)
```

MATLAB 仿真结果如下：

　　最大输出电压为 $1.4610e + 001$ V；

　　最小输出电压为 $-1.4610e + 001$ V；

　　增益为 $-4.99949e + 000$；

　　工作于线性区的最小输入电压为 $-2.92230e + 000$；

　　工作于线性区的最大输入电压为 $2.92230e + 000$。

反相放大电路的直流传输特性曲线如图 7.3 所示。

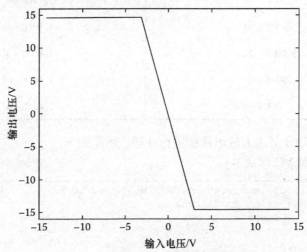

图 7.3　反相放大器的直流传输特性曲线

7.1.2 同相放大器

图 7.4 所示为运算放大器的另一种基本电路结构：同相放大器。输入输出特性为

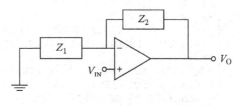

$$\frac{V_O}{V_{IN}} = 1 + \frac{Z_O}{Z_{IN}} \qquad (7.8)$$

当 $Z_1 = R1$，$Z_2 = R2$ 时，图 7.4

图 7.4 同相放大电路结构示意图

所示为电压增益跟随器，其增益计算公式为

$$\frac{V_O}{V_{IN}} = 1 + \frac{R2}{R1} \qquad (7.9)$$

同相放大器具有非常高的输入电阻，其输出电压与输入电压相位相同。下面结合实例对同相放大器的频率特性进行分析。

实例 7.2　运算放大器的单位增益带宽

图 7.5 所示为同相放大电路，$V_{CC} = 15V$，$V_{EE} = -15V$，R1 = 1kΩ，R2 = 9kΩ。求放大电路的频率响应。计算 3dB 频率、单位增益带宽和中频增益。假设运放放大器 X1 的模型为 741。

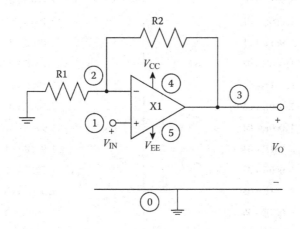

图 7.5　同相运算放大器电路

计算方法

利用 PSpice 仿真电路的频率响应，获得幅度频率数据。然后利用 MATLAB® 计算 3dB 频率、单位增益带宽和中频增益。

PSpice 仿真程序如下：

```
FREQUENCY RESPONSE OF NONINVERTING AMP
VIN 1  0   AC 1V  0
R1  2  0   1000
R2  2  3   9000
X1  1  2  4  5   3 UA741;   UA741 OP-AMP
* +INPUT; -INPUT; +VCC; -VEE; OUTPUT; CONNECTIONS FOR
UA741
VCC 4  0   DC 15V;    15 V POWER SUPPLY
VEE 5  0   DC -15V;   -15 V POWER SUPPLY
* ANALYSIS TO BE DONE
.AC DEC 5 0.1HZ 100MEGHZ
.LIB NOM.LIB;
* UA741 OP AMP MODEL IN PSPICE LIBRARY FILE NOM.LIB
* OUTPUT
.PRINT AC VDB(3)
.END
```

PSpice 部分仿真结果见表 7.2，完整仿真数据保存在 ex7 _2ps. dat 文件中。

表 7.2 同相放大电路的频率、增益对应数据

频率/Hz	增益/dB
$1.000E-01$	$2.000E+01$
$3.981E-01$	$2.000E+01$
$1.000E+00$	$2.000E+01$
$3.981E+00$	$2.000E+01$
$1.000E+01$	$2.000E+01$
$3.981E+01$	$2.000E+01$
$1.000E+02$	$2.000E+01$
$3.981E+02$	$2.000E+01$
$1.000E+03$	$2.000E+01$
$1.000E+04$	$1.996E+01$
$3.981E+04$	$1.942E+01$
$1.000E+05$	$1.721E+01$
$3.981E+05$	$7.931E+00$
$1.000E+06$	$-9.620E-01$
$3.981E+06$	$-1.997E+01$
$1.000E+07$	$-3.541E+01$
$3.981E+07$	$-5.934E+01$
$1.000E+08$	$-7.555E+01$

利用 MATLAB 程序对 PSpice 仿真结果进行分析，程序如下：

```
% Frequency Response of a Noninverting Amplifier
load 'ex7_2ps.dat' -ascii;
freq = ex7_2ps(:,1);
gain = ex7_2ps(:,2);
% Plot the frequency response
plot(freq, gain)
xlabel('Frequency, Hz')
ylabel('Gain, dB')
title('Frequency Response of a Noninverting Amplifier')
% calculations
g_mb = gain(1); % midband gain
% Unity gain bandwidth in frequency at which gain is
unity
% Cut-off frequency is frequency at which gain is
approximately
% 3dB less than the midband gain
m = length(freq);    % number of data points
for i= 1:m
 g1(i) = abs(gain(i) - g_mb +3);
 g2(i) = abs(gain(i));
end
% cut-off frequency
[f6, n3dB] = min(g1);
freq_3dB = freq(n3dB);   % 3dB frequency
% Unity Gain Bandwidth
[f7, n0dB] = min(g2);
freq_0dB = freq(n0dB);   % unity gain
% print results
fprintf('Midband Gain is %10.4e dB\n', g_mb)
fprintf('3dB frequency is %10.4e Hz\n', freq_3dB)
fprintf('Unity Gain Bandwidth is %10.4e Hz\n', freq_0dB)
```

MATLAB 计算结果如下：

中频增益为 $2.00E + 1dB$；

3dB 频率为 $1.00e + 5Hz$；

单位增益带宽为 $1.00e + 6Hz$。

频率响应如图 7.6 所示。

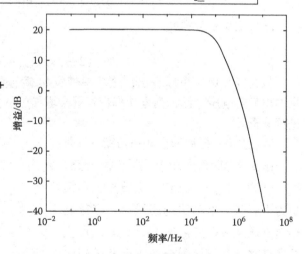

图 7.6　同相放大器的频率响应

7.2 摆率和全功率带宽

摆率（SR）为运算放大器输出电压的最大变化速率。数学计算公式如下：

$$SR = \frac{dV_O}{dt}\bigg|_{max} \tag{7.10}$$

当运算放大器完成跟随功能，并且输入信号的幅度很大、变化非常快时，摆率就显得异常重要了。当运算放大器的摆率比输入信号的变化速率低时，输出就会产生失真。当运算放大器的摆率比输入信号的变化速率高时，输出就不会产生失真，这样放大电路的输出和输入信号的波形就会非常相似。

全功率带宽 f_m 是指用正弦波对电路进行激励并改变频率时，由于摆率的限制输出开始出现失真时的频率。输入正弦波电压为

$$V_i(t) = V_m \sin(2\pi f_m t) \tag{7.11}$$

如果把上述信号作为单位增益电压跟随器的输入，那么输出电压的变化速率计算公式为

$$\frac{dV_o(t)}{dt} = \frac{dV_i(t)}{dt} = 2\pi f_m V_m \cos(2\pi f_m t) \tag{7.12}$$

通过式（7.10）和式（7.12）可以求得摆率 SR 为

$$SR = \frac{dV_O}{dt}\bigg|_{max} = 2\pi f_m V_m \tag{7.13}$$

如果额定输出电压为 $V_{O,\text{rated}}$，则摆率和全功率带宽的关系式为

$$2\pi f_m V_{O,\text{rated}} = SR \tag{7.14}$$

求得全功率带宽 f_m 为

$$f_m = \frac{SR}{(2\pi f_m V_{O,\text{rated}})} \tag{7.15}$$

从式（7.14）可以看出，全功率带宽和额定输出电压互相制约。因此，如果输出额定电压降低，则全功率带宽就会增加。下面通过实例对摆率和信号失真进行分析。

实例 7.3 摆率和全功率带宽

图 7.7 所示为电压跟随器电路，$V_{CC} = 15V$，$V_{EE} = -15V$。运算放大器模型为 UA741，求输出电压摆率。当额定输出电压从 8V 变化到 14.5V 时，求全功率带宽，并且绘制全功率带宽随额定输出电压变化的曲线。

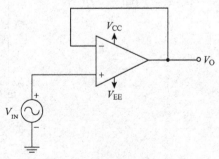

图 7.7　电压跟随器电路

计算方法

进行摆率计算时，输入信号为脉冲波形，对输出波形上升沿斜率进行计算。图 7.8 所示为仿真电路，利用 PSpice 程序获得输出波形数据。

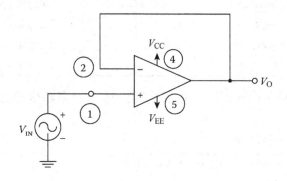

图 7.8 摆率计算仿真电路

PSpice 仿真程序如下：

```
SLEW RATE
* SLEW RATE CALCULATION
VIN1 1  0  PULSE (0 10 0 10NS 10NS 10U 20U)
VCC  4  0  DC       15V
VEE  5  0  DC      -15V
X1   1  2  4   5   2   UA741; UA741 OP AMP
* +INPUT; -INPUT; +VCC; -VEE; OUTPUT; CONNECTIONS FOR
UA741
.LIB NOM.LIB;
* UA741 OP AMP MODEL IN PSPICE LIBRARY FILE NOM.LIB
* ANALYSIS TO BE DONE
.TRAN  0.5U   40U
.PRINT TRAN       V(1) V(2)
.PROBE V(1)       V(2)
.END
```

表 7.3 为 PSpice 仿真输出的部分数据，全部仿真结果保存在 ex7_3ps. dat 文件中。

表 7.3 输出电压随时间变化值

时间/s	电压/V
$0.000E+00$	$1.925E-05$
$2.000E-06$	$9.948E-01$
$4.000E-06$	$2.038E+00$
$6.000E-06$	$3.080E+00$
$8.000E-06$	$4.123E+00$
$1.000E-05$	$5.166E+00$

（续）

时间/s	电压/V
1.200E－05	4.254E＋00
1.400E－05	3.237E＋00
1.600E－05	2.226E＋00
1.800E－05	1.220E＋00
2.000E－05	2.189E＋00

利用 MATLAB® 计算摆率，并且绘制全功率带宽随额定输出电压变化的曲线。

MATLAB 脚本程序如下：

```
% Slew rate and full-power bandwidth
% read data
load 'ex7_3ps.dat' -ascii;
t = ex7_3ps(:,1);
vo = ex7_3ps(:,3);
% slew rate calculation
nt = length(t);   % data points
% calculate derivative with MATLAB® function diff
dvo = diff(vo)./diff(t);   % derivative of output with
respect to % time
% find max of the derivative
sr = max(dvo);
vo_rated = 8.0:0.5:14.5;
ko = length(vo_rated);
for i=1:ko
 fm(i)=sr/(2*pi*vo_rated(i));
end
% plot
subplot(211), plot(t,vo)
xlabel('Time,s')
ylabel('Output Voltage')
title('Output Voltage and Full-Power Bandwidth')
subplot(212),plot(vo_rated,fm)
xlabel('Rated Output Voltage, V')
ylabel('Full-power Bandwidth')
fprintf('Slew Rate is %10.5e V/s\n',sr)
```

利用随时间变化的输出电压数据计算摆率，利用式（7.15）计算全功率带宽。输出电压和全功率带宽曲线如图 7.9 所示，摆率 SR 为 5.22200e＋5V/s。

下面通过实例研究输入信号的幅度和频率对运算放大器电路输出电压的影响。

实例 7.4 输出电压随输入电压和频率变化的三维图形绘制

图 7.7 所示为电压跟随电路，输入信号为正弦波，具体表达式为

$$V_{IN}(t) = V_m \sin(2\pi f t) \tag{7.16}$$

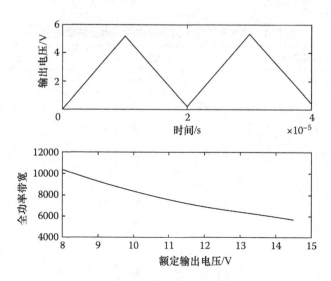

图 7.9 输出电压和全功率带宽波形

当正弦波的峰值电压 V_m 从 1V 变化到 11V，频率 f 从 20kHz 变化到 200kHz 时，求输出电压峰值，并且绘制输出电压峰值随输入电压峰值和频率变化的曲线。

计算方法

利用 PSpice 获得输出电压随输入正弦波幅度与频率变化的数值。

PSpice 仿真程序如下：

```
OUTPUT VOLTAGE AS A FUNCTION OF INPUT VOLTAGE AND
FREQUENCY
.PARAM  PEAK = 1.0V
.PARAM FREQ = 20KHz
VIN 1  0   SIN(0 {PEAK} {FREQ})
X2  1  2   4   5  2    UA741; U741 Op Amp
* +INPUT; -INPUT; +VCC; -VEE; OUTPUT; CONNECTIONS FOR
UA741
.LIB NOM.LIB;
* UA741 OP AMP MODEL IN PSPICE LIBRARY FILE NOM.LIB
VCC 4  0   DC  15V
VEE 5  0   DC  -15V
.STEP PARAM FREQ 20KHz 200KHz 20KHz
.TRAN 0.01US 40US
.PRINT TRAN V(2)
.PROBE V(2)
.END
```

输入电压峰值从 1V 变化到 11V，增量为 2V，根据每个输入电压及其频率值求输出电压峰值。表 7.4 为 PSpice 仿真的部分结果，全部的仿真数据保存在文件 ex7 _ 4ps. dat 中。

表 7.4 输出电压随负载阻抗和输入电压的变化值

输入电压幅度/V	输入电压频率/Hz	输出电压峰值/V
1	20	1.0
1	40	1.0
1	60	1.0
3	20	3.0
3	40	3.0
3	60	2.57
5	20	5.0
5	40	4.235
5	60	3.205
7	20	6.856
7	40	4.235
7	60	3.205

MATLAB® 脚本程序如下：

```
% 3D Plot of Output Voltage as a function of input
voltage amplitude
% and frequency.
% Read data
[vin_amp, vin_freq, vout] = textread('ex7_4ps.dat', '%d
%d %f');
% 3D Plot
plot3(vin_amp,vin_freq, vout)
title('Peak Output Voltage as a function of Amplitude and
Frequency of Input')
xlabel('Amplitude, V')
ylabel('Frequency, Hz')
zlabel('Peak Output Voltage, V')
```

三维曲线图形如图 7.10 所示。从图 7.10 和表 7.4 可以看出，当输入信号的电压幅值和频率很小时，输出电压的峰值幅值几乎与输入信号的幅值相同。然而，当输入信号的电压幅值和频率很高时，输出电压的峰值幅值比输入信号的幅值要小得多，从中可以看出摆率对输出电压的限制。

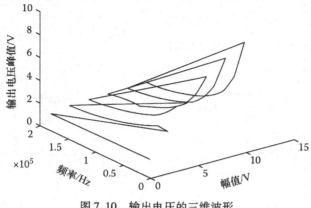

图 7.10 输出电压的三维波形

7.3 利用 Capture 对运算放大器电路进行仿真

使用 OrCAD Capture 可以绘制运算放大器电路并对其进行仿真分析。按照流程 1.1 中的具体步骤启动 OrCAD 原理图绘制软件，然后按照流程 1.2 的具体步骤绘制运算放大器电路，并且选择合适的运算放大器模型。对于学生版的OrCAD Capture 软件，运算放大器模型在"ANALOG"库里。最后按照流程 1.3、流程 1.4、流程 1.5 和流程 1.6 的具体步骤对电路分别进行直流静态工作点分析、直流扫瞄分析、瞬态分析和交流分析。流程 7.1 详细列出了对运算放大器电路进行仿真分析的具体步骤。

流程 7.1 运算放大器电路仿真的具体步骤

- 按照流程 1.1 中的步骤启动 OrCAD 原理图绘制程序。
- 按照流程 1.2 中的步骤使用 ORCAD 绘制仿真电路图。
- 按照流程 1.2 中的步骤，使用学生版 PSPICE 仿真软件，从"ANALOG"库中选择运算放大器模型。
- 运算放大器具有各自的模型参数，通过 Edit > PSpice Model，打开模型编辑器对模型进行修改，单击打开 PSpice Model Editor 并输入器件模型。各种器件的模型可从生产商的网站进行下载。
- 按照流程 1.3、流程 1.4、流程 1.5 和流程 1.6 的具体步骤对电路分别进行直流静态工作点分析、直流扫描分析、瞬态分析和交流分析。

实例 7.5 积分电路

在图 7.1 中，V_{IN} 为方波，平均值为零，峰峰值为 8V，脉冲宽度为 5ms，方波周期为 10ms。假设 Z_1 为电阻，阻值为 10kΩ，Z_2 为电容，值为 0.1μF，求输出电压。

计算方法

图 7.1 所示为电路原理图，图 7.11 所示为仿真电路图，对电路进行瞬态分析，图 7.12 所示为输出电压波形。

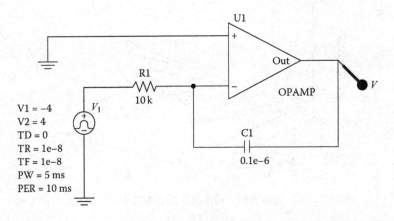

图 7. 11　运算放大器电路

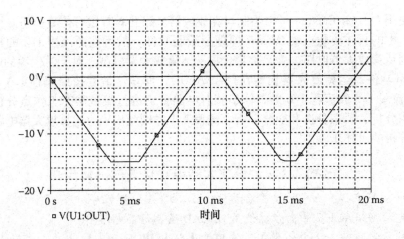

V(U1:OUT)

图 7. 12　图 7. 11 的输出电压波形

7.4　有源滤波器电路

　　有源滤波器电路可以对特定的频率点或频带的信号进行衰减，也可以允许某个频率点或频带的信号通过。本节将对以下类型的滤波器进行仿真分析：低通、高通、带通和带阻。滤波器具有通带频率、阻带频率和过渡频率等参数。滤波器的阶数决定了滤波器由通带到阻带的转换特性。

7.4.1　低通滤波器

　　低通滤波器允许低频信号通过，对高频信号进行衰减。一阶低通滤波器传递

函数的一般形式为

$$H(s) = \frac{k}{s + \omega_0} \tag{7.17}$$

图7.13所示为典型的一阶低通滤波器电路，其传递函数为

$$H(s) = \frac{V_O(s)}{V_{IN}(s)} = \frac{k}{1 + sR1C1} \tag{7.18}$$

k 为直流增益，计算公式为

$$k = 1 + \frac{RF}{R2} \tag{7.19}$$

截止频率 f_0 的计算公式为

$$f_0 = \frac{1}{2\pi R1C1} \tag{7.20}$$

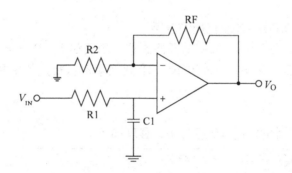

图7.13 一阶低通滤波器

一阶低通滤波器在阻带区以 $-20dB$/十倍频的速率进行衰减。接下来对二阶低通滤波器进行分析，该滤波器在阻带区以 $-40dB$/十倍频的速率进行衰减。另外，二阶低通滤波器可以作为模块，在高阶滤波器中进行使用。一般的二阶低通过滤器的传递函数为

$$H(s) = \frac{k\omega_0^2}{s^2 + (\omega_0/Q)s + \omega_0^2} \tag{7.21}$$

式中，ω_0 为谐振频率；Q 为品质因数；k 为直流增益。

品质因数 Q 与带宽 BW 和谐振频率 ω_0 的函数关系式为

$$Q = \frac{\omega_0}{BW} = \frac{\omega_0}{\omega_H - \omega_L} \tag{7.22}$$

式中，ω_H 为高频截止频率，单位为 rad/s；ω_L 为低频截止频率，单位为 rad/s。

图7.14所示为 Sallen - Key 滤波器，该滤波器可以实现二阶低通滤波器功能。下面结合实例对 Sallen - Key 低通滤波器的特性进行仿真分析。

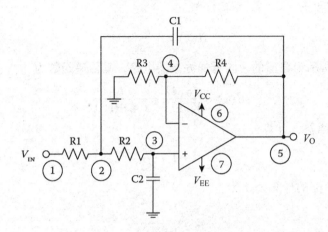

图 7.14　Sallen – Key 低通滤波器

实例 7.6　Sallen – Key 低通滤波器

图 7.14 所示为 Sallen – Key 低通滤波器，参数如下：R1 = R2 = 30kΩ，R3 = 10kΩ，R4 = 40kΩ，C1 = C2 = 0.005μF。求低频增益、截止频率并绘制频率特性曲线。

计算方法

利用 PSpice 对电路进行仿真分析，程序如下：

```
*SALLEN-KEY LOWPASS FILTER
VIN 1   0   AC   1V
R1  1   2   30K
R2  2   3   30K
R3  4   0   10K
R4  5   4   40K
C1  2   5   0.005UF
C2  3   0   0.005UF
X1  3   4   6   7    5 UA741; UA741 OP AMP
* +INPUT; -INPUT; +VCC; -VEE; OUTPUT; CONNECTIONS FOR UA741
.LIB NOM.LIB;
* UA741 OP AMP MODEL IN PSPICE LIBRARY FILE NOM.LIB
.AC DEC   10 1HZ 100KHZ
.PRINT     AC VM(5)
.PROBE V(5)
.END
```

表 7.5 为 PSpice 部分仿真数据，全部仿真数据保存在文件 ex7_ 5ps. dat 中。

表 7.5　低通滤波器的增益随频率变化值

频率/Hz	增益
1.000E + 00	5.009E + 00
5.012E + 00	5.009E + 00

（续）

频率/Hz	增益
1.000E+01	5.009E+00
5.012E+01	4.998E+00
1.000E+02	4.966E+00
5.012E+02	4.098E+00
1.000E+03	2.644E+00
5.012E+03	2.097E−01
1.000E+04	5.428E−02
5.012E+04	2.176E−03
1.000E+05	9.273E−04

利用 MATLAB® 对数据进行分析，程序如下：

```
% Lowpass gain and cut-off frequency
% Read data
load 'ex7_5ps.dat' -ascii;
freq = ex7_5ps(:,1);
vout = ex7_5ps(:,2);
gain_lf = vout(2);   % Low frequency gain
gain_cf = 0.707 * gain_lf;   % gain at cut-off frequency
tol = 1.0e-3;      % tolerance for obtaining cut-off
frequency
i = 2;       % Initialize the counter
% Use while loop to obtain the cut-off frequency
while (vout(i) - gain_cf) > tol
   i = i +1;
end
m=i;
freq_cf = freq(m);      % cut-off frequency
% Print out the results
plot(freq,vout)
xlabel('Frequency, Hz')
ylabel('Gain')
title('Frequency Response of a Lowpass Filter')
fprintf('Low frequency gain is %10.5e\n', gain_lf)
fprintf('Cut-off frequency is %10.5e\n', freq_cf)
```

仿真结果如下：

低频增益为 5.00900e+000；

截止频率为 7.94300e+002。

低通滤波器的频率特性曲线如图 7.15 所示。

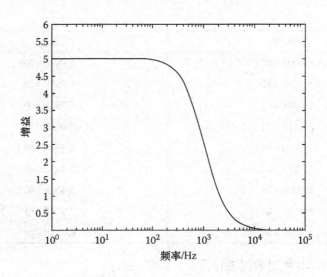

图 7.15　低通滤波器的频率特性

7.4.2　高通滤波器

高通滤波器允许高频信号通过，对低频信号进行衰减。一阶高通滤波器传递函数的一般形式为

$$H(s) = \frac{ks}{s + \omega_0} \tag{7.23}$$

图 7.16 所示电路可以实现一阶高通滤波器功能。图 7.16 与图 7.13 基本上完全相同，除了电阻 R1 和电容 C1 的位置发生了互换。对于图 7.16 所示的高通滤波器，其电压传递函数为

$$H(s) = \frac{V_O}{V_{IN}}(s) = \frac{s}{1 + 1/R1C1}\left(1 + \frac{RF}{R2}\right) \tag{7.24}$$

式中，k 为高频增益，计算公式为

$$k = \left(1 + \frac{RF}{R2}\right) \tag{7.25}$$

$$= 频率非常高时的增益$$

3dB 截止频率 f_0 的计算公式为

$$f_0 = \frac{1}{2\pi R1C1} \tag{7.26}$$

尽管图 7.16 所示的高通滤波器能够使频率高于 f_0 的所有信号通过，但是高频特性受到运算放大器带宽限制，并不能使所有高频信号都通过。二阶高通滤波器的一般传递函数公式为

$$H(s) = \frac{ks^2}{s^2 + (\omega/Q)s + \omega_0^2} \tag{7.27}$$

式中，k 为高频增益。

如图 7.17 所示，二阶高通滤波器能够通过二阶低通滤波器转换得到。图 7.17 与图 7.14 非常相似，只要控制主导频率的电阻和电容位置互换即可。

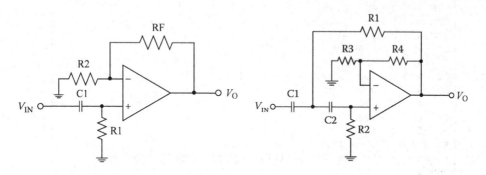

图 7.16　一阶高通滤波器　　　　　图 7.17　Sallen – Key 高通滤波器

下面结合实例对高通滤波器的频率特性进行仿真分析。

实例 7.7　高通滤波器

图 7.17 所示为 Sallen – Key 高通滤波器，通过在输出端增加电阻 R4 和 R5 对电路进行改进，可以得到各种品质因数的滤波器。改进型 Sallen – Key 高通滤波器如图 7.18 所示，$V_{CC} = 15V$，$V_{EE} = -15V$，C1 = C2 = 0.05μF，R1 = R2 = R3 = R4 = 600Ω，RF = 3000Ω。假设 R5 分别取 450Ω、900Ω、1350Ω。R5 = 450Ω 时求电路的品质因数，并绘制频率特性曲线。

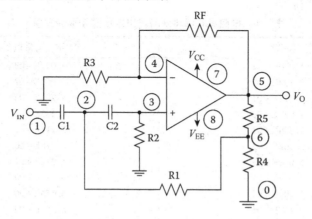

图 7.18　改进型 Sallen – Key 高通滤波器

计算方法

利用 PSpice 对电路进行仿真分析，获得频率特性数据。然后由 MATLAB ®
对数据进行处理，并计算截止频率和品质因数。

PSpice 仿真程序如下：

```
* MODIFIED SALLEN-KEY HIGHPASS FILTER
VIN 1   0  AC   0.5V
VCC 7   0  DC   15V
VEE 8   0  DC   -15V
C1  1   2  0.05e-6
C2  2   3  0.05e-6
R1  2   6  600
R2  3   0  600
R3  4   0  600
R4  6   0  600
RF  5   4  3000
X1 3 4 7 8 5 UA741;      UA741 Op Amp
* +INPUT; -INPUT; +VCC; -VEE; OUTPUT; CONNECTIONS FOR
UA741
.LIB NOM.LIB;
* UA741 OP AMP MODEL IN PSPICE LIBRARY FILE NOM.LIB
.PARAM  VAL = 900
R5  5   6  {VAL}
.STEP   PARAM  VAL LIST   450  900  1350
.AC DEC 20  100Hz   100KHz
.PRINT   AC VM(5)
.PROBE V(5)
.END
```

表 7.6 为 R5 = 450Ω 时的 PSpice 部分仿真数据，电阻 R5 的阻值为 450Ω、
900Ω 和 1350Ω 的全部仿真数据分别保存在文件 ex7_ 6aps. dat，ex7_ 6bps. dat，
ex7_ 6cps. dat 中。

表 7.6 电阻 R5 = 450Ω 时输出电压随频率变化值

频率/Hz	R5 增益（乘以 2）
1.000E + 02	3.047E − 03
3.162E + 02	3.062E − 02
5.012E + 02	7.751E − 02
7.079E + 02	1.567E − 01
1.000E + 03	3.211E − 01
3.162E + 03	5.876E + 00
5.012E + 03	1.372E + 01
7.079E + 03	8.259E + 00
1.000E + 04	6.655E + 00
3.162E + 04	5.555E + 00
5.012E + 04	5.382E + 00
7.079E + 04	5.187E + 00
1.000E + 05	4.872E + 00

MATALB® 脚本程序如下：

```
% load pspice results
load 'ex7_6aps.dat' -ascii;
load 'ex7_6bps.dat' -ascii;
load 'ex7_6cps.dat' -ascii;
fre = ex7_6aps(:,1);
g450 = 2*ex7_6aps(:,2);
g900 = 2*ex7_6bps(:,2);
g1350 = 2*ex7_6cps(:,2);
m = length(fre);
tol = 1.0e-4;
% Plot frequency response
plot(fre,g450, fre,g900, fre, g1350)
xlabel('Frequency, Hz')
ylabel('Gain')
title('Frequency Response of a Sallen-Key Highpass
Filter')
%
% Determine quality factor for R% = 450 Ohms
[gmax, kg] = max(g450);  % maximum value of gain
gcf = 0.707 * gmax;       % cut-off frequency
% determine the cut-off frequencies
% low cut-off frequency, index, lcf
% High cut-off frequency, index, hcf
k = kg;  % initalize counter
while (g450(k) - gcf) > tol
    k = k+ 1;
end
hcf = k;
i = kg;
while (g450(i) - gcf) > tol
    i = i- 1;
end
lcf = i;
% Calculate Quality factor
Qfactor = fre(kg)/(fre(hcf) - fre(lcf))
```

　　图 7.19 所示为频率特性仿真结果，当 R = 450Ω 时电路的品质因数为 2.1528。

7.4.3　带通滤波器

　　带通滤波器允许一段频带的信号通过，对其他频带的信号进行衰减。该滤波器有两个截止频率 f_L 和 f_H，假设 $f_H > f_L$。所有低于 f_L 或高于 f_H 频率的信号都进行衰减。一般带通滤波器的传递函数表达式为

$$H(s) = \frac{k(\omega_C/Q)s}{s^2 + (\omega_C/Q)s + \omega_C^2} \tag{7.28}$$

式中，k 为通带增益；ω_C 为中心频率，单位 rad/s；Q 为品质因数，由 3dB 带宽

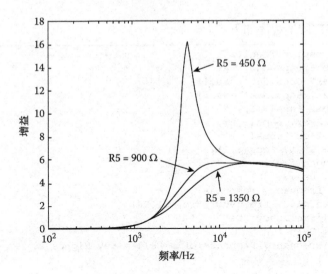

图 7.19 改进型 Sallen – Key 高通滤波器的频率特性曲线

和中心频率计算得到，公式如下：

$$Q = \frac{\omega_C}{\mathrm{BW}} = \frac{f_C}{f_H - f_L} \tag{7.29}$$

品质因数 $Q \le 10$ 的带通滤波器为宽带滤波器，品质因数 $Q > 10$ 的带通滤波器为窄带滤波器。

宽带滤波器可以由低通滤波器和高通滤波器级联实现。带通滤波器的阶数为高通和低通滤波器阶数的总和。使用该方法设计带通滤波器时，优点很多，可以对截止频率、带宽和中频增益进行单独设置。

图 7.20 所示为宽带带通滤波器，由一阶高通滤波器和一阶低通滤波器级联而成。带通滤波器的电压增益为高通滤波器和低通滤波器电压增益的乘积。

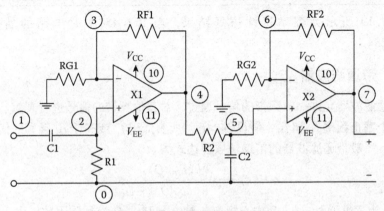

图 7.20 二阶宽带带通滤波器

下面结合实例对宽带带通滤波器的频率特性进行仿真分析。

实例 7.8　二阶宽带带通滤波器

图 7.20 所示为带通滤波器电路图，运算放大器 X1 和 X2 的型号为 741，假设 $RG1 = RG2 = 1k\Omega$，$RF1 = RF2 = 5k\Omega$，$C1 = 30nF$，$R1 = 50k\Omega$，$R2 = 1000\Omega$，$C2 = 15nF$。求带宽、低频截止频率、高频截止频率和品质因数。

计算方法

利用 PSpice 对电路进行仿真分析，以获得频率响应数据。

PSpice 仿真程序如下：

```
BANDPASS FILTER (HIGHPASS PLUS LOWPASS SECTIONS)
VIN 1  0    AC  0.2V
C1  1  2    30E-9
R1  2  0    50E3
RG1 3  0    1E3
RF1 3  4    5E3
X1  2  3    10   11  4   UA741; UA741 OP AMP
* +INPUT; -INPUT; +VCC; -VEE; OUTPUT; CONNECTIONS FOR
UA741
.LIB NOM.LIB;
* UA741 OP AMP MODEL IN PSPICE LIBRARY FILE NOM.LIB
R2  4  5    1.0E3
C2  5  0    15E-9
X2  5  6    10  11  7 UA741; UA741 OP AMP
RG2 6  0    1.0E3
RF2 6  7    5.0E3
VCC 10 0    DC   15V
VEE 11 0    DC   -15V
.AC  DEC 40 10HZ     100KHZ
.PRINT  AC VM(7)
.PROBE V(7)
.END
```

表 7.7 为 PSpice 部分仿真数据，全部仿真数据保存在文件 ex7_7ps.dat 中。然后由 MATLAB® 对仿真数据进行处理，计算低频截止频率、带宽和品质因数。

表 7.7　带通滤波器的输出电压随频率变化值

频率/Hz	增益（乘以 5）
$1.000E+01$	$6.755E-01$
$5.012E+01$	$3.075E+00$
$1.000E+02$	$4.937E+00$
$1.000E+02$	$4.937E+00$
$5.012E+02$	$7.035E+00$
$1.000E+03$	$7.127E+00$
$5.012E+03$	$6.507E+00$
$1.000E+04$	$5.230E+00$
$5.012E+04$	$1.386E+00$
$1.000E+05$	$5.785E-01$

MATLAB® 仿真程序如下：

```
% Load pspice results
load 'ex7_7ps.dat' -ascii;
fre = ex7_7ps(:,1);
vout = 5*ex7_7ps(:,2);
m = length(fre);
% [gmax, kg] = max(g450);          % maximum value of gain
[g_md, m2] = max(vout); % mid-band gain
g_cf = 0.707*g_md;         % gain at cut-off
% Determine the low cut-off frequency index
i = m2;
tol = 1.0e-4;
while (vout(i) - g_cf) > tol;
   i = i - 1;
end
lcf = i;
% Determine the high frequency cut-off index
k = m2;
while (vout(k) - g_cf) > tol;
   k = k + 1;
end
hcf = k;
low_cf = fre(lcf);         % Low cut-off frequency
high_cf = fre(hcf);        % High cut-off frequency
ctr_cf = fre(m2);          % Center frequency
band_wd = high_cf - low_cf;          % Bandwidth
Qfactor = ctr_cf/band_wd;
% Print results
low_cf
high_cf
band_wd
Qfactor
```

MATLAB 计算结果为：

　　　低频截止频率为 100Hz；

　　　高频截止频率为 11220Hz；

　　　带宽为 11120Hz；

　　　品质因数为 0.0952。

　　窄带带通滤波器通常具有很高的 Q 值。图 7.21 所示电路为多反馈滤波器，通常使用该电路实现窄带带通滤波器功能。

　　图 7.21 所示电路具有一个运算放大器和两个反馈回路。该电路的 Q 值可以设计得很低，以实现宽带带通滤波器的特性。该滤波器网络的传递函数表达式为

$$H_{PB} = \frac{V_0(s)}{V_{IN}(s)} = \frac{\left(\dfrac{-1}{R1C1}\right)s}{s^2 + \left(\dfrac{1}{R2}\right)\left(\dfrac{1}{C1} + \dfrac{1}{C2}\right)s + \dfrac{1}{R1R2C1C2}} \tag{7.30}$$

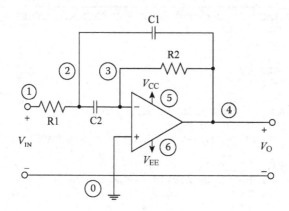

图 7.21 多反馈带通滤波器

$$= \frac{k_{\text{PB}}\left(\dfrac{\omega_{\text{C}}}{Q}\right)s}{s^2 + \left(\dfrac{\omega_{\text{C}}}{Q}\right)s + \omega_{\text{C}}^2} \tag{7.31}$$

中心频率 f_{C} 的计算公式为

$$f_{\text{C}} = \frac{\omega_{\text{C}}}{2\pi} = \frac{1}{2\pi}\frac{1}{\sqrt{R1R2C1C2}} \tag{7.32}$$

当 C1 = C2 = C 时，品质因数 Q 的计算公式为

$$Q = \frac{1}{2}\sqrt{\frac{R2}{R1}} \tag{7.33}$$

通带增益 k_{PB} 的计算公式为

$$k_{\text{PB}} = \frac{1}{R1C1}\left(\frac{Q}{\omega_{\text{C}}}\right) \tag{7.34}$$

下面通过实例对多反馈带通滤波器的频率特性进行仿真分析。

实例 7.9　多反馈窄带带通滤波器

图 7.21 所示为多反馈带通滤波器电路，运算放大器的型号为 741，R1 = 1kΩ，C1 = C2 = 100nF，当电阻 R2 取 25kΩ、75kΩ、125kΩ 时，分别求电路的品质因数、带宽和中心频率。

计算方法

利用 PSpice 对电路进行交流仿真分析，获得频率响应数据，然后利用 MAT-LAT 对数据进行分析。

PSpice 仿真程序如下：

```
NARROWBAND-PASS FILTER (MULTIPLE-FEEDBACK BANDPASS)
.PARAM R2_VAL = 25K;
VIN 1  0   AC 0.1
R1  1  2   1.0E3
C1  2  4   100.0E-9
C2  2  3   100.0E-9
R2  3  4   {R2_VAL}
.STEP  PARAM R2_VAL   25K    125K  50K
X1  0  3   5 6   4   UA741
* +INPUT; -INPUT; +VCC; -VEE; OUTPUT; CONNECTIONS FOR
UA741
.LIB NOM.LIB;
* UA741 OP AMP MODEL IN PSPICE LIBRARY FILE NOM.LIB
VCC 5  0   DC  15V
VEE 6  0   DC  -15V
.AC LIN 500 100HZ  1KHZ
.PRINT AC VM(4)
.PROBE V(4)
.END
```

当电阻 R2 的值为 25kΩ 时的 PSpice 部分仿真数据见表 7.8。R2 的电阻值为 25kΩ、75kΩ、125kΩ 的全部仿真数据分别保存在文件 ex7_ 8aps. dat，ex7_ 8bps. dat，ex7_ 8cps. dat 中。然后由 MATLAB 对仿真数据进行处理，计算品质因数、带宽和中心频率。

表 7.8　电阻 R2 = 25kΩ 时，多反馈带通滤波器的增益随频率变化值

频率/Hz	R2 增益（乘以 1000）
1. 000E + 02	1. 726E − 01
1. 505E + 02	2. 959E − 01
2. 010E + 02	4. 846E − 01
2. 515E + 02	8. 059E − 01
3. 002E + 02	1. 201E + 00
3. 507E + 02	1. 123E + 00
4. 012E + 02	8. 111E − 01
4. 499E + 02	6. 148E − 01
5. 004E + 02	4. 901E − 01
5. 509E + 02	4. 089E − 01
6. 014E + 02	3. 520E − 01
6. 501E + 02	3. 112E − 01

MATLAB® 脚本程序如下：

```
% Load data
load 'ex7_8aps.dat' -ascii;
load 'ex7_8bps.dat' -ascii;
load 'ex7_8cps.dat' -ascii;
fre = ex7_8aps(:,1);
vo_25K = 1000*ex7_8aps(:,2);
vo_75K = 1000*ex7_8bps(:,2);
vo_125K = 1000*ex7_8cps(:,2);
% Determine center frequency
[vc1, k1] = max(vo_25K)
[vc2, k2] = max(vo_75K)
[vc3, k3] = max(vo_125K)
fc(1) = fre(k1);  % center frequency for circuit with
R2 = 25K
fc(2) = fre(k2);  % center frequency for circuit with
R2 = 75K
fc(3) = fre(k3);  % center frequency for circuit with
R2 = 125K
% Calculate the cut-off frequencies
vgc1 = 0.707 * vc1;  % Gain at cut-off for R2 = 25K
vgc2 = 0.707 * vc2;  % Gain at cut-off for R2 = 100K
vgc3 = 0.707 * vc3;  % Gain at cut-off for R2 = 150K
tol = 1.0e-4;        % tolerance for obtaining cut-off
l1 = k1;
while(vo_25K(l1) - vgc1) > tol
    l1 = l1 +1;
end
fhi(1) = fre(l1);   % high cut-off frequency for
R2 = 25K
l1 = k1
while(vo_25K(l1) - vgc1) > tol
    l1 = l1 - 1;
end
flow(1) = fre(l1);     % Low cut-off frequency for
R2 = 25K
l2 = k2;
while(vo_75K(l2) - vgc2) > tol
    l2 = l2 + 1;
end
fhi(2) = fre(l2);   % high cut-off frequency for
R2 = 75K
l2 = k2;
while(vo_75K(l2) - vgc2) > tol
    l2 = l2 - 1;
end
flow(2) = fre(l2);      % Low cut-off frequency for
R2 = 100K
l3 = k3;
while(vo_125K(l3) - vgc3) >tol;
    l3 = l3 + 1;
```

```
end
fhi(3) = fre(l3);    % High cut-off frequency
l3 = k3
while(vo_125K(l3) - vgc3) > tol;
   l3 = l3 - 1;
end
flow(3) = fre(l3);      %low cut-off frequency
% Calculate the Quality Factor
for i = 1:3
bw(i) = fhi(i)-flow(i);
Qfactor(i) = fc(i)/bw(i);
end
% Print out results
% Center frequency, high cut-off freq, low cut-off freq
and Q factor are
fc
bw
Qfactor
% plot frequency response
plot(fre,vo_25K, fre,vo_75K, fre, vo_125K)
xlabel('Frequency, Hz')
ylabel('Gain')
title('Frequency Response of a Narrowband Filter')
```

图 7.22 所示为窄带带通滤波器的频率特性曲线，MATLAB 计算结果见表 7.9。

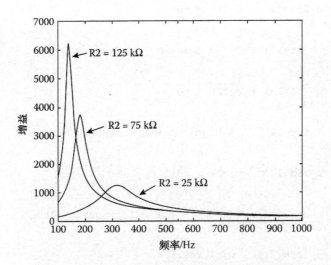

图 7.22　反馈电阻 R2 取不同值的窄带带通滤波器响应

表 7.9 反馈电阻 R2 变化时，窄带带通滤波器的中心频率、带宽、Q 值的对应值

电阻/Ω	中心频率/Hz	带宽/Hz	Q 值
25kΩ	316.4	128.1	2.47
75kΩ	183.0	43.3	4.23
125kΩ	141.5	27.0	5.24

7.4.4　带阻滤波器

带阻滤波器用于消除特定频带的信号。通常用于通信和生物医学仪器等，以消除不必要频率的信号。带阻滤波器的传递函数为

$$H_{BR} = \frac{k_{PB}(s^2 + \omega_C^2)}{s^2 + \left(\dfrac{\omega_C}{Q}\right)s + \omega_C^2} \tag{7.35}$$

其中，k_{PB} 为通带增益；ω_C 为带阻中心频率。

带阻滤波器主要分为宽带带阻滤波器（$Q < 10$）和窄带带阻滤波器（$Q > 10$）两种。窄带带阻滤波器通常又称为陷波滤波器。宽带带阻滤波器可以由高通滤波器和低通滤波器通过加法运算电路级连而成，系统框图如图 7.23 所示。

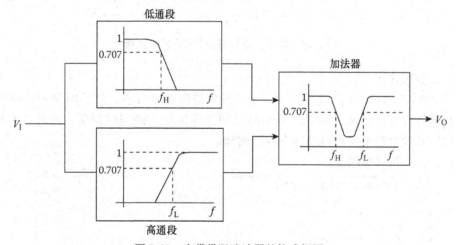

图 7.23　宽带带阻滤波器的构成框图

带阻滤波器的阶数由低通和高通滤波器的阶数决定。利用图 7.23 所示的系统框图级连带阻滤波器时必须注意以下两点：

1）高通滤波器的截止频率 f_L 必须大于低通滤波器的截止频率 f_H；

2）高通和低通滤波器的通带增益必须一致。

可以利用双 T 网络实现窄带带阻滤波器或陷波器，电路如图 7.24 所示，由两路 T 形网络并连而成。

通常情况下，R1 = R2 = R，R3 = R/2，C1 = C2 = C，C3 = 2C。R1 – C3 – R2 构成低通滤波器，转折频率为 $f_C = (4\pi RC)^{-1}$；C1 – R3 – C2 构成高通滤波器，转折频率为 $f_C = (\pi RC)^{-1}$；中心频率或陷波频率为 $f_C = (2\pi RC)^{-1}$，在中心频率点处两滤波器的相位互相抵消。下面结合实例对陷波器特性进行分析。

实例 7.10　陷波器最坏情况下的频率特性分析

如图 7.24 所示的双 T 网络，R1 = R2 = 20kΩ，R3 = 10kΩ，C1 = C2 = 0.01μF，C = 0.02μF，运算放大器为 UA741。

1）求元件取标称值时的陷波频率；

2）当电阻和电容的容差均为 10% 时的最坏情况下的陷波频率，计算陷波频率随元件容差的改变值。

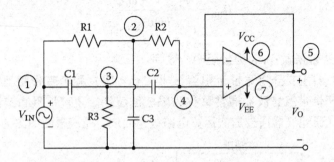

图 7.24　双 T 网络构成的窄带带阻滤波器

计算方法

利用 PSpice 对电路进行蒙特卡洛和最坏情况仿真分析，然后由 MATLAB ® 对仿真数据进行处理，并且计算出标称和最坏情况下的陷波频率。另外，利用 MATLAB 绘制陷波滤波器的频率响应曲线。

PSpice 仿真程序为：

```
TWIN-T BANDREJECT FILTER
.OPTIONS RELTOL = 0.10; 10% COMPONENTS
VIN  1  0   AC  1.0V
R1   1  2   RMOD   20K
R2   2  4   RMOD   20K
C3   2  0   CMOD   0.02U
C1   1  3   CMOD   0.01U
C2   3  4   CMOD   0.01U
R3   3  0   RMOD   10K
VCC  6  0   DC   15V
VEE  7  0   DC   -15V
.MODEL RMOD RES(R=1, DEV=10%);  10 % RESISTORS
.MODEL CMOD CAP(C=1, DEV=10%);  10 % CAPACITORS
X1   4  5  6  7  5  UA741; 741 OP AMP
* +INPUT; -INPUT; +VCC; -VEE; OUTPUT; CONNECTIONS FOR
```

```
UA741
.LIB NOM.LIB;
* UA741 OP AMP MODEL IN PSPICE LIBRARY FILE NOM.LIB
.AC DEC 100  10HZ  100KHZ
.WCASE AC    V(5)   MAX OUTPUT ALL; SENSITIVITY & WORST
CASE ANALYSIS
.PRINT AC    VM(5)
.PROBE V(5)
.END
```

电阻和电容取标称值时的部分 PSpice 仿真结果见表 7.10。标称值和最差情况仿真数据分别保存在 ex7_ 9aps. dat 和 ex7_ 9bps. dat 文件中。然后由 MATLAB 对仿真数据进行处理、计算并且绘制频率特性波形。

表 7.10　元件取标称值时双 T 陷波器的频率特性数据

频率/Hz	输出电压为 10% 器件容差
1. 000E + 01	9. 987E - 01
5. 012E + 01	9. 694E - 01
1. 000E + 02	8. 905E - 01
5. 012E + 02	2. 329E - 01
1. 000E + 03	1. 145E - 01
5. 012E + 03	8. 378E - 01
1. 000E + 04	9. 523E - 01
5. 012E + 04	9. 981E - 01
1. 000E + 05	1. 000E + 00

MATLAB® 脚本程序如下：

```
% Load the data
load 'ex7_9aps.dat' -ascii;
load 'ex7_9bps.dat' -ascii;
fre = ex7_9aps(:,1);
vo_nom = ex7_9aps(:,2);
vo_wc = ex7_9bps(:,2);
%
% Determination of center frequency
[vc(1), k(1)] = min(vo_nom);
[vc(2), k(2)] = min(vo_wc);
for i =1:2
fc(i) = fre(k(i));
end
% Determine difference between center frequencies
fc_dif = fc(1) - fc(2);
% Plot the frequency response
plot(fre, vo_nom, fre, vo_wc);
xlabel('Frequency, Hz')
ylabel('Gain')
title('Frequency Response of a Notch Filter')
fc
fc_dif
```

陷波滤波器的频率特性曲线如图 7.25 所示。

由 MATLAB 计算得到的中心频率分别为：

标称值仿真为 794.3Hz；

最坏情况仿真为 707.9Hz；

标称值和最差情况仿真的中心频率差值为 86.4Hz。

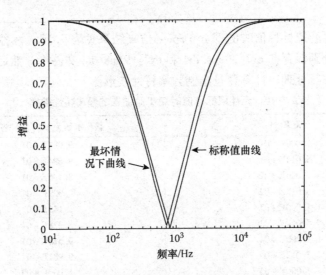

图 7.25　标称值和最坏情况下陷波器的频率特性曲线

本 章 习 题

7.1　图 P7.1 为反相放大电路，其中 R1 = 1kΩ，$V_{CC} = 15V$，$V_{EE} = -15V$。当 R2 的阻值分别为 5kΩ、10kΩ、20kΩ、30kΩ、40kΩ 和 50kΩ 时。

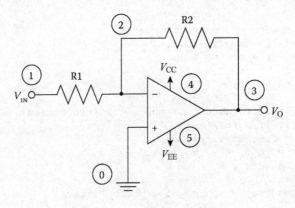

图 P7.1　反相放大电路

1）求相应电路的低频增益和截止频率；

2）绘制截止频率随增益变化的曲线；

3）求单位增益带宽，运算放大器是型号为 UA741。

7.2　如图 7.5 所示，运算放大器 X1 的型号为 UA741。$V_{CC} = 15V$，$V_{EE} = -15V$，$R1 = 1k\Omega$，$R2 = 4k\Omega$。求 3dB 频率值和单位增益带宽。

7.3　图 P7.3 所示为四阶 Sallen – Key 低通滤波器。$V_{CC} = 15V$，$V_{EE} = -15V$，$R = 310k\Omega$，$R1 = R3 = 10k\Omega$，$R2 = 150\Omega$，$R4 = 12k\Omega$，$C = 0.01\mu F$，求：

1）截止频率；

2）通带增益，运算放大器模型为 UA741。

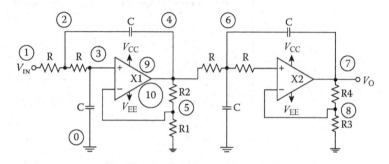

图 P7.3　Sallen – Key 低通滤波器

7.4　图 P7.4 所示为改进型 Sallen – Key 滤波器，与图 7.12 所示的 Sallen – Key 滤波电路相似，只是在输出端增加了分压器网络。改进型滤波器大大提高了直流增益，同时对截止频率产生影响。下面通过实例对增益和截止频率之间特性进行研究。假设 $R1 = R2 = 30k\Omega$，$R3 = 10k\Omega$，$R4 = 40k\Omega$，$C1 = C2 = 0.05\mu F$，$R5 = 10k\Omega$，$V_{CC} = 15V$，$V_{EE} = -15V$。运算放大器型号为 UA741，求：

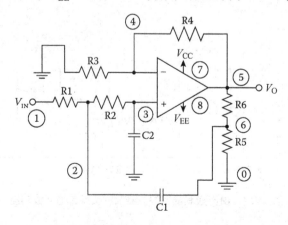

图 P7.4　改进型 Sallen – Key 低通滤波器

1）截止频率；

2）当 R6 分别取 10kΩ、8kΩ、6kΩ、4kΩ 时的电路最大增益。

7.5 图 P7.5 所示为巴特沃斯二阶高通滤波器。假设 C3 = 0.05μF，R1 = R2 = R3 = 600Ω，R4 = 400Ω，C1 = 30nF，C2 = 19nF，求：

1）截止频率；

2）截止频率处的增益，运算放大器模型为 UA741。

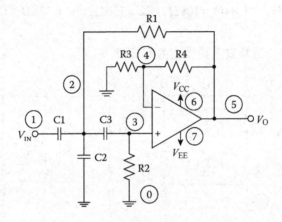

图 P7.5 巴特沃斯二阶高通滤波器

7.6 在实例 7.6 中，当 R5 阻值分别为 450Ω、500Ω、550Ω、600Ω 和 650Ω 时，求每点的品质因数，并且绘制品质因数随 R5 变化的特性曲线。运算放大器模型为 UA741。

7.7 在图 P7.7 中，RG1 = RG2 = 1kΩ，RF1 = RF2 = 3kΩ，R1 = R2 = 45kΩ，R3 = R4 = 100Ω，C1 = C2 = 25nF，C3 = C4 = 10nF。运算放大器 X1 和 X2 的模型为 UA741，求：

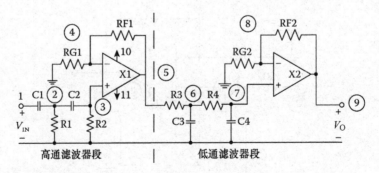

图 P7.7 由高通和低通滤波器级联实现带通滤波功能

1）高频截止频率；

2）低频截止频率；

3）中频带宽；

4）滤波器中频段增益。

7.8　如图 P7.8 所示为改进型多反馈带通滤波器。R1 = 10kΩ，C1 = C2 = 1nF，R2 = 150kΩ。当 RB 取 5kΩ、10kΩ、15kΩ 时，分别求 Q 值、中心频率和带宽。假设 V_{CC} = 15V，V_{EE} = -15V。运放放大器模型为 UA741。

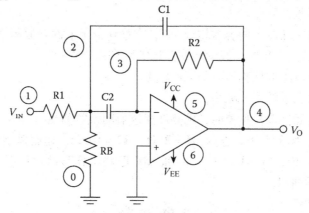

图 P7.8　改进型多反馈带通滤波器

7.9　图 P7.9 为带阻滤波器，通过低通滤波器和高通滤波器级联实现滤波功能。V_{CC} = 15V，V_{EE} = -15V，R3 = R5 = 1kΩ，R4 = R6 = 5kΩ，R7 = R8 = R9 = 2kΩ，R1 = 100Ω，R2 = 100kΩ，C1 = C2 = 0.01μF，求：

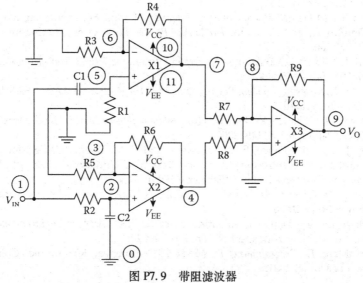

图 P7.9　带阻滤波器

1）陷波频率；

2）带宽；

3）品质因素，运算放大器 X1、X2、X3 模型为 UA741。

7.10　图 7.24 所示为双 T 网络，R1 = R2 = 10kΩ，R3 = 5kΩ，C1 = C2 = 0.01μF，C = 0.02μF，运算放大器模型为 UA741，求：

1）陷波频率；

2）滤波器带宽；

3）品质因数；

4）如果电阻和电容的容差均为 5%，求最坏情况下的陷波频率。

7.11　在实例 7.9 中，假设元件容差变为 15%，求：

1）电容和电阻取标称值时的陷波频率；

2）最坏情况下的陷波频率；

3）当所有元件取标称值时，求陷波滤波器的带宽和品质因数。

7.12　在实例 7.1 中，电阻 R1 = 2kΩ，R2 = 10kΩ，运放模型为 UA741。当 $V_{CC} = |V_{EE}| = 10$、11、12、13、14 和 15V 电路工作于线性区时，绘制增益随电压 V_{CC} 变化的曲线。

参 考 文 献

1. Alexander, Charles K., and Matthew N. O. Sadiku. *Fundamentals of Electric Circuits*. 4th ed. New York: McGraw-Hill, 2009.
2. Attia, J. O. *Electronics and Circuit Analysis Using MATLAB®*. 2nd ed. Boca Raton, FL: CRC Press, 2004.
3. Boyd, Robert R. *Tolerance Analysis of Electronic Circuits Using MATLAB®*. Boca Raton, FL: CRC Press, 1999.
4. Chapman, S. J. *MATLAB® Programming for Engineers*. Tampa, FL: Thompson, 2005.
5. Davis, Timothy A., and K. Sigmor. *MATLAB® Primer*. Boca Raton, FL: Chapman & Hall/CRC, 2005.
6. Distler, R. J. "Monte Carlo Analysis of System Tolerance." *IEEE Transactions on Education* 20 (May 1997): 98–101.
7. Etter, D. M. *Engineering Problem Solving with MATLAB®*. 2nd ed. Upper Saddle River, NJ: Prentice Hall, 1997.
8. Etter, D. M., D. C. Kuncicky, and D. Hull. *Introduction to MATLAB® 6*. Upper Saddle River, NJ: Prentice Hall, 2002.
9. Hamann, J. C., J. W. Pierre, S. F. Legowski, and F. M. Long. "Using Monte Carlo Simulations to Introduce Tolerance Design to Undergraduates." *IEEE Transactions on Education* 42, no. 1 (February 1999): 1–14.
10. Gilat, Amos. *MATLAB®, An Introduction With Applications*. 2nd ed. New York: John Wiley & Sons, 2005.
11. Hahn, Brian D., and Daniel T. Valentine. *Essential MATLAB® for Engineers and Scientists*. 3rd ed. New York and London: Elsevier, 2007.
12. Herniter, Marc E. *Programming in MATLAB®*. Florence, KY: Brooks/Cole Thompson Learning, 2001.

13. Howe, Roger T., and Charles G. Sodini. *Microelectronics, An Integrated Approach.* Upper Saddle River, NJ: Prentice Hall, 1997.
14. Moore, Holly. *MATLAB® for Engineers.* Upper Saddle River, NJ: Pearson Prentice Hall, 2007.
15. Nilsson, James W., and Susan A. Riedel. *Introduction to PSPICE Manual Using ORCAD Release 9.2 to Accompany Electric Circuits.* Upper Saddle River, NJ: Pearson/Prentice Hall, 2005.
16. *OrCAD Family Release 9.2.* San Jose, CA: Cadence Design Systems, 1986–1999.
17. Rashid, Mohammad H. *Introduction to PSPICE Using OrCAD for Circuits and Electronics.* Upper Saddle River, NJ: Pearson/Prentice Hall, 2004.
18. Sedra, A. S., and K. C. Smith. *Microelectronic Circuits.* 5th ed. Oxford: Oxford University Press, 2004.
19. Spence, Robert, and Randeep S. Soin. *Tolerance Design of Electronic Circuits.* London: Imperial College Press, 1997.
20. Soda, Kenneth J. "Flattening the Learning Curve for ORCAD-CADENCE PSPICE." *Computers in Education Journal XIV* (April–June 2004): 24–36.
21. Svoboda, James A. *PSPICE for Linear Circuits.* 2nd ed. New York: John Wiley & Sons, Inc., 2007.
22. Tobin, Paul. "The Role of PSPICE in the Engineering Teaching Environment." Proceedings of International Conference on Engineering Education, Coimbra, Portugal, September 3–7, 2007.
23. Tobin, Paul. *PSPICE for Circuit Theory and Electronic Devices.* San Jose, CA: Morgan & Claypool Publishers, 2007.
24. Tront, Joseph G. *PSPICE for Basic Circuit Analysis.* New York: McGraw-Hill, 2004.
25. *Using MATLAB®, The Language of Technical Computing, Computation, Visualization, Programming, Version 6.* Natick, MA: MathWorks, Inc., 2000.
26. Yang, Won Y., and Seung C. Lee. *Circuit Systems with MATLAB® and PSPICE.* New York: John Wiley & Sons, Inc., 2007.

第 8 章
晶体管特性及电路设计

本章主要对双极型晶体管和金属氧化物场效应晶体管进行讨论。首先利用 PSpice 仿真和 MATLAB® 计算对晶体管偏置电路进行灵敏度分析，然后对放大电路及其反馈放大电路的频率响应进行讨论。

8.1 双极型晶体管特性

双极型晶体管（BJT）由两个背靠背连接的 pn 结构成，其工作状态由多数载流子和少数载流子的流动状态决定。双极型晶体管（BJT）的直流特性由 Ebers – Moll 模型进行描述。基极—发射极和基极—集电极的电压决定了 BJT 的工作区域。通常情况下 BJT 工作于正向工作区、反向工作区、饱和区和截止区。根据基极—发射极和基极—集电极的偏置状态，表 8.1 列出了双极型晶体管的工作区域。

表 8.1　BJT 工作区

基极—发射极	基极—集电极	工作区
正向偏置	反向偏置	放大区
正向偏置	正向偏置	饱和区
反向偏置	反向偏置	截止区

当双极型晶体管的基极—发射极正向偏置、基极—集电极反向偏置时，BJT 工作于正向偏置区，BJT 放大电路通常工作于该区域。工作于正向偏置区时，集电极电流 I_C 和基极电流 I_B 的关系可以表示为如下一阶表达式：

$$I_C = I_S \exp\left(\frac{V_{BE}}{V_T}\right)\left(1 + \frac{V_{CE}}{V_{AF}}\right) \tag{8.1}$$

和

$$I_B = \frac{I_S}{\beta_F} \exp\left(\frac{V_{BF}}{V_T}\right) \tag{8.2}$$

式中，β_F 为 BJT 工作于共射状态时的大信号正向电流增益；V_{BF} 为正向欧拉电压；I_S 为 BJT 的 PN 结饱和电流；V_T 为热敏电压，定义如下：

$$V_T = \frac{kT}{q} \tag{8.3}$$

式中，k 为玻尔兹曼常数（$k = 1.381 \times 10^{-23}$ VC/°K）；T 为绝对温度，单位为°K；q 为一个电子（$q = 1.602 \times 10^{-19}$ C）的电荷量。

当 $V_{AF} >> V_{CE}$ 时，由式（8.1）和式（8.2）可以得到

$$I_C = \beta_F I_B \tag{8.4}$$

当基极—发射极和基极—集电极均处于正向偏置时，BJT 工作于饱和区。当基极—发射极和基极—集电极均处于反向偏置时，BJT 工作于截止区。当 BJT 工作于截止区时，相比于正向偏置区和饱和区，其集电极和基极电流非常小，微乎其微。

从式（8.2）可以看出，当 BJT 的基极—发射极处于正向偏置时，其特性与二极管非常相似。通过下面实例对 BJT 晶体管的输出特性进行讨论。

实例 8.1　BJT 输出特性

如图 8.1 所示电路，R1 = R2 = R3 = 1Ω，利用该电路研究双极型晶体管 Q2N2222 的输出特性。

1）当 $I_B = 2\mu A$、$4\mu A$、$6\mu A$ 时，分别绘制 I_C 随 V_{CE} 变化的曲线；

2）当 $I_B = 2\mu A$ 时，计算随 V_{CE} 变化的输出阻抗 r_{CE}。

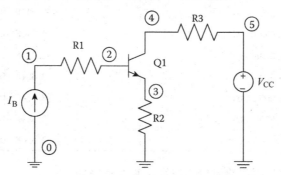

图 8.1　BJT 输出特性测试电路

计算方法

首先利用 PSpice 对晶体管 Q2N2222 电路进行仿真，获取电流随电压变化的数据。然后利用 MATLAB® 绘制输出特性曲线，并且计算输出阻抗。

PSpice 仿真程序如下：

```
BJT CHARACTERISTICS
VCC   5   0   DC   0V
R1    1   2   1
R2    3   0   1
R3    5   4   1
IB    0   1   DC   6UA
Q1    4   2   3   Q2N2222
.MODEL Q2N2222 NPN(BF = 100  IS = 3.295E-14 VA = 200);
TRANSISTOR MODEL
** ANALYSIS TO BE DONE
** VARY VCE FROM 0 TO 10V IN STEPS 0.1V
** VARY IB FROM 2 TO 6mA IN STEPS OF 2mA
.DC VCC 0V 10V .05V IB 2U 6U 2U
.PRINT DC V(4,3) I(R1) I(R3)
.PROBE V(4,3) I(R3)
.END
```

基极电流 $I_B = 2\mu A$ 时的 PSpice 部分仿真数据见表 8.2。当 I_B 电流为 $2\mu A$、$4\mu A$ 和 $6\mu A$ 时的完整仿真数据分别保存在 ex8_1aps. dat，ex8_1bps. dat 和 ex8_1cps. dat 文件中。

表 8.2　晶体管 Q2N2222 输出特性数据

V_{CE}/V	I_C/A
4.996E − 01	1.999E − 04
1.050E + 00	2.005E − 04
2.000E + 00	2.014E − 04
3.000E + 00	2.024E − 04
4.000E + 00	2.034E − 04
5.000E + 00	2.044E − 04
6.000E + 00	2.054E − 04
7.000E + 00	2.064E − 04
8.000E + 00	2.074E − 04
9.000E + 00	2.084E − 04
1.000E + 00	2.094E − 04

利用 MATLAB 程序绘制输出特性，脚本程序如下：

```
% Load data
load 'ex8_1aps.dat' -ascii;
load 'ex8_1bps.dat' -ascii;
load 'ex8_1cps.dat' -ascii;
vce1 = ex8_1aps(:,2);
ic1 = ex8_1aps(:,4);
vce2 = ex8_1bps(:,2);
ic2 = ex8_1bps(:,4);
```

```
vce3 = ex8_1cps(:,2);
ic3 = ex8_1cps(:,4);
plot(vce1, ic1, vce2, ic2, vce3, ic3)
xlabel('Collector-emitter Voltage, V')
ylabel('Collector Current, A')
title('Output Characteristics')
```

BJT 电路的输出特性曲线如图 8.2 所示。利用 MATLAB 绘制输出阻抗 r_{CE} 随输入电压 V_{CE} 变化的特性曲线，如图 8.3 所示。

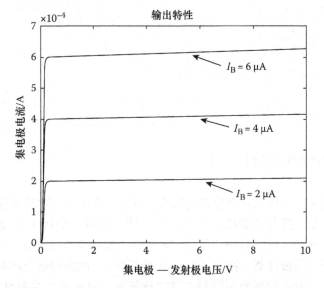

图 8.2　BJT 晶体管 Q2N2222 的 I_C 随 V_{CE} 变化的特性曲线

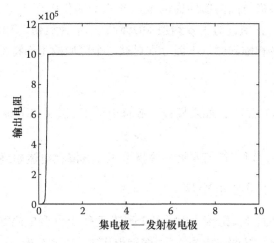

图 8.3　当 $I_B = 2\mu A$ 时，输出电阻 r_{CE} 随 V_{CE} 变化的特性曲线

MATLAB 脚本程序如下：

```
% Load data
load 'ex8_1aps.dat' -ascii;
vce = ex8_1aps(:,2);
ic = ex8_1aps(:,4);
m = length(vce);       % size of vector vce
% calculate output resistance
for i = 2:m-1
  rce(i) = (vce(i + 1)-vce(i-1))/(ic(i + 1)- ic(i - 1));
% output resistance
end
rce(1) = rce(2);
rce(m) = rce(m-1);
plot(vce(2:m-1), rce(2:m-1))
xlabel('Collector-emitter Voltage')
ylabel('Output Resistance')
title('Output Resistance as a function of Collector-emitter
Voltage')
```

8.2　MOSFET 特性

通常情况下金属氧化物半导体场效应晶体管（MOSFET）的栅极与沟道之间具有绝缘氧化物，所以其栅极具有非常高的输入阻抗。MOSFETS 场效应晶体管有两种类型，分别为增强型和耗尽型。对于增强型场效应晶体管，需要通过栅极电压引导源极和漏极导通，而对于耗尽型 MOSFET，源极和漏极之间本来就存在一个导通沟道。由于增强型 MOSFET 被广泛使用，因此本节主要对增强型 MOSFET 进行详细讲解。

引导源极和漏极之间沟道导通的电压被称为阈值电压 V_T。对于 n 沟道增强型 MOSFET，V_T 为正值，对于 p 沟道 MOSFET，V_T 为负值。MOSFETS 可以工作于截止区、放大区和饱和区。下面分别对这三个区域的工作特性进行简单描述。

8.2.1　截止区

对于 n 沟道 MOSFET，如果栅极—源极电压 V_{GS} 满足如下条件：

$$V_{GS} < V_T \tag{8.5}$$

MOSFET 截止，对于任何漏极—源极电压，其漏极电流始终为零。

8.2.2　放大区（可变电阻区）

当 $V_{GS} > V_T$ 并且 V_{DS} 比较小时，MOSFET 工作于可变电阻区，MOSFET 表现为非线性压控电阻，其漏极电流 I_D 与漏源电压 V_{DS} 的关系为

$$I_D = k_n [2(V_{GS} - V_T)V_{DS} - V_{DS}^2](1 + \lambda V_{DS}) \tag{8.6}$$

假设

$$V_{DS} \leqslant V_{GS} - V_T \tag{8.7}$$

式中

$$k_n = \frac{\mu_n \varepsilon \varepsilon_{OX}}{2 t_{OX}} \frac{W}{L} = \frac{\mu_n COX}{2} \frac{W}{L} \tag{8.8}$$

其中，μ_n 为电子的表面迁移率；ε 为自由空间的介电常数（$8.85 \times 10^{-12} \mathrm{F/cm}$）；$\varepsilon_{OX}$ 为 SiO_2 的介电常数；t_{OX} 为氧化层厚度；L 为通道长度；W 为沟道宽度；λ 为通道宽度调制系数。

8.2.3 饱和区

当 $V_{GS} > V_T$ 时，MOSFET 工作于饱和区

$$V_{DS} \geqslant V_{GS} - V_T \tag{8.9}$$

工作于饱和区时，其电流—电压特性为

$$I_D = k_n (V_{GS} - V_T)^2 (1 + \lambda V_{DS}) \tag{8.10}$$

跨导计算公式为

$$g_m = \frac{\Delta I_D}{\Delta V_{GS}} \tag{8.11}$$

漏极—源极的动态增量阻抗 r_{CE} 为

$$r_{CE} = \frac{\Delta V_{DS}}{\Delta I_{DS}} \tag{8.12}$$

下面通过实例，研究 MOSFET 的漏极电流 I_D 随栅源电压 V_{GS} 的变化特性。

实例 8.2 MOSFET 场效应晶体管的电流、电压特性分析

图 8.4 所示为 MOSFET 漏极电流 I_D 随栅源电压 V_{GS} 变化的特性测试电路。

1）绘制 I_D 随 V_{GS} 变化的特性曲线；

2）绘制跨导 g_m 随 V_{GS} 变化的特性曲线，M1 型号为 M2N4351。

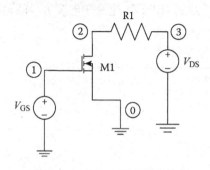

图 8.4 MOSFET 特性测试电路

计算方法

利用 PSpice 仿真获得 MOSFET 特性测试电路的电流电压数据。

PSpice 仿真程序如下：

```
* ID VERSUS VGS CHARACTERISTICS OF A MOSFET
VDS    3    0     DC     5V
R1     3    2     1
VGS    1    0     DC     2V;     THIS IS AN ARBITRARY
VALUE, VGS WILL BE SWEPT
M1 2 1 0 0 M2N4531;   NMOS MODEL
.MODEL M2N4531 NMOS(KP = 125U VTO = 2.24 L = 10U W = 59U
LAMBDA = 5M)

.DC    VGS    0V     5V     0.05V
** OUTPUT COMMANDS
.PRINT DC I(R1)
.PROBE V(1) I(R1)
.END
```

表 8.3 为 PSpice 仿真输出的部分数据，全部的仿真结果保存在 ex8_2ps. dat 文件中。

表 8.3   MOSFET 场效应晶体管 M2N4351 的漏极电流 I_D 随 V_{GS} 变化的特性数据

V_{GS}/V	I_D/A
0.000E + 00	5.010E − 12
5.000E − 01	5.010E − 12
1.000E + 00	5.010E − 12
1.500E + 00	5.010E − 12
2.000E + 00	5.010E − 12
2.500E + 00	2.555E − 05
3.000E + 00	2.183E − 04
3.500E + 00	6.001E − 04
4.000E + 00	1.171E − 03
4.500E + 00	1.931E − 03
5.000E + 00	2.879E − 03

利用 MATLAB® 软件绘制 MOSFET 电路中电流 I_D 和跨导 g_m 随 V_{GS} 变化的特性曲线。

MATLAB 脚本程序如下：

```
% Load pspice data
load 'ex8_2ps.dat' -ascii;
vgs = ex8_2ps(:,1);
ids = ex8_2ps(:,2);
m = length(vgs);      % size of vector vgs
% Plot Ids versus VGS
subplot(211)
plot(vgs, ids)
ylabel('Drain Current, A')
title('Input Characteristics of a MOSFET ')
```

```
% Calculate transconductance
for i = 2:m - 1;
  gm(i) = (ids(i = 1) - ids(i-1))/(vgs(i + 1) - vgs(i-1)); %
transconductance
end
gm(1) = gm(2);
gm(m) = gm(m - 1);
% Plot transconductance
subplot(212);
plot(vgs(2:m - 1), gm(2:m - 1))
xlabel('Gate-to-Source Voltage, V')
ylabel('Transconductance, A/V')
title('Transconductance versus Gate-source Voltage')
```

仿真结果如图 8.5 所示。

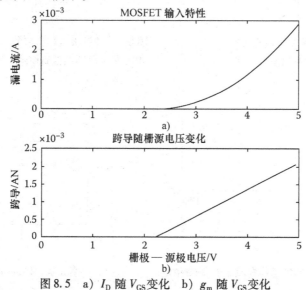

图 8.5　a) I_D 随 V_{GS} 变化　b) g_m 随 V_{GS} 变化

8.3　BJT 偏置电路

　　偏置网络为晶体管电路建立合适的直流工作点。为了保持电路长时间稳定可靠地运行，当外部条件改变时，直流工作点应该保持相对恒定。文献中有几种常见的偏置电路，某些为分离电路提供偏置，某些为集成电路提供偏置。图 8.6 和图 8.7 所示电路为分立电路提供偏置。

　　分立电路的偏置网络并不适用于集成电路，因为集成电路需要大量的电阻和大容量的耦合及旁路电容。在集成电路中制造大阻值的电阻需要很大的芯片面积，从经济上考虑是不可取的。对于集成电路，主要通过晶体管之间的巧妙连接，产生恒定电流为集成电路提供偏置。图 8.8、图 8.9、图 8.10 所示为一些通

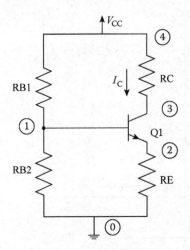

图 8.6 双基极电阻构成的
BJT 分离电路的偏置电路

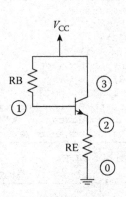

图 8.7 单基极电阻构成的
BJT 分离电路的偏置电路

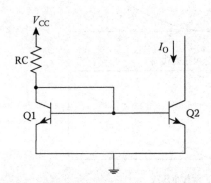

图 8.8 简单的镜像电流源 I_C 偏置电路

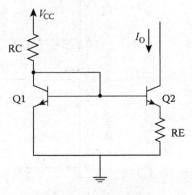

图 8.9 Widlar 电流源

用的集成电路的偏置电路。

对于图 8.6 所示的分立电路的偏置电路，其偏置电流计算公式如下：

$$I_C = \frac{V_{BB} - V_{BE}}{\dfrac{RB}{\beta_F} + \dfrac{(\beta_F + 1)}{\beta_F} RE} \qquad (8.13)$$

和

$$V_{CE} = V_{CC} - I_C \left(RC + \frac{RE}{\alpha_F} \right) \qquad (8.14)$$

式中

$$V_{BB} = \frac{V_{CC} RB2}{RB1 + RB2} \qquad (8.15)$$

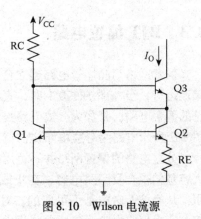

图 8.10 Wilson 电流源

$$RB = RB1 \mathbin{/\!/} RB2 = \frac{RB1 + RB2}{RB1 + RB2} \qquad (8.16)$$

$$\alpha_F = \frac{\beta_F}{\beta_F + 1} \qquad (8.17)$$

其中，β_F 为共射电路的大信号正向电流增益。

如图 8.8 所示为简单镜像电流源电路，电流计算公式为

$$I_O = \frac{\beta_F}{\beta_F + 2} I_R \qquad (8.18)$$

式中

$$I_R = \frac{V_{CC} - V_{BE}}{RC} \qquad (8.19)$$

式（8.13）列出了影响偏置电流的电路参数。如果使用稳压电源，可以忽略 V_{CC} 变化，从而忽略 V_{BB} 的变化。如果电阻 RB 和 RE 的变化可以忽略不计，则 I_C 随 β_F 的变化而变化。此外，不同厂家不同批次晶体管的 β_F 也会不同。

通过直流灵敏度分析可以对电路的直流特性进行研究。本书第 2 章对 PSpice 直流灵敏度分析 . SENS 进行了详细讲解。PSpice 软件通过 . SENS 语句对输出变量进行灵敏度计算。下面通过实例对偏置网络的静态工作点进行灵敏度研究。

实例 8.3　BJT 放大电路集电极电流灵敏度分析

图 8.6 所示为 BJT 共射偏置网络，$V_{CC} = 10V$，$RB1 = 40k\Omega$，$RB2 = 10k\Omega$，$RE = 1k\Omega$，$RC = 6k\Omega$，Q1 模型为 Q2N2222。

1）求集电极电流的灵敏度；

2）当两个晶体管 Q2N2222 的放大倍数 β_F 分别为 125 和 150 时，求集电极电流 I_C 的变化量。晶体管 Q2N2222 模型为

.MODEL Q2N222 NPN（BF = 100 IS = 3.295E – 14 VA = 200）

计算方法

对电路进行偏置点灵敏度分析，晶体管模型为 Q2N2222，其放大倍数为 $\beta_F = 100$。

PSpice 仿真程序如下：

```
* SENSITIVITY OF COLLECTOR CURRENT TO AMPLIFIER COMPONENT
VCC   4   0   DC   10V
RB1   4   1   40K
RB2   1   0   10K
RE    2   0   1K
RC    5   3   6K
VM    4   5   DC   0;   MONITOR COLLECTOR CURRENT
Q1    3   1   2   Q2N2222
.MODEL Q2N2222 NPN(BF = 100 IS = 3.295E-14 VA = 200)
* ANALYSIS TO BE DONE
.SENS I(VM)
.END
```

PSpice 仿真结果如下：

```
VOLTAGE SOURCE CURRENTS
        NAME    CURRENT

        VCC     -1.460E-03
        VM       1.257E-03

DC SENSITIVITIES OF OUTPUT I(VM)

        ELEMENT   ELEMENT       ELEMENT        NORMALIZED
        NAME      VALUE         SENSITIVITY    SENSITIVITY
                                (AMPS/UNIT)    (AMPS/PERCENT)

        RB1       4.000E+04     -3.632E-08     -1.453E-05
        RB2       1.000E+04      1.363E-07      1.363E-05
        RE        1.000E+03     -1.139E-06     -1.139E-05
        RC        6.000E+03     -7.796E-10     -4.678E-08
        VCC       1.000E+01      1.800E-04      1.800E-05
        VM        0.000E+00     -6.202E-07      0.000E+00
Q1
        RB        0.000E+00      0.000E+00      0.000E+00
        RC        0.000E+00      0.000E+00      0.000E+00
        RE        0.000E+00      0.000E+00      0.000E+00
        BF        1.000E+02      1.012E-06      1.012E-06
        ISE       0.000E+00      0.000E+00      0.000E+00
        BR        1.000E+00     -2.692E-13     -2.692E-15
        ISC       0.000E+00      0.000E+00      0.000E+00
        IS        3.295E-14      7.044E+08      2.321E-07
        NE        1.500E+00      0.000E+00      0.000E+00
        NC        2.000E+00      0.000E+00      0.000E+00
        IKF       0.000E+00      0.000E+00      0.000E+00
        IKR       0.000E+00      0.000E+00      0.000E+00
        VAF       2.000E+02     -1.730E-09     -3.460E-09
        VAR       0.000E+00      0.000E+00      0.000E+00
```

当 β_F 为 125 和 150 时分别对电路进行仿真。从表 8.4 可以看出，随着 β_F 的增加，集电极电流随之增大。

表 8.4 电流 I_C 随 β_F 变化的特性数据

β_F	I_C
100	1.257mA
125	1.278mA
150	1.292mA

8.3.1 温度效应

温度的变化会引起晶体管基极—发射极电压（V_{BE}）和基极—集电极漏电流（I_{CBO}）这两个参数的变化。对于硅型晶体管，电压 V_{BE} 与温度几乎呈线性关系

$$\Delta V_{BE} \cong -2(T_2 - T_1) \text{mV} \tag{8.20}$$

其中，T_1 和 T_2 为温度，单位为℃。

温度每升高 10℃，集电极—基极的漏电流 I_{CBO} 大约增加一倍。从式（8.13）、式（8.18）、式（8.19）可以看出，I_C 和 I_O 的大小均依赖于 V_{BE} 的值。因此，偏置电流的大小依赖于温度。下面通过实例，对集电极电流相对于温度变化的灵敏度进行仿真分析。

实例 8.4 共集放大电路的温度灵敏度分析

如图 8.7 所示，RB = 40kΩ，RE = 2kΩ，Q1 模型为 Q2N3904，$V_{CC} = 10V$，假设电阻 RB 和 RE 的线性温度系数为 TC1 = 1000ppm/°C。当温度从 0℃变化至 100℃时，求发射极电流随温度的变化值。

计算方法

利用 PSpice 程序中的 .DC TEMP 命令对电路进行温度扫描，初始温度为 0℃，截止温度为 100℃，扫描步长为 10℃。Spice 程序中电阻值随温度变化的计算公式为

$$R[T_2] = R(T_1)[1 + TC1(T_2 - T_1) + TC2(T_2 - T_1)^2] \qquad (8.21)$$

其中，$T_1 = 27$℃；T_2 为工作温度；TC1 和 TC2 为电阻模型参数，在模型语句中进行设置。

PSpice 仿真程序如下：

```
EMITTER CURRENT DEPENDENCE ON TEMPERATURE
VCC   3   0   DC      10V
RB    3   1   RMOD3   40K;  RB IS MODELED
RE    2   0   RMOD3   2K;   RE IS MODELED
.MODEL RMOD3 RES(R=1 TC1=1000U TC2=0);   TEMP MODEL OF
RESISTORS
Q1    3   1   2       Q2N3904;      TRANSISTOR CONNECTIONS
.MODEL Q2N3904 NPN(IS=1.05E-15 ISE=4.12N NE=4 ISC=4.12N
NC=4 BF=220
+ IKF=2E-1 VAF=80 CJC=4.32P CJE=5.27P RB=5 RE=0.5 RC=1
TF=0.617N
+ TR=200N KF=1E-15 AF=1)
* ANALYSIS TO BE DONE
.DC TEMP 0 100 5;     VARY TEMP FROM 0 TO 100 IN STEPS OF 5
.PRINT DC I(RE)
.END
```

表 8.5 为 PSpice 部分仿真数据，全部仿真数据保存在文件 ex8_4ps. dat 中。

表 8.5 射极电流随温度变化的特性数据

温度/(℃)	射极电流/A
0.000E + 00	4.230E − 03
1.000E + 01	4.193E − 03
2.000E + 01	4.156E − 03

(续)

温度/(℃)	射极电流/A
3.000E+01	4.121E−03
4.000E+01	4.086E−03
5.000E+01	4.053E−03
6.000E+01	4.019E−03
7.000E+01	3.987E−03
8.000E+01	3.955E−03
9.000E+01	3.924E−03
1.000E+02	3.495E−03

利用 MATLAB® 对数据进行绘图，脚本程序如下：

```
% Load data
load 'ex8_4ps.dat' -ascii;
temp = ex8_4ps(:,1);
ie = ex8_4ps(:,2);
% plot ie versus temp
plot(temp, ie, temp, ie, 'ob')
xlabel('Temperature, °C')
ylabel('Emitter Current, A')
title('Variation of Emitter Current with Temperature')
```

MATLAB 仿真结果如图 8.11 所示。

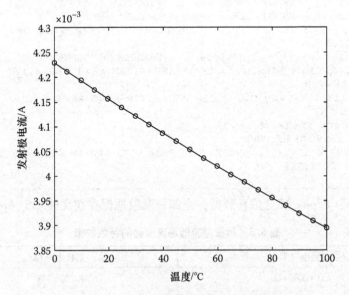

图 8.11　发射极电流随温度的变化曲线

8.4 MOSFET 偏置电路

有几种电路可以作为 MOSFETS 的偏置电路，当 MOSFETS 参数发生变化时，其工作点不会发生显著的变化。图 8.12 ~ 图 8.14 所示分别为 MOSFET 分离电路的偏置电路。

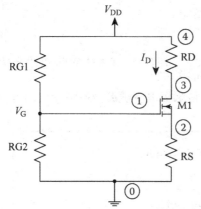

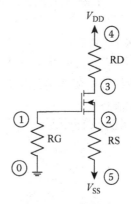

图 8.12 由固定栅极电压和自偏置
电阻 RS 构成的 MOSFET 偏置电路

图 8.13 双电源构成
的 MOSFET 偏置电路

在图 8.12 中，可以得出

$$V_{GS} = \frac{RG1}{RG1 + RG2}V_{DD} - I_D RS \qquad (8.22)$$

和

$$V_{DS} = V_{DD} - I_D(RD + RS) \qquad (8.23)$$

在集成电路中，偏置电路通常为恒流源。图 8.15 所示为基本的 MOSFET 电流源电路，从图中可以求得输出电流 I_0 与参考电流 I_{REF} 的关系表达式如下：

$$I_0 = \frac{(W/L)_2}{(W/L)_1}I_{REF} \qquad (8.24)$$

和

$$I_{REF} = \frac{V_{DD} - V_{GS}}{R} \qquad (8.25)$$

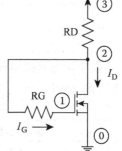

图 8.14 电阻 RG 反馈型
MOSFET 偏置电路

其中，$(W/L)_2$ 为晶体管 Q2 的宽度与长度之比；$(W/L)_1$ 为晶体管 Q1 的宽度与长度之比。

由以上公式可以得出，输出电流 I_0 的大小取决于晶体管的尺寸。下面通过实例研究漏极电流与源极电阻的对应关系。

实例 8.5 源极电阻对 MOSFET 工作点的影响

图 8.12 所示为 MOSFET 偏置电路，$V_{DD} = 10V$，RG1 = RG2 = 9MΩ，RD = 8kΩ。当源极电阻 RS 的阻值从 5kΩ 变化到 10kΩ，步长为 1kΩ 时，求漏极电流值。M1 的模型为 M2N4351。

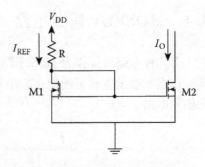

图 8.15　基本的 MOSFET 电流源电路

计算方法

对电路进行 PSpice 仿真分析时，利用 .STEP 命令对源极电阻值进行改变，以获得漏极电流随源极电阻变化的电流值。

PSpice 仿真程序如下：

```
MOSFET BIAS CIRCUIT
VDD    4    0    DC      10V;  SOURCE VOLTAGE
RG1    4    1    9.0E6;
RG2    1    0    9.0E6;
RD     4    3    8.0E3
M1     3    1    2    2    M2N4351; NMOS MODEL
RS     2    0    RMOD3    1
.MODEL RMOD3 RES(R = 1)

.STEP    RES      RMOD3 (R) 5000 10000 1000;  VARY RS FROM 5K
TO 10K
.MODEL M2N4351 NMOS (KP = 125U VTO = 2.24 L = 10U W = 59U
LAMBDA = 5M)
.DC    VDD 10 10 1
.PRINT DC       I(RD)   V(3,2)
.END
```

表 8.6 为源极电阻变化时对应的漏极电流值。全部仿真数据保存在文件 ex8_5ps. dat 中。

表 8.6　漏极电流随源极电阻变化的特性数据

源极电阻 RS	漏极电流 I_D
5000	3.576E - 04
6000	3.094E - 04
7000	2.731E - 04
8000	2.447E - 04
9000	2.218E - 04
10k	2.030E - 04

利用 MATLAB® 绘制 I_D 随 RS 变化的曲线，脚本程序如下：

```
% Load data
load 'ex8_5ps.dat' -ascii;
rs = ex8_5ps(:,1);
id = ex8_5ps(:,2);
plot(rs,id)
xlabel('Source Resistance')
ylabel('Drain Current')
title('Source Resistance versus Drain Current')
```

图 8.16 所示为漏极电流随源极电阻变化的特性曲线。从图中可以看出，随着源极电阻值的增加，漏极电流逐渐减小。当电路中元件具有容差时，其最坏情况下的偏置点将会如何变化，下面通过实例对此问题进行研究。

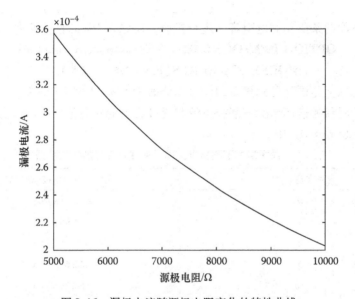

图 8.16　漏极电流随源极电阻变化的特性曲线

实例 8.6　MOSFET 偏置电路中漏极电流的最坏情况分析

如图 8.13 所示为 MOSFET 偏置电路，$V_{DD} = 5V$，$V_{SS} = -5V$，$RG = 10M\Omega$，$RS = RD = 4k\Omega$。当电阻容差分别为 1%、2%、5%、10% 和 15% 时求最坏情况下的偏置电流。M1 的模型为 M2N4351。

计算方法

利用 PSpice 软件中的 .WCASE 命令对电路进行最坏情况仿真分析，程序如下：

```
* MOSFET BIASING CIRCUIT
.OPTIONS RELTOL = 0.01;   1% COMPONENT TOLERANCE,
* CHANGED FOR DIFFERENT TOLERANCE VALUES
VSS   5   0   DC      -5V
VDD   4   0   DC      5V
RG    1   0   RMOD    10.0E6
RS    2   5   RMOD    4.0E3
RD    4   3   RMOD    4.0E3
.MODEL RMOD RES(R = 1 DEV = 1%); 1% RESISTOR TOLERANCE.
* CHANGE FOR DIFFERENT TOLERANCE VALUES
M1 3 1 2 2 M2N4351
.MODEL M2N4351 NMOS (KP = 125U VTO = 2.24 L = 10U W = 59U
LAMBDA = 5M)
.DC    VDD    5     5     1
.WCASE DC I(RD) MAX OUTPUT ALL;    WORST CASE ANALYSIS
.END
```

利用下面两条语句对电阻容差进行修改，使原来1%的容差变为2%。

.OPTION RELTOL =0. 02；   2% component tolerance

.MODEL RMOD RES(R =1 DEV =2%).

可以利用上述语句分别把电阻的容差修改为5%、10%和15%。

表8.7所示为最坏情况下漏极电流与元件容差的对应值。PSpice 仿真数据保存在文件 ex8_6ps. dat 中。

表8.7 最坏情况下漏极电流随元件容差变化的特性数据

元件容差/（%）	最坏情况下漏极电流/A
0	425. 71E − 06
1	428. 98E − 06
2	432. 31E − 06
5	442. 62E − 06
10	460. 73E − 06
15	480. 81E − 06

利用 MATLAB® 对表8.7 中的数据进行图形绘制，程序如下：

```
% Load data
load 'ex8_6ps.dat' -ascii;
tol = ex8_6ps(:,1);
id_wc = ex8_6ps(:,2);
% plot data
plot(tol, id_wc, tol,id_wc,'ob')
xlabel('Device Tolerance, %')
ylabel('Worst-case Drain Current, A')
title('Worst-case Drain Current as a Function of Device
Tolerance')
```

MATLAB 仿真结果如图 8.17 所示。从图中可以看出，当电阻的容差增大时，最坏情况下的漏极电流也随之增大。

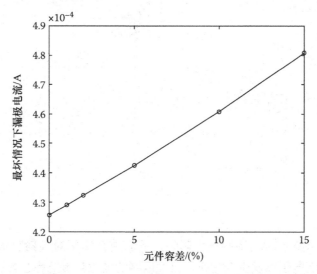

图 8.17　最坏情况分析时漏极电流随电阻容差变化的特性曲线

8.5　晶体管放大电路的频率响应

放大电路通常用于电压放大、电流放大、阻抗匹配和隔离。晶体管放大电路通常由 BJT 双极型晶体管和场效应晶体管构成。由 BJT 构成的放大电路通常以共射、共集或共基的形式工作。共射放大电路通常具有比较高的电压增益。共集放大电路的增益几乎为 1，但是具有高输入阻抗、低输出阻抗的特性。共基放大电路具有相对较低的输入电阻。场效应晶体管放大电路通常以共源、共漏或共栅的形式工作。

图 8.18 所示为 BJT 共射放大电路，该放大电路能够产生比较高的电流和电压增益，并且电路的输入电阻中等，基本上不受负载电阻 RL 影响。

耦合电容器 CC1 使输入信号 V_S 耦合到偏置网络。耦合电容器 CC2 使集电极电阻 RC 与负载电阻 RL 相连接。在中频段，旁路电容 CE 对发射极电阻 RE 进行短路，以提高中频增益。发射极电阻 RE 用来实现偏置点的稳定性。附加电容 CC1、CC2 和 CE 影响共射放大电路的低频特性，而晶体管的内部电容控制放大电路的高频截止频率。

图 8.19 所示为共源放大电路，该电路的工作特性与共射放大器相似。然而，共源放大电路的输入阻抗比共射放大电路的高得多。

外部电容 CC1、CC2 和 CS 会对电路的低频特性产生影响，场效应晶体管的

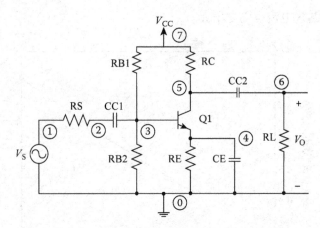

图 8.18 共射放大电路

内部电容会对电路的高频特性产生影响。下面结合实例对共射放大电路进行研究，说明当供电电压值发生变化时，放大电路的增益和带宽将会如何变化。

实例 8.7 共源放大电路特性分析

图 8.19 所示为共源放大电路，$CC1 = CC2 = 0.05\mu F$，$CS = 1000\mu F$，$RD = 6k\Omega$，$RL = 10k\Omega$，$RS = 2k\Omega$，$R1 = 50\Omega$，$RG1 = 10M\Omega$，$RG2 = 10M\Omega$。MOSFET 模型为 IRF15O。当电源 V_{DD} 电压从 6V 变化到 10V 时，求电路的中频增益、低频截止频率和带宽。

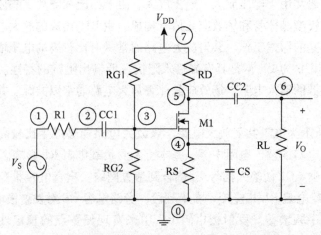

图 8.19 共源放大电路

计算方法

利用 PSpice 仿真程序中的 .STEP 命令对电源电压进行改变，然后对电路进行交流仿真分析，以获得其频率特性数据。

PSpice 仿真程序如下：

```
* COMMON-SOURCE AMPLIFIER
VDD     7     0     DC      8V
.STEP   VDD   6     10      1
R1      1     2     50
CC1     2     3     0.05UF
RG2     3     0     10MEG
RG1     7     3     10MEG
RS      4     0     2K
CS      4     0     1000UF
RD      7     5     6K
VS      1     0     AC      1MV
CC2     5     6     0.05UF
RL      6     0     10K
M1      5     3     4       4       IRF150
.LIB NOM.LIB;
* IRF 150 MODEL IN PSPICE LIBRARY FILE NOM.LIB
* AC ANALYSIS
.AC     DEC   20    10      10MEGHZ
.PRINT AC     VM(6)
.PROBE V(6)
.END
```

电源电压为 6V、7V、8V、9V 和 10V 的仿真结果分别保存在文件 ex8_7aps. dat、ex8_7bps. dat、ex8_7cps. dat、ex8_7dps. dat 和 ex8_7eps. dat 文件中。然后利用 MAT-LAB ® 对仿真数据进行分析，绘制频率特性曲线。

MATLAB 脚本程序如下：

```
% Load data
load 'ex8_7aps.dat' -ascii;
load 'ex8_7bps.dat' -ascii;
load 'ex8_7cps.dat' -ascii;
load 'ex8_7dps.dat' -ascii;
load 'ex8_7eps.dat' -ascii;
%
fre = ex8_7aps(:,1);
vo_6V = 1000*ex8_7aps(:,2);
vo_7V = 1000*ex8_7bps(:,2);
vo_8V = 1000*ex8_7cps(:,2);
vo_9V = 1000*ex8_7dps(:,2);
vo_10V = 1000*ex8_7eps(:,2);
% Determine center frequency
[vc1, k1] = max(vo_6V)
[vc2, k2] = max(vo_7V)
[vc3, k3] = max(vo_8V)
[vc4, k4] = max(vo_9V)
[vc5, k5] = max(vo_10V)
%
```

```
fc(1) = fre(k1);       % center frequency for VDD = 6V
fc(2) = fre(k2);       % center frequency for VDD = 7V
fc(3) = fre(k3);       % center frequency for VDD = 8V
fc(4) = fre(k4);       % center frequency for VDD = 9V
fc(5) = fre(k5);       % center frequency for VDD = 10V
% Calculate the cut-off frequencies
vgc1 = 0.707*vc1;      % Gain at cut-off for VDD = 6V
vgc2 = 0.707*vc2;      % Gain at cut-off for VDD = 7V
vgc3 = 0.707*vc3;      % Gain at cut-off for VDD = 8V
vgc4 = 0.707*vc4;      % Gain at cut-off for VDD = 9V
vgc5 = 0.707*vc5;      % Gain at cut-off for VDD = 10V
%
tol=1.0e-5;   % tolerance for obtaining cut-off
%
l1 = k1;
while(vo_6V(l1) - vgc1) > tol
       l1 = l1 + 1;
end
fhi(1) = fre(l1);      % high cut-off frequency for VDD = 6V
l1 = k1
while(vo_6V(l1) - vgc1) > tol
       l1 = l1 - 1;
end
flow(1) = fre(l1);     % Low cut-off frequency for VDD = 6V
%
l2 = k2;
while(vo_7V(l2) - vgc2) > tol
       l2 = l2 + 1;
end
fhi(2) = fre(l2);      % high cut-off frequency for VDD = 7V
l2 = k2;
while(vo_7V(l2) - vgc2) > tol
       l2 = l2 - 1;
end
flow(2) = fre(l2);     % Low cut-off frequency for VDD = 7V
%
l3 = k3;
while(vo_8V(l3) - vgc3) > tol;
       l3 = l3 + 1;
end
fhi(3) = fre(l3);      % High cut-off frequency for VDD = 8V
l3 = k3
while(vo_8V(l3) - vgc3) > tol;
       l3 = l3 - 1;
end
flow(3) = fre(l3);     %low cut-off frequency for VDD = 8V
%
l4 = k4;
while(vo_9V(l4) - vgc4) > tol;
       l4 = l4 + 1;
end
```

```
fhi(4) = fre(14);      % High cut-off frequency for VDD = 9V
14 = k4
while(vo_9V(14) - vgc4) > tol;
        14 = 14 - 1;
end
flow(4) = fre(14);     %low cut-off frequency for VDD = 9V
%
15 = k5;
while(vo_10V(15) - vgc5) > tol;
        15 = 15 + 1;
end
fhi(5) = fre(15);      % High cut-off frequency for VDD = 10V
15 = k5
while(vo_10V(15) - vgc5) > tol;
        15 = 15 - 1;
end
flow(5) = fre(15);     %low cut-off frequency for VDD = 10V
%
% Calculate the Quality Factor
for i = 1:5
bw(i) = fhi(i)-flow(i);
Qfactor(i) = fc(i)/bw(i);
end
%midband gain
gain_mb = [vc1 vc2 vc3 vc4 vc5];
% Print out results
% Gain Center frequency, high cut-off freq, low cut-off
freq and Q factor are
gain_mb
flow
bw
Qfactor
% plot frequency response
plot(fre,vo_6V, fre,vo_7V, fre, vo_8V,fre,vo_9V,fre,vo_10V)
xlabel('Frequency, Hz')
ylabel('Gain')
title('Frequency Response of a Common-source Amplifier')
```

　　放大电路的增益、低截止频率和带宽如图 8.20 所示。表 8.8 中数据为 MAT-LAB 计算结果。从表 8.8 中可以得出，当电源电压升高时，中频增益和低频截止频率都随之增大。

实例 8.8　发射极跟随电路的输入阻抗

　　图 8.21 所示为发射极跟随电路。$RS = 100\Omega$，$RB1 = 80k\Omega$，$V_{CC} = 15V$，$C1 = 5\mu F$。当电阻 RE 从 500Ω 变化到 2000Ω 时，求输入电阻随 RE 变化的数值，并且计算集电极—发射极电压随 RE 变化的数值。晶体管 Q1 为 Q2N2222。

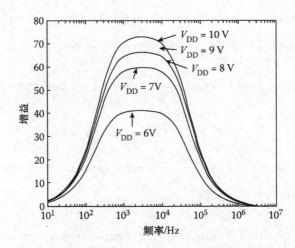

图 8.20　供电电压不同时共源放大电路的频率特性曲线

表 8.8　增益、低频截止频率和带宽随电源电压变化的特性值

供电电压/V	中频增益	低频截止频率/Hz	带宽/Hz
6	41.29	223.9	3.5256E + 04
7	59.84	251.2	3.9559E + 04
8	66.40	251.2	3.9559E + 04
9	70.21	251.2	3.9559E + 04
10	72.79	281.8	3.5198E + 04

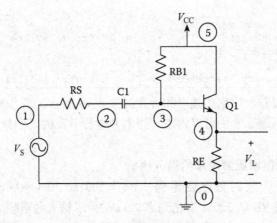

图 8.21　发射极跟随电路

计算方法

利用 PSpice 软件中的 .STEP 命令对发射极电阻 RE 进行改变。

PSpice 仿真程序如下：

```
* INPUT RESISTANCE OF AN EMITTER FOLLOWER
VS      1       0       AC      10E-3
VCC     5       0       DC      15V
RS      1       2       100
C1      2       3       5UF
RB      5       3       80K
RE      4       0       RMOD4   1
.MODEL RMOD4 RES(R = 1)
.STEP RES RMOD4(R) 500        2000   150; VARY RE FROM 500 TO
2000
Q1      5       3       4       Q2N2222
.MODEL Q2N2222 NPN(BF = 100 IS = 3.295E-14 VA = 200);
TRANSISTOR MODEL
.DC     VCC     15      15      1
.AC     LIN     1       1000    1000
.PRINT DC       I(RE)   V(5,4)
.PRINT AC       V(1)    I(RS)
.END
```

首先利用 PSpice 对电路进行仿真，仿真数据见表 8.9，全部的仿真结果保存在文件 ex8_8ps.dat 中。然后利用 MATLAB ® 计算输入阻抗，并且进行图形绘制。

表8.9 直流发射极电流、直流集电极—发射极电压及小信号输入电流随发射极电阻变化的特性值

发射极阻抗/Ω	直流发射极电流/A	直流集电极—发射极电压/V	小信号输入电流/A
500	1.136E − 02	9.318	3.181E − 07
650	1.013E − 03	8.413	2.750E − 07
800	9.147E − 03	7.683	2.478E − 07
950	8.338E − 03	7.079	2.290E − 07
1100	7.662E − 03	6.572	2.153E − 07
1250	7.088E − 03	6.140	2.048E − 07
1400	6.595E − 03	5.767	1.965E − 07
1550	6.166E − 03	5.442	1.898E − 07
1700	5.791E − 03	5.156	1.842E − 07
1850	5.458E − 03	4.902	1.795E − 07
2000	5.162E − 03	4.675	1.755E − 07

MATLAB 脚本程序如下：

```
% Load data
load 'ex8_8ps.dat' -ascii;
re = ex8_8ps(:,1);
ie_dc = ex8_8ps(:,2);
vce_dc = ex8_8ps(:,3);
ib_ac = ex8_8ps(:,4);
vs_ac = 10.0e-03; % input signal is 10 mA
% Calculate input resistance
m = length(re);
for i = 1:m
 rin(i) = vs_ac/ib_ac(i);
end
subplot(211), plot(re, rin, re, rin,'ob')
ylabel('Input Resistance, Ohms')
title('(a) Input Resistance')
subplot(212), plot(re, vce_dc, re, vce_dc, 'ob')
ylabel('Collector-emitter Voltage, V')
title('(b) DC Collector-Emitter Voltage')
xlabel('Emitter Resistance, Ohms')
```

输入电阻和集电极—发射极电压波形如图 8.22 所示。

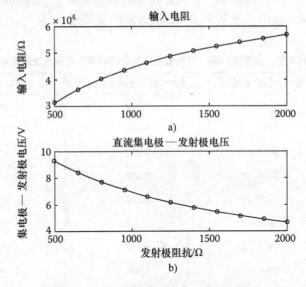

图 8.22　a）输入电阻随发射极阻抗变化波形
b）集电极—发射极电压随发射极阻抗变化波形

8.6　晶体管电路的绘制与仿真

OrCAD Capture 可以用于晶体管电路的绘制和仿真。按照流程 1.1 中的具体步骤启动 OrCAD 原理图绘制软件。然后按照流程 1.2 中的步骤绘制晶体管电路，进行原理图绘制时，在晶体管库中进行晶体管型号的选择。对于学生版 OrCAD Capture，从 BREAKOUT 库或 EVAL 库中选择晶体管。最后按照流程 1.3、流程 1.4、流程 1.5 和流程 1.6 的具体步骤分别对电路进行直流工作点分析、直流扫描分析、瞬态分析和交流分析。流程 8.1 列出了晶体管电路的具体分析步骤。

流程 8.1 晶体管电路的具体分析步骤

- 按照流程 1.1 中的步骤启动 OrCAD 原理图绘制程序。
- 按照流程 1.2 中的步骤使用 OrCAD 绘制晶体管电路。
- 按照流程 1.2 中的步骤，可以选择晶体管部件。使用学生版 OrCAD 原理图绘制软件，从 BREAKOUT 库或 EVAL 库中选择晶体管。
- 晶体管具有各自的模型参数，通过 Edit > PSpice Model，打开模型编辑器对模型进行修改，单击打开 PSpice Model Editor 并输入器件模型。各种器件的模型可从生产商的网站进行下载。
- 按照流程 1.3、流程 1.4、流程 1.5 和流程 1.6 的具体步骤对电路分别进行直流静态工作点分析、直流扫描分析、瞬态分析和交流分析。

实例 8.9 共射放大电路的频率响应

如图 8.18 所示为共射放大电路，CC1 = CC2 = 2μF，CE = 100μF，RB1 = 100kΩ，RB2 = 100kΩ，RS = 50Ω，RL = RC = 8kΩ，RE = 1.5kΩ，V_{CC} = 10V，晶体管 Q1 为 Q2N2222。绘制输出电压的频率特性曲线。

计算方法

图 8.18 所示为共射放大电路图，图 8.23 所示为 PSpice 仿真电路图。对电路进行交流分析，图 8.24 所示为输出电压的频率特性曲线。

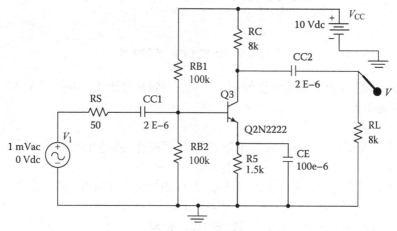

图 8.23 共射放大电路

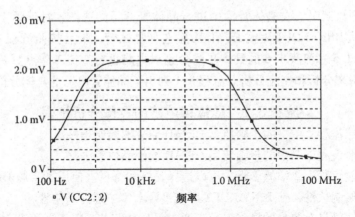

图 8.24　共射放大电路输出电压的频率特性曲线

8.7　反馈放大电路

通用的反馈放大电路的结构如图 8.25 所示。A 为无反馈时放大器的开环增益，输入 X_i 和输出 X_o 的关系为

$$X_o = AX_i \qquad (8.26)$$

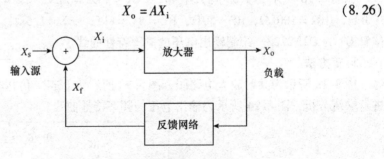

图 8.25　反馈放大器的通用结构

输出量 X_o 通过反馈网络反馈到输入端，反馈信号为 X_f。反馈信号 X_f 与输出量 X_o 的关系为

$$X_f = \beta X_o \qquad (8.27)$$

对于负反馈电路，输入源与反馈信号 X_f 相减作为放大器的输入信号

$$X_i = X_s - X_f \qquad (8.28)$$

对于正反馈电路，输入源与反馈信号 X_f 相加作为放大器的输入信号

$$X_i = X_s + X_f \qquad (8.29)$$

对式（8.26）～式（8.28）进行整理，得到

$$A_f = \frac{x_o}{x_s} = \frac{A}{1 + \beta A} \qquad (8.30)$$

其中，β*A* 为环路增益；1 + β*A* 为反馈量。

从上述分析可以看出，反馈电路具有如下特性：

1）增益对元件变化不敏感；

2）提高带宽；

3）降低非线性失真。

各种反馈放大器的拓扑结构如图 8.26 所示。

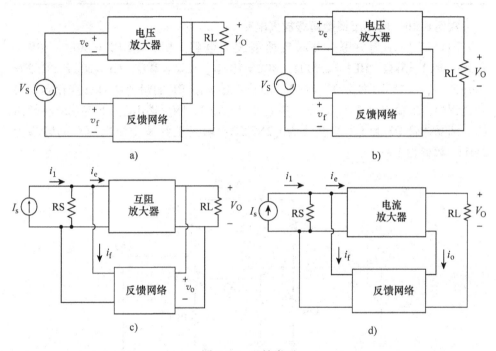

图 8.26　反馈类型

a）串联—并联反馈　b）串联—串联反馈　c）并联—电阻反馈　d）并联—串联反馈

不同反馈类型的电路，其输入或输出电阻可能增大或减小 β 倍。表 8.10 列出了各种反馈电路的特性参数。下面通过两个实例对反馈放大电路的特性进行分析。

表 8.10　反馈关系

放大器类型	增益	输入阻抗	输出阻抗
无电阻放大	A	Ri	Ro
串联—并联放大	$A_f = \dfrac{A}{1 + \beta A}$	$Rif = Ri(1 + \beta A)$	$Rof = \dfrac{Ro}{(1 + \beta A)}$
串联—串联放大	$A_f = \dfrac{A}{1 + \beta A}$	$Rif = Ri(1 + \beta A)$	$Rof = Ro(1 + \beta A)$

(续)

放大器类型	增益	输入阻抗	输出阻抗
并联—并联放大	$A_\mathrm{f} = \dfrac{A}{1 + \beta A}$	$\mathrm{Rif} = \dfrac{\mathrm{Ri}}{(1 + \beta A)}$	$\mathrm{Rof} = \dfrac{\mathrm{Ro}}{(1 + \beta A)}$
并联—串联放大	$A_\mathrm{f} = \dfrac{A}{1 + \beta A}$	$\mathrm{Rif} = \dfrac{\mathrm{Ri}}{(1 + \beta A)}$	$\mathrm{Rof} = \mathrm{Ro}(1 + \beta A)$

实例 8.10   电阻反馈型两级放大电路

图 8.27 所示为并联—并联反馈型放大电路。RB1 = RB2 = 50kΩ，RS = 100Ω，RC1 = 5kΩ，RE1 = 2.5kΩ，RC2 = 10kΩ，RE2 = 2kΩ，C1 = 20μF，CE2 = 100μF，$V_\mathrm{CC} = 15\mathrm{V}$。如果 $V_\mathrm{S} = 1\mathrm{mV}$，则当反馈电阻 RF 的阻值从 1kΩ 变化到 8kΩ 的过程中，求输出电压 V_O 的值。并且绘制输出 V_O 随反馈电阻 RF 变化的特性曲线。两晶体管 Q1 和 Q2 的型号为 Q2N2222。输入正弦波交流电压源的频率为 2kHz，幅值为 1mV。

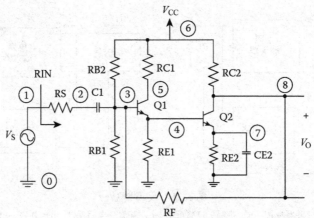

图 8.27   并联反馈放大电路

计算方法

首先利用 PSpice 仿真获得输出电压随电阻 RF 变化的电压值。然后利用 MATLAB® 绘制输出电压随反馈电阻 RF 变化的特性曲线。

PSpice 仿真程序如下：

```
AMPLIFIER WITH FEEDBACK
VS     1    0    AC    1MV    0
RS     1    2    100
C1     2    3    20E-6
RB1    3    0    50E3
RB2    6    3    50E3
RE1    4    0    2.5E3
```

```
RC1    6    5    5.0E3
Q1     5    3    4      Q2N2222
.MODEL Q2N2222 NPN(BF = 100 IS = 3.295E-14 VA = 200);
TRANSISTORS MODEL
VCC    6    0    DC     15V
RE2    7    0    2E3
CE2    7    0    100E-6
RC2    6    8    10.0E3
Q2     8    4    7      Q2N2222
.AC LIN 1    2000 2000
RF     8    3    RMODF 1
.MODEL RMODF RES(R = 1)
.STEP RES    RMODF(R) 1.0E3 8.0E3 1.0E3
.PRINT AC VM(8,0)
.END
```

表 8.11 为 PSpice 仿真结果，仿真数据保存在文件 ex8_9ps. dat 中。然后利用 MATLAB 对数据进行处理，绘制输出电压随电阻 RF 变化的特性曲线。

表 8.11 增益随反馈电阻变化的特性值

反馈电阻 RF/Ω	增益
1000	7. 932
2000	15. 78
3000	23. 38
4000	30. 75
5000	37. 91
6000	44. 86
7000	51. 62
8000	57. 01

MATLAB 脚本程序如下：

```
%load data
[rf, gain] = textread('ex8_9ps.dat', '%d %f');
plot(rf, gain, rf, gain,'ob')
title('Gain versus Feedback Resistance')
xlabel('Feedback Resistance, Ohms')
ylabel('Gain')
```

增益随反馈电阻变化的特性曲线如图 8.28 所示。

实例 8.11　电阻反馈型两级放大电路

如图 8.29 所示的共射放大电路，$RS = 150\Omega$，$RB2 = 20k\Omega$，$RB1 = 90k\Omega$，$RE = 2k\Omega$，$RC = 5k\Omega$，$RL = 10k\Omega$，$C1 = 2\mu F$，$CE = 50\mu F$，$C2 = 2\mu F$，$CF = 5\mu F$，$V_{CC} = 15V$。当反馈电阻 RF 从 1Ω 变化至 $10k\Omega$ 时，求电路的输入电阻 R_{IN} 和电压增益。输入正弦波交流电压源的频率为 $1kHz$，幅值为 $1mV$，晶体管 Q1 为 Q2N2222。

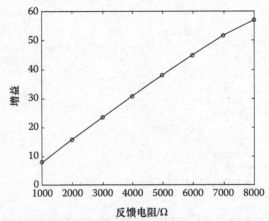

图 8.28　两级放大电阻的增益随反馈电阻变化的特性曲线

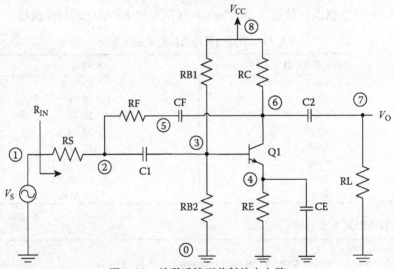

图 8.29　并联反馈型共射放大电路

计算方法

首先利用 PSpice 仿真程序中的 . STEP 命令求反馈电阻变化时的输出电压值。

PSpice 仿真程序如下：

```
COMMON EMITTER AMPLIFIER
VS      1    0      DC       0      AC     1E-3     0
RS      1    2      150
C1      2    3      2E-6
RB2     3    0      20E3
RB1     8    3      90E3
CF      5    6      5E-6
Q1      6    3      4      Q2N2222
```

```
.MODEL Q2N2222 NPN(BF = 100 IS = 3.295E-14 VA = 200);
TRANSISTORS MODEL
RE      4       0       2.0E3
CE      4       0       50E-6
RC      8       6       5.0E3
C2      6       7       2.0E-6
RL      7       0       10.0E3
VCC     8       0       DC      15V
RF      2       5       RMODF   1
.MODEL RMODF RES(R = 1)
.STEP RES RMODF (R) 1.0E3 10E3 1.0E3;
.AC     LIN     1       1000    1000
.PRINT AC I(RS) V(7)
.END
```

表 8.12 为 PSpice 仿真结果，仿真数据保存在文件 ex8_10ps. dat 中。然后利用 MATLAB 对输入电阻和电压增益进行计算，并且进行图形绘制。

表 8.12　输入电流、输出电压随反馈电阻变化的特性值

反馈电阻/Ω	输入电流（AC）/A	输出电压（AC）/V
1000	5.430E−06	5.169E−03
2000	5.208E−06	1.001E−02
3000	5.004E−06	1.445E−02
4000	4.817E−06	1.852E−02
5000	4.644E−06	2.228E−02
6000	4.484E−06	2.576E−02
7000	4.336E−06	2.898E−02
8000	4.198E−06	3.197E−02
9000	4.070E−06	3.477E−02
10000	3.950E−06	3.738E−02

MATLAB 脚本程序如下：

```
% Load data
load 'ex8_10ps.dat' -ascii;
rf = ex8_10ps(:,1);
ib_ac = ex8_10ps(:,2);
vo_ac = ex8_10ps(:,3);
vin_ac = 1.0e-3; % vs is 1 mA
% Calculate the input resistance and gain
n = length(rf); % data points in rf
for i = 1:n
  rin(i) = vin_ac/ib_ac(i);
  gain(i) = vo_ac(i)/vin_ac;
end
%
% Plot input resistance and gain
%
subplot(211)
```

```
plot(rf, rin, rf, rin,'ob')
title('(a) Input Resistance versus Feedback Resistance')
ylabel('Input Resistance, Ohms')
subplot(212)
plot(rf, gain,rf,gain,'ob')
title('(b) Amplifier Gain versus Feedback Resistance')
ylabel('Gain')
xlabel('Feedback Resistance, Ohms')
```

图 8.30 为输入电阻和电路增益随反馈电阻变化的特性曲线。

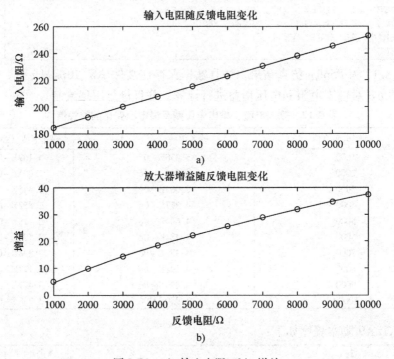

图 8.30　a）输入电阻　b）增益

本 章 习 题

8.1　求图 P8.1 所示 BJT 电路的输入特性。R1 = 1Ω，R2 = 1Ω，V_{CC} = 10V，Q1 为 Q2N2222。

1）当 I_B 从 1μA 变化至 9μA，步长为 2μA 时，求电路的输入特性；

2）求输入电阻 RBE 随 I_B 变化的特性曲线。

8.2　在实例 8.1 中，当 I_B = 4μA

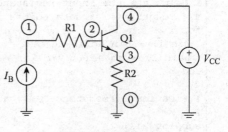

图 P8.1　BJT 电路

和 6μA 时，绘制输出阻抗 r_{CE} 随 V_{CE} 变化的特性曲线。通过计算判断输出阻抗是否由 I_B 决定。

8.3　图 8.4 所示为 MOSFET 特性测试电路。

1）MOSFET 型号为 M2N4531（例如 I_{DS} 随 V_{DS} 变化），求当 V_G 分别为 3V、4V、5V 时电路的输出特性；

2）当 $V_{GS} = 4V$ 时，绘制阻抗 $r_{CE} = \Delta V_{DS} / \Delta I_{DS}$ 随 V_{DS} 变化的特性曲线。

8.4　表 P8.4 中数据为某个 MOSFET 的特性数据，求：

1）阈值电压 V_T；

2）当 $V_{GS} = 3V$ 时的跨导。

表 P8.4　MOSFET 场效应晶体管的漏极电流 I_{DS} 随 V_{GS} 变化的特性数据

V_{GS}/V	I_{DS}/mA
1.0	3.375E − 05
2.0	3.375E − 05
2.8	3.375E − 05
3.0	4.397E − 02
3.2	2.093E − 01
3.6	7.286E − 01
4.0	7.385E − 01
4.4	7.418E − 01
4.8	7.436E − 01

8.5　图 8.9 所示为 Widlar 电流源，$RC = 20k\Omega$，$V_{CC} = 5V$，$RE = 12k\Omega$。当温度从 0℃ 变化至 120℃ 时，求电流 I_O 随温度变化的特性曲线。Q1 的模型参数为

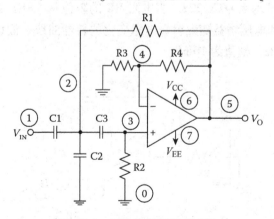

图 P8.5　巴特沃斯高通滤波器

. MODEL npn_ mod NPN（Bf = 150　Br = 2.0　VAF = 125V

$$\text{Is} = 14\text{fA} \quad \text{Tf} = 0.35\text{ns} \quad \text{Rb} = 150 \quad +\text{Rc} = 150 \quad \text{Re} = 2$$
$$\text{cje} = 1.0\text{pF} \quad \text{Vje} = 0.7\text{V} \quad \text{Mje} = 0.33 \quad \text{Cjc} = 0.3\text{pF} \quad \text{Vjc} = 0.55\text{V}$$
$$\text{mjc} = 0.5 + \text{Cjs} = 3.0\text{pF} \quad \text{Vjs} = 0.52\text{V} \quad \text{Mjs} = 0.5)$$

电阻模型的温度系数为 TC1 = 500ppm/℃，T2 = 0。

8.6 在实例 8.3 中，求最坏情况下的射极电流值。

8.7 在实例 8.4 中，如果将 Q1 型号改为 Q2N2222，则当温度从 −25℃ 变化到 55℃ 时。

1）绘制发射极电流随温度变化的特性曲线；

2）求发射极电流和温度的最佳工作点。

8.8 图 8.14 所示为 MOSFET 偏置电路，当电阻 RG 取 $10^4\Omega$、$10^5\Omega$、$10^6\Omega$、$10^7\Omega$、$10^8\Omega$ 和 $10^9\Omega$ 时，求漏极电流值。假设 V_{DD} = 15V，RD = 10kΩ，晶体管 M1 的型号为 1RF150。

8.9 在实例 8.7 中，当频率为 5000Hz 时，求输入电阻随电源电压（从 7V 增大到 10V）变化的特性曲线。

8.10 图 8.18 所示为共射放大电路，CC1 = CC2 = 5μF，CE = 100μF，RB1 = 50kΩ，RB2 = 40kΩ，RS = 50Ω，RL = RC = 10kΩ，如果 RE = 1kΩ，晶体管 Q1 的型号为 Q2N3904。求增益、输入阻抗、低频截止频率及当电源 V_{CC} 电压（从 8V 变化至 12V）变化时的带宽。

8.11 在实例 8.8 中，求电压增益随发射极电阻变化的特性曲线。

8.12 图 P8.12 所示电路为达林顿放大电路，Q1 和 Q2 为达林顿对管，该电路具有非常高的输入电阻。RB = 80kΩ，RS = 100Ω，C1 = 5μF，V_{CC} = 15V，晶体管 Q1 和 Q2 的型号均为 Q2N2222。当电阻 RE 的阻值从 500Ω 变化到 1500Ω 时，求输入电阻 RIN 和电压增益随发射极电阻变化的特性曲线。假设输入源 V_S 为正弦波，频率为 2kHz，幅值为 10mV。

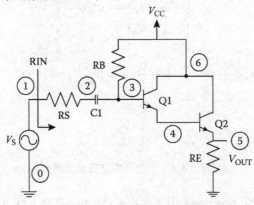

图 P8.12　达灵顿管放大电路

8.13 图 P8.13 为串联—并联反馈运算放大器电路。RS = 1kΩ，RL = 10kΩ，R1 = 5kΩ。当反馈电阻 RF 从 10kΩ 变化至 100kΩ 时，求增益 V_0/V_S。绘制电压增益随电阻 RF 变化的特性曲线。运算放大器型号为 UA741，输入电压源 V_S 为正弦波，频率为 5kHz，幅值为 1mV。

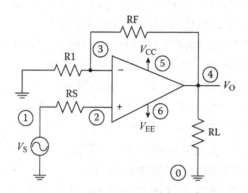

图 P8.13 串联—并联反馈运算放大器电路

8.14 图 P8.14 所示为并联—串联反馈两级放大电路。RB1 = 60kΩ，RB2 = 80kΩ，RS = 100Ω，RC1 = 8kΩ，RE1 = 2.5kΩ，RB3 = 50kΩ，RB4 = 60kΩ，RC2 = 5kΩ，RE2 = 1kΩ，C1 = 20μF，CE = 100μF，C2 = 20μF，V_{CC} = 15V。假设输入电压源 V_S 为正弦波，峰值为 1mV，频率为 1kHz，当反馈电阻 RF 从 1kΩ 变化到 6kΩ 时，求相应输入电阻 R_{IN} 和输出电压。晶体管 Q1 和 Q2 型号均为 Q2N3904。

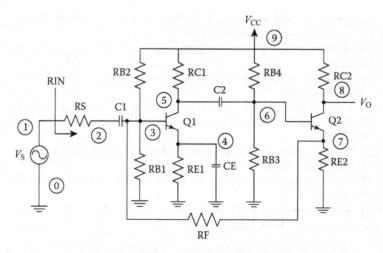

图 P8.14 并联—串联反馈两级放大电路

8.15　在习题 8.14 中，当反馈电阻 RF 变化时，分别求低频截止频率、高频截止频率和带宽。

8.16　图 P8.14 所示为并联—串联反馈两级放大电路。RB1 = 60kΩ，RB2 = 80kΩ，RS = 100Ω，RC1 = 8kΩ，RE1 = 2.5kΩ，RB3 = 50kΩ，RB4 = 60kΩ，RC2 = 5kΩ，RE2 = 1kΩ，RF = 2kΩ，C1 = 20μF，CE = 100μF，C2 = 20μF。假设输入电压源 V_S 为正弦波，峰值为 1mV，当电源电压 V_{CC}（从 8V 变化到 12V）变化时，求电压增益和带宽。晶体管 Q1 和 Q2 型号均为 Q2N3904。

8.17　在实例 8.10 中，如果正弦电压源 V_S 的幅值为 1mV，频率为 5kHz，当反馈电阻 RF 从 1kΩ 变化至 8kΩ 时，求输出阻抗。

8.18　在图 P8.13 中，假设 RS = 1kΩ，RL = 10kΩ，RF = 20kΩ，$V_{CC} = -V_{EE} = 15V$。当电阻 R1 阻值从 1kΩ 变化至 10kΩ 时，求输出电压增益 V_O/V_S。绘制电压增益随电阻 R1 变化的特性曲线。运算放大器型号为 UA741，输入电压源 V_S 为正弦波，频率为 2kHz，峰值电压为 1mV。

8.19　图 P8.12 所示为达林顿放大电路，RB = 60kΩ，RS = 90Ω，RE = 1000Ω，C1 = 10μF，晶体管 Q1 和 Q2 型号均为 Q2N2222。当电源电压 V_{CC} 从 10V 变化至 15V 时，求电压增益随 V_{CC} 变化的特性曲线。输入电压源 V_S 为正弦波，频率为 1kHz，峰值为 5mV。

8.20　图 8.6 所示为共射偏置网络，$V_{CC} = 10V$，RB1 = 60kΩ，RB2 = 40kΩ，RE = 1kΩ，RC = 6kΩ，晶体管 Q1 型号为 Q2N2222。求放大电路集电极电压的灵敏度。

参 考 文 献

1. Alexander, Charles K., and Matthew N. O. Sadiku. *Fundamentals of Electric Circuits*. 4th ed. New York: McGraw Hill, 2009.
2. Attia, J. O. *Electronics and Circuit Analysis Using MATLAB®*. 2nd ed. Boca Raton, FL: CRC Press, 2004.
3. Boyd, Robert R. *Tolerance Analysis of Electronic Circuits Using MATLAB®*. Boca Raton, FL: CRC Press, 1999.
4. Chapman, S. J. *MATLAB® Programming for Engineers*. Tampa, FL: Thompson, 2005.
5. Davis, Timothy A., and K. Sigmor. *MATLAB® Primer*. Boca Raton, FL: Chapman & Hall/CRC, 2005.
6. Distler, R. J. "Monte Carlo Analysis of System Tolerance." *IEEE Transactions on Education* 20 (May 1997): 98–101.
7. Etter, D. M. *Engineering Problem Solving with MATLAB®*. 2nd ed. Upper Saddle River, NJ: Prentice Hall, 1997.
8. Etter, D. M., D. C. Kuncicky, and D. Hull. *Introduction to MATLAB® 6*. Upper Saddle River, NJ: Prentice Hall, 2002.

9. Hamann, J. C, J. W. Pierre, S. F. Legowski, and F. M. Long. "Using Monte Carlo Simulations to Introduce Tolerance Design to Undergraduates." *IEEE Transactions on Education* 42, no. 1 (February 1999): 1–14.

10. Gilat, Amos. *MATLAB®, An Introduction With Applications.* 2nd ed. New York: John Wiley & Sons, Inc., 2005.

11. Hahn, Brian D., and Daniel T. Valentine. *Essential MATLAB® for Engineers and Scientists.* 3rd ed. New York and London: Elsevier, 2007.

12. Herniter, Marc E. *Programming in MATLAB®.* Florence, KY: Brooks/Cole Thompson Learning, 2001.

13. Howe, Roger T., and Charles G. Sodini. *Microelectronics, An Integrated Approach.* Upper Saddle River, NJ: Prentice Hall, 1997.

14. Moore, Holly. *MATLAB® for Engineers.* Upper Saddle River, NJ: Pearson Prentice Hall, 2007.

15. Nilsson, James W., and Susan A. Riedel. *Introduction to PSPICE Manual Using ORCAD Release 9.2 to Accompany Electric Circuits.* Upper Saddle River, NJ: Pearson/Prentice Hall, 2005.

16. *OrCAD Family Release 9.2.* San Jose, CA: Cadence Design Systems, 1986–1999.

17. Rashid, Mohammad H. *Introduction to PSPICE Using OrCAD for Circuits and Electronics.* Upper Saddle River, NJ: Pearson/Prentice Hall, 2004.

18. Sedra, A. S., and K. C. Smith. *Microelectronic Circuits.* 5th ed. Oxford: Oxford University Press, 2004.

19. Spence, Robert, and Randeep S. Soin. *Tolerance Design of Electronic Circuits.* London: Imperial College Press, 1997.

20. Soda, Kenneth J. "Flattening the Learning Curve for ORCAD-CADENCE PSPICE," *Computers in Education Journal* XIV (April–June 2004): 24–36.

21. Svoboda, James A. *PSPICE for Linear Circuits.* 2nd ed. New York: John Wiley & Sons, Inc., 2007.

22. Tobin, Paul. "The Role of PSPICE in the Engineering Teaching Environment." Proceedings of International Conference on Engineering Education, Coimbra, Portugal, September 3–7, 2007.

23. Tobin, Paul. *PSPICE for Circuit Theory and Electronic Devices.* San Jose, CA: Morgan & Claypool Publishers, 2007.

24. Tront, Joseph G. *PSPICE for Basic Circuit Analysis.* New York: McGraw-Hill, 2004.

25. *Using MATLAB®, The Language of Technical Computing, Computation, Visualization, Programming, Version 6.* Natick, MA: MathWorks, Inc., 2000.

26. Yang, Won Y., and Seung C. Lee. *Circuit Systems with MATLAB® and PSPICE.* New York: John Wiley & Sons, Inc., 2007.

PSPICE and MATLAB for Electronics：An Integrated Approach，Second Edition / by John Okyere Attia / ISBN：9781420086584

Copyright © 2010 by CRC Press

Authorized translation from English language edition published by CRC Press，part of Taylor & Francis Group LLC；All rights reserved. 本书原版由 Taylor & Francis 出版集团旗下，CRC 出版公司出版，并经其授权翻译出版，版权所有，侵权必究。

China Machine Press is authorized to publish and distribute exclusively the Chinese (Simplified Characters) language edition. This edition is authorized for sale throughout Mainland of China. No part of the publication may be reproduced or distributed by any means，or stored in a database or retrieval system，without the prior written permission of the publisher.

本书中文简体翻译版授权由机械工业出版社独家出版并限在中国大陆地区销售，未经出版者书面许可，不得以任何方式复制或发行本书的任何部分。

Copies of this book sold without a Taylor & Francis sticker on the cover are unauthorized and illegal. 本书封面贴有 Taylor & Francis 公司防伪标签，无标签者不得销售。

北京市版权局著作权合同登记 图字：01 - 2015 - 6623 号。

图书在版编目（CIP）数据

PSpice 和 MATLAB 综合电路仿真与分析：原书第 2 版/（美）阿提拉（Attia，J. O.）著；张东辉，周龙，邓卫译. —北京：机械工业出版社，2016. 7（2024. 2重印）

（仿客＋）

书名原文：PSPICE and MATLAB for Electronics：An Integrated Approach，Second Edition

ISBN 978-7-111-53715-1

Ⅰ. ①P… Ⅱ. ①阿…②张…③周…④邓… Ⅲ. ①电子电路 – 计算机仿真 – 程序设计 – 应用软件②Matlab 软件 – 程序设计 Ⅳ. ①TM710②TP317

中国版本图书馆 CIP 数据核字（2016）第 095564 号

机械工业出版社（北京市百万庄大街22 号 邮政编码100037）

策划编辑：江婧婧 责任编辑：江婧婧

责任校对：陈 越 封面设计：马精明

责任印制：单爱军

北京虎彩文化传播有限公司印刷

2024 年 2 月第 1 版第 3 次印刷

169mm×239mm · 18.75 印张 · 358 千字

标准书号：ISBN 978-7-111-53715-1

定价：95.00 元

凡购本书，如有缺页、倒页、脱页，由本社发行部调换

电话服务 网络服务

服务咨询热线：010 - 88361066 机 工 官 网：www.cmpbook.com

读者购书热线：010 - 68326294 机 工 官 博：weibo.com/cmp1952

010 - 88379203 金 书 网：www.golden - book.com

封面无防伪标均为盗版 教育服务网：www.cmpedu.com